건축에서의 생물학적 형태와 형태 발생

Biological Form and Morphogenesis in Architecture

김 원 갑

Spacetime

서문

21세기에서 생물학은 점차 현대의 가장 중요한 학문적 패러다임으로 등장하며, 새로운 창조를 양산할 가능성을 지니는 것으로 나타나고 있다. 현대의 건축 디자인 역시 이러한 생물학적 개념과 이론이 발전된 기술을 바탕으로 새롭게 접목되고 있다. 마찬가지로 20세기의 건축 디자인이 주로 물리학과 기계로부터 새로운 모티브를 선택했다면, 최근에 새롭게 나타나는 일련의 건축 디자인은 생물학적 형태를 컴퓨터를 이용해 새롭게 창발(emergence) 시키는 경향 쪽으로 나아가고 있다. 특히 1990년대 이후의 건축에서 새롭게 나타나는 양상은 단순한 유기적 형상의 모방이 아니라 형태의 창조 과정에서부터 생물체의 발생과 진화의 과정을 컴퓨터로 시뮬레이션하여 적용하는 등 발전된 기술을 이용해 새로운 형태를 창발시키는 것으로 나타난다. 이것은 부분적으로 생물학이 건축 역사와 밀접하게 연관이 되는 은유를 제공하며, 모든 과학들 중에서 특별히 새로운 실제적 감각을 제공할 능력을 가지는 동시에, 자연 환경에 대한 건축적 연루가 보다 더 환경적으로 도움이 된다는 생각에 기인하기도 한다. 물론 이것은 단순히 녹색 건축 같은 생태 건축을 의미한다기 보다는 디자인 과정 자체를 자연계의 형태 발생(morphogenesis)과 진화(evolution)의 과정을 따라 발전된 컴퓨터 소프트웨어에 위임하는 새로운 방식을 의미한다.

역사적으로 건축은 과거부터 다양한 생물 형태를 유추적으로 디자인에 적용해 왔다. 고전 건축의 중요한 디자인 원리인 인체 비례 역시 신인 동형설에 의한 최고의 가치로서 인간의 형상을 건축의 평면과 입면에 도입한 경우라고 할 수 있다. 마찬가지로 고전 건축의 중요한 미적 기준으로서의 좌우 대칭(bilateral symmetry) 역시 동물의 좌우 대칭 형태로부터 영향을 받았다고 할 수 있다. 건축의 역사에서 인체 비례 등의 기본 원리 외에도 생물의 형태는 지속해서 다양한 방식으로 나타났다고 볼 수 있다.

20세기도 역시 1910년대 표현주의 건축에서 나타났던 다양한 유기체 형상, 프랭크 로이드 라이트의 일생에 거친 유기적 건축의 주장, 그리고 1950년대에 다시 부활한 유기적 형태의 건축은 모두 생물체의 유기적 형상을 상징적으로 표현한 것이라 할 수 있다. 아르 누보 이후 이러한 생물체 유추의 건축 현상은 대략 매 40년마다 주기적으로 유행했다고 볼 수 있다. 1990년대 이후 다시 유행한 유기적 형상의 건축은 비록 과거와 달리 컴퓨터 기술의 발전에 의해 첨단의 기술을 이용해 보다 더 정교하고 실현 가능한 건축으로 등장하지만, 마찬가지로 기본적 디자인 원천은 생물체의 형태라고 볼 수 있다. 그러나 21세기 이후 생물학의 건축적 적용은 과거의 단순한 형태적 적용으로부터 나아가 생물학의 다양한 메커니즘과 이론들을 보다 과학적 방식으로 적용하는 방식으로 나타난다.

1장은 생물의 형태를 단순히 상징적 형태로 적용하는 생물 형태주의 방식과 생물체의 기능을 형태적으로 적용하는 방식을 다룬다. 이를 위해 형태에 대한 철학적, 수학적 고찰을 이론적 배경으로 다룬다.

2장은 생물학에서의 형태 발생과 진화과정을 적용해 형태 발생과정의 자기 조직화와 분화과정이 건축적으로 적용되는 방식, 그리고 성장 알고리즘을 이용한 건축적 형태 발생의 과정, 생물학적 진화 과정에서의 진화 알고리즘을 이용한 건축 디자인 방식, 환경과의 다중적 매개변수, 계통발생식 교배, 경쟁-자연선택이 이루어지는 과정의 건축적 적용 등을 다룬다.

3장은 자기조직화의 과정이 특별히 건축적 형태 발생에 적용되는 예를 다룬다. 다양한 생물학적 담론들 가운데에서도 최근의 건축에서 가장 빈번하게 응용되고 있는 것은 하나의 계가 미시적 수준에서 부분들 사이의 상호 행위로부터 역동적으로 발생하는 거시적 수준에서의 응집된 출현들로서의 속성과 행태, 구조 등을 보여주는 '창발'(emergence) 현상이며, 이 가운데에서도 창발의 중심적 요소, 즉 '계가 외적 제어 없이 자체적으로 구조를 얻고 유지하게 되는 동역학적이고 적응적 과정'인 생물체의 자기조직화(self-organization) 현상이라고 할 수 있기 때문이다. 이것은 복잡한 형태와 구조, 스마트 재료와 시스템들을 요구하는 현대의 건축이 필요로 하는 종합적 메커니즘이기도 하다. 창발은 새로운 과학이며, 건축 문화 내의 중요한 변화를 주도한 새로운 영역으로, 복잡계의 행태에 대한 이해와 그런 지식들을 건축의 디자인과 생산으로 전이시키기 위한 방식들 모두를 포함하기 때문이다.

4장은 생물학적 패턴이 건축의 형태 발생에 적용되는 방식을 다룬다. 파시드 무사비(Farshid Moussavi)가 주장하듯, 현대 건축의 새로운 장식적 기능들 가운데에서 패턴은 그녀의 분류 항목들인 "구조, 스크린, 표피"모두에서 중요한 요소로 나타나기 때문이다. 이러한 패턴의 다양한 영역들 가운데에서도 21세기의 새로운 디지털 기술에 의해 새롭게 응용될 수 있는 영역들 중의 하나는 주변 환경과 상호 작용하며 최적의 형태로 자기 조직화(self-organization)되는 패턴들, 즉 생물학적 패턴의 응용이라고 할 수 있다. 건축 디자인의 다양한 패턴들 가운데에서도 동역학적이며, 주변 환경과 상호 작용하여 새롭게 발생되고 진화하는 생물학적 패턴이야말로 발전된 새로운 디지털 기술과 함께 앞으로의 정보 사회에서 가장 유용한 방식으로 될 수 있기 때문이다.

5장은 건축과 생물학의 가장 복합적인 통섭과정으로, 형태-생태학(Morpho-ecology)이 건축적으로 적용되는 방식을 다룬다. 현재 달리 논의될 수 있는 새로운 대안들 중의 하나는 건축을 일련의 한정된 내적 관계들과 그것에 정보를 주고 반응하는 외적 힘들을 가지는 하나의 수행적(performative) 시스템으로 보는 관점이기 때문이다. 수행적 시스템에 관한 개념은 모든 인간 활동이 그들의 특별한 맥락에 의해 수행되고 영향을 받는다는 가정에서 이미 1940-50년대부터 예술과 과학에서 '수행적 전환(performative turn)'으로 알려진 지적 운동으로 나타났고, 건축 영역에서도 이미 20세기 초부터 다양한 움직임과 이동 가능한 건축, 혹은 세드릭 프라이스가 1960년대 중반 생각했던 인공두뇌적 건축으로서의 펀 팰리스 계획에서도 등장했지만, 이 모두는 대상물 자체의 임의적 수행만을 추구했던 초기적 모델들로, 환경과 대상물과의 상호작용을 통한 수행과는 거리가 멀었다고 할 수 있다. 더 발전된 대안의 하나는 형태-생태학(morpho-ecology)의 관점으로, 이것은 생물학적인 형태 발생(morphogenesis), 그리고 유기체와 그들의 환경과의 관계를 다루는 생태학적 관점을 상호 관련시켜 높은 수준의 기능성과 수행 능력을 가지는 건축을 디자인하는 방식이다.

이 책이 나올 수 있도록 생물학적 영역에서 아낌없는 도움을 주신 DIGIST의 남홍길 교수님과 포항공대 시스템 생명공학부의 이남기 교수님께 진심으로 감사를 드리며, 책이 출판될 수 있도록 도와주신 시공문화사 김기현 대표님과 편집부 직원들께 깊은 감사를 표한다.

2016년 6월

김원갑

글 순서

1 생물 형태주의의 건축적 적용

Architectural Application of Biomorphism

건축에서의 생물학의 적용 방식은 다양하게 열거될 수 있지만, 가장 쉽게, 그리고 가장 오래 전부터 건축에서 사용되어온 방식은 생물체의 형상을 그대로, 혹은 상징적으로 건축의 형상으로 모방하는 방식일 것이다. 실제적으로 건축은 과거부터 다양한 생물 형태를 유추적으로 디자인에 적용해 왔다. 고전 건축의 중요한 디자인 원리인 인체 비례 역시 신인 동형설에 의한 최고의 가치로서 인간의 형상을 건축의 평면과 입면에 도입한 경우라고 할 수 있다. 마찬가지로 고전 건축의 중요한 미적 기준으로서의 좌우 대칭(bilateral symmetry) 역시 동물의 좌우 대칭 형태로부터 영향을 받았다고 할 수 있다.

예를 들어 16세기 조르지오 바사리(Giorgio Vasari)가 보여주는 이상적 도시(그림 1-1)의 궁전 파사드는 인간 얼굴의 유추이며, 중정은 신체, 계단은 팔

그림1-1. 조르지오 바사리, 이상적 도시

다리로 표현되는 좌우 대칭의 형상이다. 그러나 여기서 좌우 대칭이 의미하는 바는 모든 방향으로 대칭인 등방성의 대칭과는 다르다. 기본적으로 생물체의 형태는 대칭의 파괴로부터 나타난다.[1] 생물체에서 처음에 완전한 등방성의 대칭으로 나타나는 구형의 난자는 수정 직후부터 극성이 생기며 패턴이 형성되는 과정에서 대칭이 파괴되기 때문이다. 그러므로 무중력 상태에서 효과적으로 대응하는 일부 해양 동물들(상하로 이동하는 해파리나 움직이지 않는 말미잘 같은)을 제외하고 대부분의 동물들은 중력에 대항하는 조건 속에서 어떤 상하의 대칭도 상실하게 된다.

건축의 역사에서 인체 비례 등의 기본 원리 외에도 생물의 형태는 지속해서 다양한 방식으로 나타났다고 볼 수 있다. 예를 들어 코린트 주두의 창시자로 대략적으로 알려진 칼리마코스(Callimachus)는 에렉테이온 신전에서 종려나무의 형상으로 청동 굴뚝을 디자인 했으며, 18세기 신고전주의 건축에서 나타난 말하는 건축(l'architecture parlante)은 인체나 동물의 형상을 평면과 입면에서 직접적으로 재현한 경우이다. 또한 19세기 말의 아르 누보 건축에서 보여 준 식물 줄기와 잎의 형상 역시 생물체의 형상을 건축의 입면에서 상징적으로 재현한 경우라고 볼 수 있다.

20세기에도 역시 1910년대 표현주의 건축에서 나타났던 다양한 유기체 형상, 프랭크 로이드 라이트의 일생에 거친 유기적 건축의 주장, 그리고 1950년대에 다시 부활한 유기적 형태의 건축 등 다양한 사례를 볼 수 있는데, 이 모두는 생물체의 유기적 형상을 상징적으로 표현한 것이라 할 수 있다. 그러나 이러한 유기적 생물체의 형상을 단순히 유기적 건축(organic architecture)으로 명칭하고, 그것을 건축에서의 '유기주의'(Organicism)라고 부르며, 단순히 외부의 형상을 가지고 유기적 (organic)형태와 기계적(mechanical)형태를 서로 반대되는 경향으로 구분하는 것에는 무리가 따른다.

---

1) 대칭의 파괴는 생물체 뿐 아니라 자연계의 모든 패턴이 형성되는 과정에서 나타나는 전제 조건이며, 대칭은 단지 자연의 초기 조건일 뿐이다.

"형태는 기능을 따른다"(Form follows Function) 라는 격언으로 기능주의 건축의 원류로 분류되는 루이스 설리반(Louis Sullivan)의 경우에도 그의 글 "영감에 관한 에세이"(Essay on Inspiration)에서 자연의 디자인 법칙으로서의 기하학적 형태와 유기적 형태의 혼합 속에서 초월적, 종교적 차원을 말하고 있기 때문이다.[2] 또한 그는 기본적으로 기하학적이며 '남성적인'형태로부터 나오는 꽃과 같은 유기적 형태들 속에서 '여성적'법칙을 인식했는데, 예를 들어 섬세한 꽃의 모티브를 얻기 위해 단순한 사각형에서 시작하여 대각선과 직각의 축으로 잘라내기까지 한다. 설리반에게 조차 "모든 형태는 이중적 기초에서 나오는 것이라는 것이 건축의 기본적 개념이었으며, 그의 모더니스트로서의 명성에도 불구하고 그는 장식과 기능 사이에 어떤 대립도 없다고 말하는 한편, 오히려 건축에서 장식을 필수적 요소로 인식하고 있다."[3] 이것은 유기적 형태와 추상적, 기계적 형태가 단순하게 대립되는 양상이 아님을 말해준다. 설리반은 1896년에 다음과 같이 유기적인 것과 반유기적인 모든 것을 관통하는 법칙으로서의 형태에 대해 말하고 있다:

> 삶이 그 표현 속에서 인식될 수 있다는 것, 그리고 형태는 기능을 따른다는 것, 이것은 유기적이고, 비유기적인 것, 육체적이고 형이상학적인 것, 인간적이고 초인적인 것, 머리, 가슴, 영혼으로부터의 모든 진정한 발현들의 모든 것들을 관통하는 법칙이다. 이것이 법칙이다.

나아가 근대 이탈리아의 건축 이론가 브루노 제비(Bruno Zevi) 역시 유기적 건축이 식물이나 동물, 혹은 자연의 더욱 은유적인 재현으로부터 나오는 형태의 적용으로 이해되어서는 안 된다는 견해를 분명히 하고 있다. 그는 자신의 저서 「유기적 건축을 향하여」(*Towards an Organic Architecture*, 1945)에

---

2) Dörte Kuhlmann, "Old and New Organicism in Architecture: The Metamorphoses of an Aesthetic Idea", Philip Beesley, Sarah Bonnemaison eds., *On Growth and Form, Organic Architecture and Beyond*, Tuns Press and Riverside Architectural Press, 2008, p. 32.

3) *Ibid*.

서 생물 형태적(biomorphic) 이미지는 미적 기쁨을 단순히 생리적, 혹은 성적 감각으로 떨어뜨릴 뿐이라고 비난하며 유기적 건축이 단순한 유기체 형상의 건축이 아님을 피력했기 때문이다.

그러므로 아리스토텔레스가 "예술은 자연의 모방"(*ars imitatur naturam*)이라는 정의를 내린 이래, 자연을 하나의 모델로 삼는다는 가장 오래된 미학으로서의 공통점을 지닐지라도, 생물 형태주의(biomorphism)의 건축과 유기주의(organicism) 건축 사이에는 분명한 개념적 차이가 있음을 알 수 있다. 결과적으로 이 장에서 다루는 건축은 다의적 의미의 유기적 건축이라기보다는 생물 형태의 형상적 표현을 시도한 예들이라 할 수 있다.

'생물 형태주의'라는 용어 역시 19세기 아르 누보의 시기에 만들어진 맥락을 가지지만[4] 정식의 명칭은 1935년 영국의 작가 조프리 그릭슨(Geoffrey Grigson)이 만들었으며, 1936년의 '입체파와 추상 예술'전시의 맥락에서 알프레드 바(Alfred H. Barr)가 공식적으로 사용한 용어이다. 이는 "자연물로부터 얻어지는 모호하면서도 추상적인 형태의 이미지를 기반으로 하는 유기적 디자인과는 다르게… 자연의 세계로부터 발견되는 형태를 있는 그대로, 혹은 변형하여 차용하는"[5] 기법으로, "(자연적)대상의 외관을 형상적으로 재현하는 것뿐만 아니라, 이미지나 추상적 관념, 정서 등이 형상으로 구체화되는"[6] 방식을 의미한다.

건축사가 찰스 젱스(Charles Jencks)가 주장하듯, 아르 누보 이후 이러한 생물체 유추의 건축 현상, 즉 생물 형태 표현 방식은 대략 매 40년마다 주기

---

4) Hugh Aldersey-Williams, *Zoomorphic, New Animal Architecture,* Laurence King Publishing, 2003, p. 11.

5) 김정신, 이영수, "현대건축 공간구성의 바이오모픽 특성에 관한 연구",「대한건축학회 논문집」계획계 21권 12호, 2005년 12월, p. 120.

6) *Ibid.*

적으로 유행했다고 볼 수 있다.[7] 1990년대 이후 다시 유행한 유기적 형상의 건축은 비록 과거와 달리 컴퓨터 기술의 발전에 의해 첨단의 기술을 이용해 보다 더 정교하고 실현 가능한 건축으로 등장하지만, 마찬가지로 기본적 디자인 원천은 생물체의 형태라고 볼 수 있을 것이다.

1.1 생물 형태의 이론적 고찰과 역사적 사례

1) 형태의 철학적 배경

건축은 생물체의 형태로부터 다양한 형태의 개념을 직접적으로 유추했다고 볼 수 있다. 형태야말로 가장 직접적으로 인식할 수 있는 대상이기 때문이다. 이와 같이 형태는 건축 디자인의 매우 중요한 요소로서, 실제로 형태는 이 세계를 가득 메우고 있다고 볼 수 있다. 모든 자연 현상 역시 형태로서 존재하기 때문이다. 예를 들어 고전 건축의 미적 토대는 비례 체계라고 할 수 있는데, 이 역시 플라톤이 초월적이고 원형적인 형상인 이데아의 불완전한 반영이 형태라고 주장한 내용을 신인 동형설적으로 해석하여 신의 완전한 재현으로서의 비례를 보여준 것이다. 이것은 피타고라스의 수신비주의적 영향을 받은 것으로, 형태를 수학적 모델로 보지만 그것을 불변의 항으로 만들어버림으로써 영원한 형상이 변화하는 세계와 어떻게 관계를 맺을지를 설명하지 못한다.

아리스토텔레스는 질료형상론(hylomorphism)을 통해 수동적이고 수용적인 물질에 대해 이 세계에 내재(immanence)한 형상이 각인되어 각 사물들이 특

7) 찰스 젱스는 근대 건축가들이 40년 주기로 유기주의의 개념에 집착했으며, 아르 누보와 1차 대전 이후 1920-30년대, 그리고 모더니즘과 레이트 모더니즘의 엄격함이 주를 이루었던 1960-1980년대를 제외하곤 유기주의가 계속 유행했다고 말한다. 그는 예를 들어 1950년대 유기적 건축의 부활은, 아르 누보가 철과 유리의 사용에 의해 유기적 형태를 유행시켰듯이, 2차 대전 이후 콘크리트의 발전에 의해 가능하게 되었다고 주장한다. Hugh Aldersey-Williams, *op. cit.*, p. 16

정한 형태를 지니게 된다고 주장했으나 이 역시 형태를 영원하고 고정된 것으로 보는 고전적 패러다임이다. 이러한 전통은 근대의 환원주의와 양적 모델화의 방식에 적용되어 데카르트적 그리드 체계에서 다루는 형태 역시 그것을 단순히 정적 모델로 다루지 않더라도 운동이나 변화의 선형적 모델[8]로 다루게 한다. 그러나 형태는 단순히 물리적 양이나 수학적 방정식으로 다루기가 어렵다. 그것은 벡터나 스칼라양도 아니며, 영원히 보존되지도 않기 때문이다. 다시 말해 형태는 영원불변이나 고정된 수치가 아니며, 시간에 따라 지속적으로 변화하는 것이다.

형태를 시간 속에서 변화하는 질적 변화로 생각한 것은 앙리 베르그송의 철학과 앙리 푸앵카레에 의해 도입된 위상 기하학(topology)에 의해서였다고 할 수 있다. 베르그송은 「창조적 진화」(1907)에서 진화를 지속적으로 분화하고 발전하며 새로운 형태를 발생시키는 생의 도약으로 봄으로써 형태를 지속적 분화에 의한 질적 변화로 보았으며, 푸앵카레는 변화와 새로움이야말로 모든 형태의 자질이라고 생각해 진화 속으로 실제의 불연속을 도입하는 변형적 사건들을 기하학적으로 도해하는 위상 기하학을 탄생시켰기 때문이다.[9]

2) 형태의 수학적 모델

그림1-2. 조프루아 생틸레르

형태를 기하학의 수학적 모델로 다룬 것은 19세기 초의 생물학자 조프루아 생틸레르(Etienne Geoffroy Saint-Hilaire, 그림 1-2)의 유비 개념에서부터

8) 선형적 모델은 한 순간의 계의 상태를 이전이나 이후와 동일한 조건으로 표현하며, 뉴튼의 미분학 역시 유클리드 공간에 적용되었을 때 선형적 운동으로 나타나는 연속적 수치들의 집합을 만들어 내는 메커니즘이다. 이것은 실제의 계가 겪는 변화나 변형들의 질적 변화는 설명을 할 수가 없다. Sanford Kwinter, "Landscape of Change", *Assemblage* 19, The MIT Press, 1992, p. 53.

9) *Ibid*., p.58.

라고 할 수 있다. 이것은 1830년대 프랑스에서의 형태학(morphology)과 비교 해부학(comparative anatomy)을 설정하는 데 있어서의 논쟁에서 퀴비에(Georges Léopold Cuvier, 그림 1-3)가 "형태는 기능을 따른다"의 기능주의적 입장에서 기능이 다르면 종들 사이의 유비 개념이 무의미하다고 주장한 데 반해, 생틸레르는 기능이 무엇일지라도 모든 유기적 형태는 원래의 도안[10] 으로 돌아갈 수 있다고 주장하는 유비 개념(그림 1-4)을 주장했던 것으로부터 기인한다.[11]

그림1-3. 조르주 퀴비에

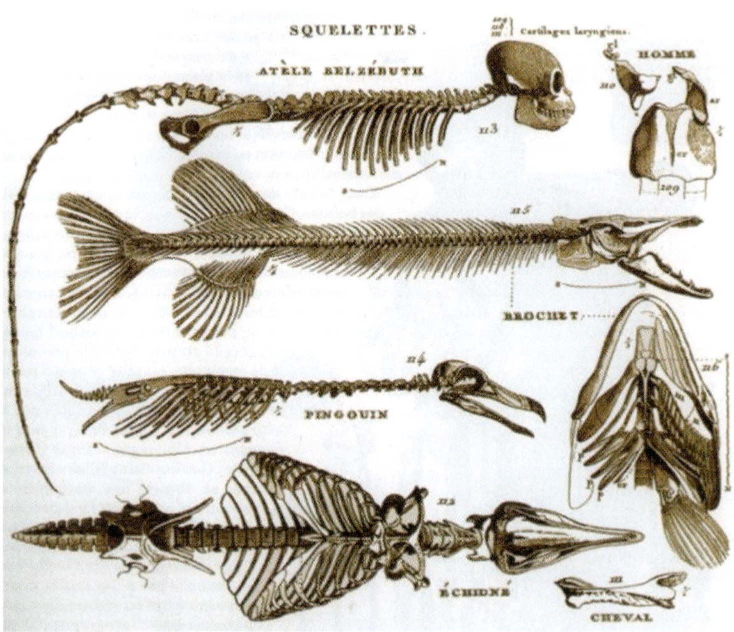

그림1-4. 유비 개념

10) 괴테는 동식물의 다양한 형태들이 이상적인 원형(archetype)에서 변형되었다고 생각했으므로 생틸레르의 원래 도안은 괴테의 '원형 식물'(*Urpflanze*)의 개념과 흡사하다.

11) 퀴비에는 척추동물과 연체동물, 관절 동물, 방사 동물의 네 가지 분류 사이에서 각 종들 사이에 특정 기관의 완전성이 다르기 때문에 단순히 유사성이나 유추를 통해 종들 사이에 연결될 수 없는 차이가 있으며, 단지 기능이 유사할 때만 연속성이 가능하다고 주장했다. 이에 반해, 생틸레르는 「연체동물의 조직에 관하여」라는 논문에서 척추동물과 연체동물 사이에 '유기 조직 사이의 상동성'이 존재할 수 있으므로 하나의 공통된 도안을 가지고 있는 생물체들이 각각의 환경 작용에 따라 구조를 형성한다고 주장하며, 예를 들어 척추동물의 등뼈 양 끝 부분을 갖다 붙여 머리를 발쪽으로 옮기고, 골반을 목덜미 쪽으로 옮기는 식으로, 척추동물의 구조를 바꾸면 두족류가 될 수 있다는 주장을 펼쳤다.

형태학은 유기체들의 구조와 형태, 다른 유형과 종들을 비교하는 학문으로, 퀴비에와 생틸레르 모두는 유기체의 구조가 부분들의 임의적 집합의 결과가 아니라 조직된 체계를 구축한다는 견해를 공유했지만, 퀴비에가 유기체 신체의 부분들이 기능적 감각에서 연결된다는 가정에 기초한다면, 생틸레르는 신체의 구축이 내재된 계획을 따른다는 가정에 기초했다고 볼 수 있다.[12] 생틸레르는 다양한 생명체들의 기본 도안(plan)이 많은 유사성을 띠며, 모든 생명체를 어떤 원형의 변형으로 볼 수 있다고 주장하며, 생명체에 대해 사영 기하학(projective geometry, 그림 1-5)을 적용해 생물학적 역위(inversion)를 설명했기 때문이다.[13]

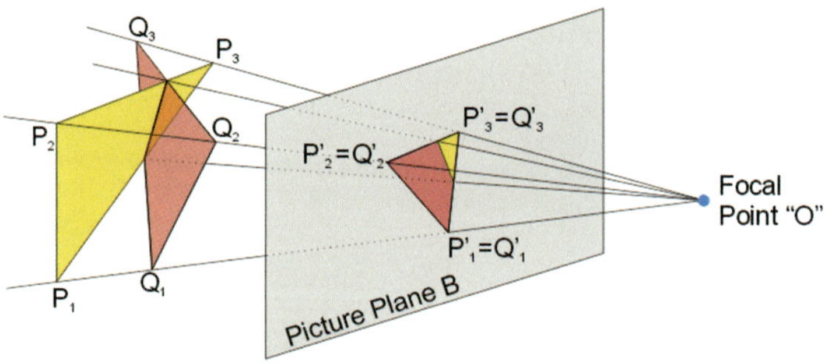

그림1-5. 사영 기하학

12) C. Hertler, "Organismus und Morphologie", U. Krohs, G. Toepfer eds., *Philosophie der Biologie*, Suhrkamp 2005, Michael Hensel, Achim Menges, "The Heterogeneous Space of Morpho-Ecologies", *Space Reader*, Wiley, 2009, p. 207 재인용.

13) 생틸레르는 사영 기하학의 역위를 이용해 척추동물과 곤충을 유비 개념으로 설명했다. 생틸레르가 나폴레옹의 캠페인 기간 동안 당시 사영 기하학을 연구하던 가스파르 몽쥬(Gaspard Monge)와 함께 항해를 하며 사영기하학에 관심을 가지게 되었다는 사실은 이를 설명해준다. Bernard Cache, "Gottfried Semper: Stereotomy, Biology and Geometry", *AD.*, Wiley-Academy, 01, 2002, p. 32.

그가 사영 기하학을 이용해 형태와 기능이 다르더라도 발생학적으로 같은 기원을 가지는 관계를 의미하는 상동(homology, 그림 1-6)[14] 의 개념, 즉 생물체 각 부위 형태의 패턴을 연결하는 메타패턴(metapattern)[15] 의 개념으로 원형 동물이나 원래의 동물 구조의 비례를 변형시켜 어떤 종들도 발생시킬 수 있다고 주장한 것은 생물체의 형태가 기하학적으로 변형될 수 있음을 의미한다.

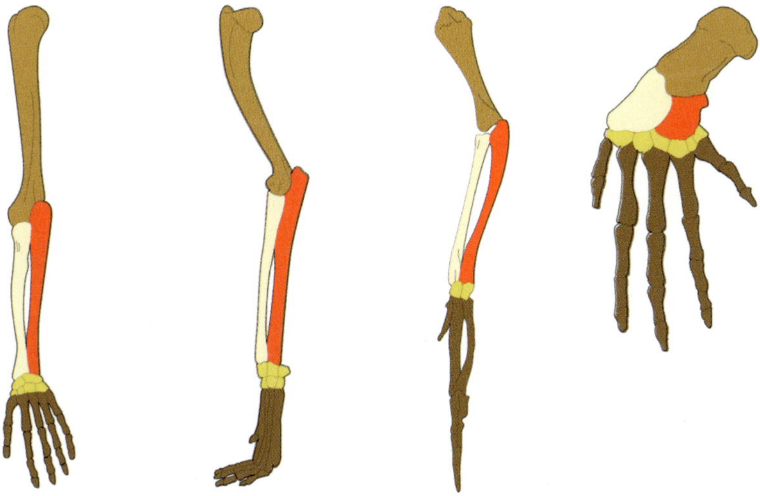

그림1-6. 상동의 개념

크기와 양을 넘어서는 생물체 형태의 패턴을 좌표상의 기하학으로 표현하고 그것을 좌표적 변형을 통해 형태 변형을 시도한 것은 스코틀랜드

14) 포유류의 앞다리와 새의 날개, 어류의 가슴지느러미, 혹은 육지 동물의 폐와 물고기의 부레 등은 상동 기관이다. 기능적으로 반드시 같지는 않더라도 발생학적으로 같은 기원을 가지는 상동에 반해 외관상 형태적으로 유사하나 발생학적 기원이 다른 것은 상사로 구분된다. 사영 기하학에서 상동은 같은 평면 내에서 나타나기 위해 회전되는, 동일한 시각적 원뿔의 두 개의 단면적 평면들 사이의 관계로서, 상동의 중심이나 축같은 개념은 생틸레르가 탐구하던 불변항의 종류라고 할 수 있다. 생물학에서 상동은 한 종 내의 개체에서도 다양하지만 변하지 않는 근본 관계로서, 개체 내에서 위에서 아래로 나타나는 리드미컬한 반복 같은 연속적 상동(serial homology)이나 게와 새우의 유사한 부속 기관에서 나타나는 계통발생적 상동 등으로 나타난다. Gregory Bateson, *Mind and Nature*, 박지동 역,「정신과 자연」, 까치, 1990, p. 20.

15) 크기나 양이 아니라 형태, 모양, 관계를 통해 생물체의 특질을 연결하는 패턴. *Ibid.*, p. 21.

출신의 생물학자인 다르시 톰슨(D'Arcy Wentworth Thompson, 1860–1948, 그림 1–7)의 예에서 또한 볼 수 있다. 상동에 대한 그의 관찰은 생물학의 수학화를 제시했는데, 그것은 각각의 질적 차이를 갖는 기하학적 형상들의 분류화로, 형태는 수학적 자료, 3-D 좌표 공간에서의 사상점(mapping points), 차원, 각도, 곡률반경 등으로 설명될 수 있게 된다.[16)]

그림1–7. 다르시 톰슨

그의 「성장과 형태에 관하여」*On Growth and Form*(1917, 그림 1–8)는 환경적 힘들에 대응되는 자연 형태의 변형[17)]을 설명한 것으로, 최초로 자연의 형태와 패턴들에 관해 수학적 분석을 한 책인데, 좌표상에 그려진 형태를 좌표의 수학적 조작에 의해 변형시킴으로써 형태의 차이를 수학적 변형으로 설명하며, 형태의 차이가 패턴의 변형에 의해 이루어짐을 보여준다. 그는 형태학의 많은 부분에서 각각의 형태를 정확하게 정의하는 것 보다는 상대적 형태를 비교하는 것이 더욱 중요하다고 말하며, 형상 자체는 분석되지 않고 정의되지 않

그림1–8. 다르시 톰슨, 성장과 형태에 관하여

16) Michael Weinstock, "Morphogenesis and the Mathematics of Emergence", *AD.*, 5/6, 2004, pp. 12–13.

17) 다르시 톰슨에게 물고기 치수의 변동은 그 종들에 영향을 주는 조도와 물 깊이의 지침으로 되며, 물고기 눈의 확대는 그에 대응되는 그리드의 변형으로 나타난다. Greg Lynn, "Multiplicitous and Inorganic Bodies", *Assemblage* 19, p. 35.

은 채 남더라도, 복잡한 형상의 변형을 통해 더 쉬운 이해를 가져올 수 있다고 말한다.[18)]

그는 나아가 이런 과정을 수학적으로 가능하게 하기 위해 좌표, 즉 형태를 x,y 상에서 숫자로 표현할 수 있는 데카르트식의 좌표[19)]를 이용해 좌표를 변형(그림 1-9)시킴으로써 동일한 장력 속에 있는 이전의 형상을 재현하는 새로운 형상을 얻게 되며, 이전의 형상이 원래의 좌표 x,y 였던 것과 마찬가지의 방식으로 새로운 좌표의 기능을 가지게 된다고 주장한다.[20)]

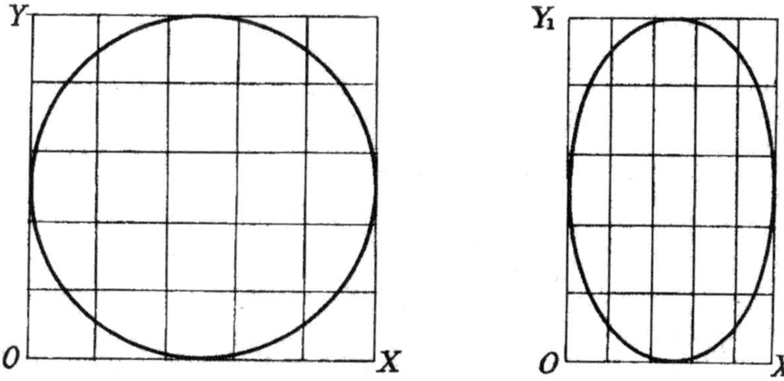

그림1-9. 데카르트식 좌표의 변형

톰슨은 그런데 이러한 좌표적 변형은 서로 유사한 동물 분류학적 강(class)들 사이에서 이루어져야 하며, 완전히 다른 강들 사이의 좌표적 변형은 궤변으로 이끌 수도 있다고 한정한다.[21)] 그러나 다른 한편으로 예를 들어 "다양한 서로 다른 물고기들이 전체적으로 매우 다른 좌표 체계의 동일

18) D'Arcy Wentworth Thompson, John Tyler Bonner ed., *On Growth and Form*, Cambridge University Press, 2014 (1917 초판), p. 271.

19) 데카르트는 원래 (점의 위치와 마찬가지로) 굴곡의 형태를 숫자와 언어로 번역하기 위해 이러한 좌표를 고안했다. *Ibid*.

20) *Ibid*., p. 272.

21) 톰슨은 예를 들어 아리스토텔레스가 속(genus)을 정의할 때 하나의 종과 다른 종 사이의 근본적 차이를 색채 같은 피상적 특징이 아니라 단지 비례, 혹은 상대적 크기, 혹은 과잉과 부족으로 보았다고 주장한다. 마찬가지로 한 속 내의 차이도 단지 많고 적음, 크고 작음, 요약하자면 과잉과 부족의 방식에 의하게 된다. 더 많고 더 적음은 과잉과 부족으로 재현될 수 있기 때문이다. *Ibid*., p. 273.

한 기능으로 언급될 수 있다면, 이 사실은 결정적이고 질서 있는 노선으로 변양태가 진행되었고, 광범위한 '성장 법칙'이 그것의 통합 속에서 전체 구조에 확산되었으며, 대략적으로 힘들의 단순하고 인식될 수 있는 체계가 관리되고 있음을 입증하게 된다."[22] 이것은 또한 형태에 관련되어 분석이나 이해를 하기에 매우 복잡한 듯이 보였던 '상호관계'(correlation)가 많은 경우에 매우 단순한 그래픽 표현으로 될 수 있음을 보여주기도 한다. 톰슨은 다음과 같이 데카르트적 좌표 변형에 따른 다른 속(genus) 및 종(species)으로의 형태 변형에 관해 설명한다:

예를 들어 "일련의 장방형 좌표 체계 내에 도해된 황소의 정강이 뼈(a) 형상을 원래 다이어그램 x를 x′=2x/3로 좌표 변형을 시킨다면, 양의 정강이 뼈(b)와 매우 흡사한 도해를 얻을 수 있게 된다. 달리 말하자면 두 가지 정강이뼈들 사이의 가장 중요한 (아마도 유일한) 차이는 양의 정강이 뼈가 황소의 뼈에 비해 단지 수직축을 따라 3/2의 비례로 길어졌다는 것 뿐이다. 마찬가지로 기린의 길고 가는 정강이 뼈(c)는 x″= x/3 에 부합되도록 폭을 줄이거나 길이를 늘임으로써 동일한 유형으로 얻을 수 있다.(그림 1-10)"[23]

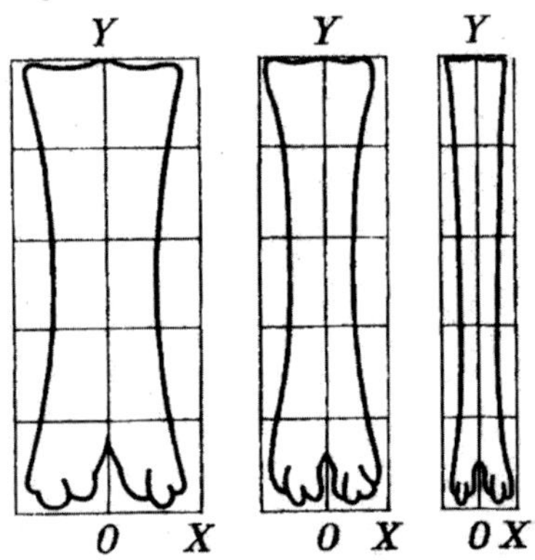

그림1-10. 좌표 변형에 의한 황소의 정강이 뼈와 양의 정강이 뼈, 기린의 정강이 뼈

다르시 톰슨은 이러한 좌표 변형에 의한 형태의 변형 사례가 이미 16, 17세기 때부터 예술가들에 의해 시도되었다고 언급하며, 독일의 르네상스 화

22) *Ibid*., p. 275.

23) *Ibid*., pp. 276-277.

가 알브레히트 뒤러(Albrecht Dürer 1471–1528)가 기하학에 관한 책「척도에 관한 4서」(*The Four Books on Measurement*, 1525)와 인체 비례에 관한 책「인체 비례에 관한 4서」(*The Four Books on Human Proportion*. 1528)에서 좌표의 상대적 변형을 통해 인체 형상을 변형시키는 작업을 한 사례(그림 1–11, 12)를 예로 든다.

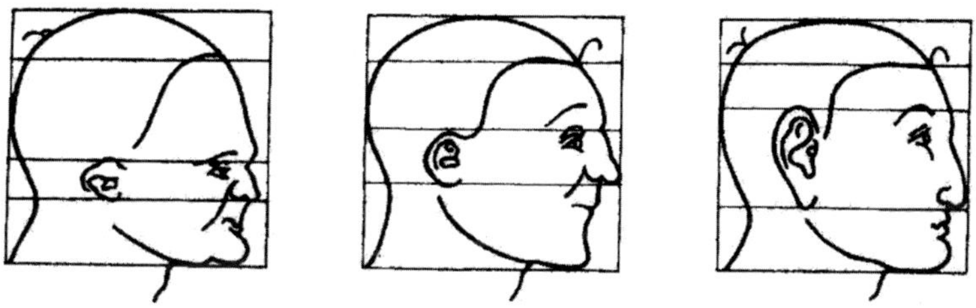

그림1–11. 알브레히트 뒤러의 좌표 변형에 의한 인체 형상의 변형

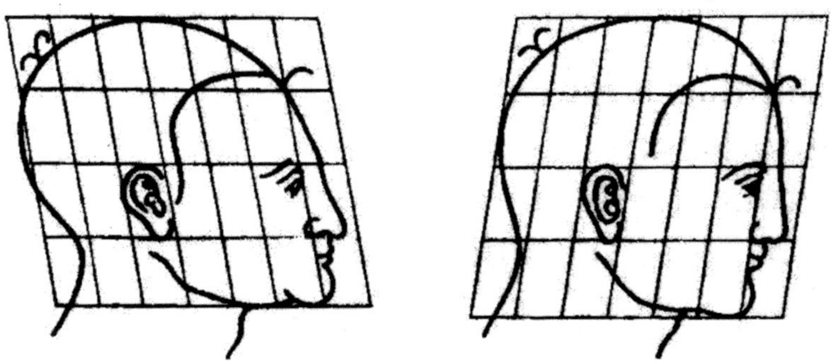

그림1–12. 알브레히트 뒤러의 좌표 변형에 의한 인체 형상의 변형

그는 나아가 뒤러의 작업과 유사한 방식으로, 예를 들어 포유동물 맥(tapir)의 중간 발가락 윤곽을 장방형의 등거리 좌표 안에 그리고, 그 좌표를 대각선 방향으로 50도 정도 기울인 후, 가로 좌표의 간격을 일련의 대수적 비로 줄이면 옆의 다른 발가락 형상을 그릴 수 있다고 설명한다.(그림 1–13)[24]

24) *Ibid*., pp. 290–291.

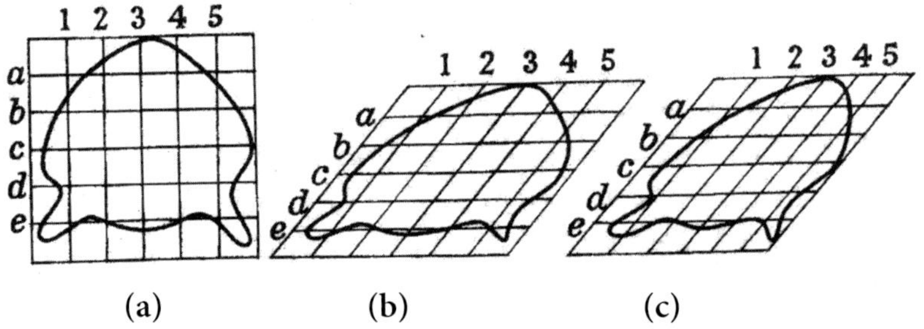

그림1-13. 좌표 변형에 의한 맥의 다른 발가락 형상들

마찬가지로 게리온(Geryon) 게의 등껍질을 등거리의 장방형 좌표 안에 그린 후, 그 좌표를 가로축으로 비스듬히 늘이면 마투타(Matuta)나 루파(Lupa) 같은 다른 종류의 게 등껍질 형태로 될 수 있으며, 반대로 가로축을 압축시키면 코리스테스(Corystes) 같은 또 다른 종류의 게 등껍질 형태로, 또한 좌표를 삼각형의 다이어그램으로 변형시켜 방사형으로 아래쪽을 늘이면 파랄로미스 속(genus Paralomis: 왕게) 게의 등껍질 형태로 될 수 있음을 주장한다 (그림 1-14).[25] 이는 생물체의 형태를 좌표 상에서 자유롭게 변형시켜 유사 강 내의 다양한 변양태들로 변형시킬 수 있음을 의미한다.

그의 좌표 변형에 의한 유사 생물 속의 다양한 변양태 속과 종으로의 변형들에 관한 설명은 다음과 같은 물고기들의 사례에서 가장 흥미로운 결과들을 보여준다[26]:

예를 들어 아르기로펠레쿠스 올페르시(Argyropelecus olfersi)로 알려진 물고기를 등거리의 장방형 좌표 안에 그리고, 그 좌표를 대각선 방향으로 비스듬하게 70도 정도로 기울이면 스테르놉틱스 디아파나(Sternoptyx diaphana)라는 다른 속의 물고기 형태로 되는데, 그는 이러한 변형이 단단한 바위 속에서 화석이 전단 응력의 결과에 따라 만들어지는 것과 동일한 변형의 종류라고 설명한다(그림 1-15).

25) *Ibid.*, p. 294.

26) *Ibid.*, pp. 298–301.

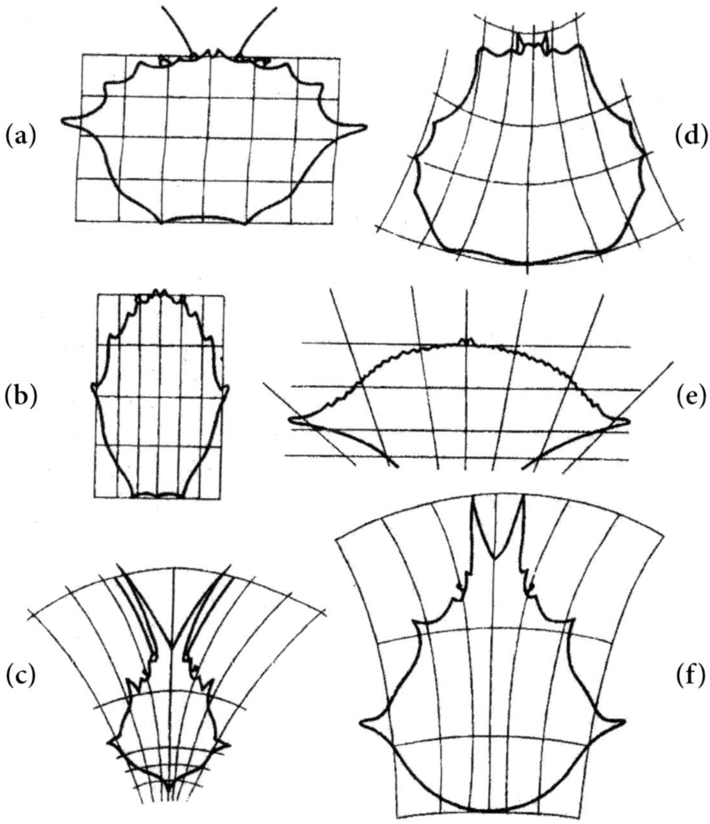

그림1-14. 게리온 게 등껍질의 다양한 좌표 변형에 의한 다른 게 등껍질들의 표현,
(a)Geryon, (b)Corystes, (c)Scyramathia, (d)Paralomis, (e)Lupa, (f)Chorinus

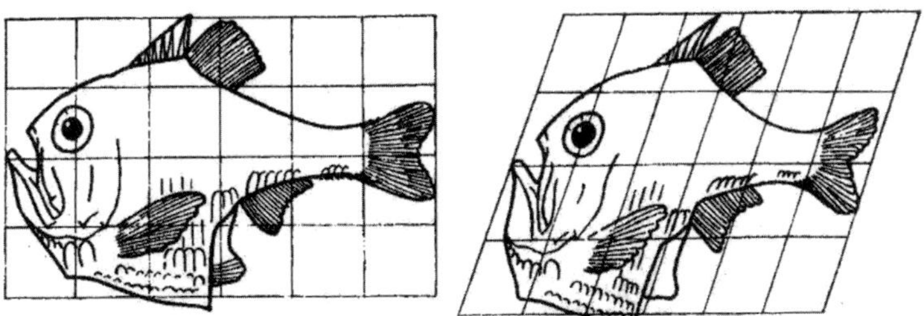

그림1-15. 좌표 변형에 의한 아르기로펠레쿠스 올페르시의 스테르놉틱스 디아파나로의 변형

또 다른 예로 전형적인 스카로이드(Scaroid) 물고기인 비늘돔 종(Scarus sp)의 형태를 등거리 장방형 좌표 안에 그린 후, 그 좌표를 동일한 축의 원형(coaxial circle)으로 변형시키면 비슷한 과(family)의 포마칸투스 속(genus Pomacanthus) 물고기 형태로 바뀌는데(그림 1-16), 이 경우는 포마칸투스 물고기의 실제 줄무늬 형태가 변형된 좌표상의 굴곡진 좌표 방향과 정확히 들어맞는다는 점에서 더욱 흥미로우며, 비슷하게 동일한 동축 굴곡 변수의 작은 변형과 같이 좌표의 약간의 수정을 통해 유사 과의 카에토돈(Chaetodonts) 물고기의 형태로도 바뀔 수 있게 된다.

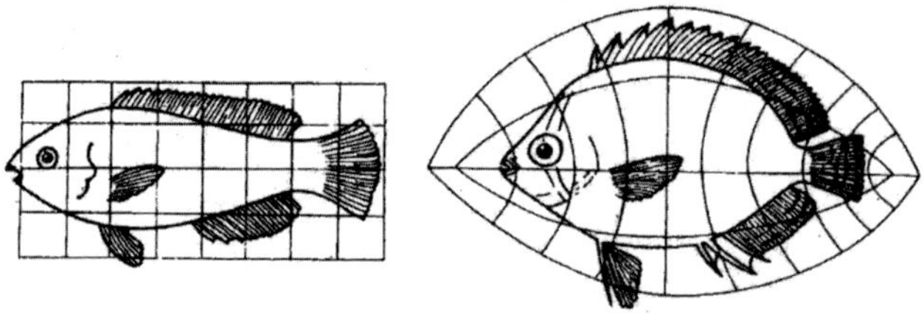

그림1-16. 좌표 변형에 의한 비늘돔 종 물고기의 포마칸투스 속 물고기로의 변화

또한 농어류인 아칸톱테리기안(Acanthopterygian) 물고기들 시리즈에서 폴리프리온(Polyprion) 물고기를 등거리 장방형 좌표 안에 그리고, 그 좌표를 삼각형 모양으로 변형시키거나 방사형으로 변형시킴에 따라 쉐도프리아칸투스(Pseudopriacanthus), 혹은 스코르파에나(Scorpaena sp), 안티고니아 카프로스(Antigonia capros) 같은 다양한 종의 물고기 형태들로 바뀌게 되며(그림 1-17, 18), 전형적인 가시복(Diodon)을 등거리 장방형 좌표 안에 그린 후, 그 좌표의 세로축을 동심원 모양으로 오른 쪽으로 늘이고, 가로 축을 굴곡지게 잡아 늘여 쌍곡선 모양의 좌표로 변형시키면 개복치(sun fish)인 오르타고리스쿠스(Orthagoriscus mola)가 탄생하게 된다(그림 1-19). 즉 "원래의 형태를 좌표 상에서 시스템의 주변을 향해 변형시킴으로써 크기와 형태가 수정될 수 있으며, 이러한 좌표 변형 방식을 통해 원형의 몸체, 과장된 등 지

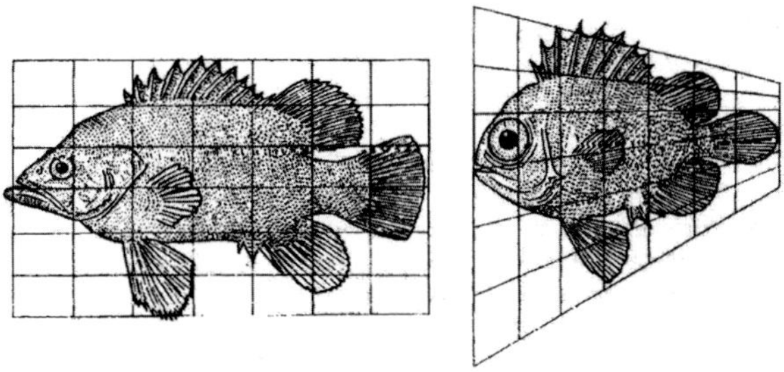

그림1-17. 좌표 변형에 의한 폴리프리온의 쉐도프리아칸투스로의 변형

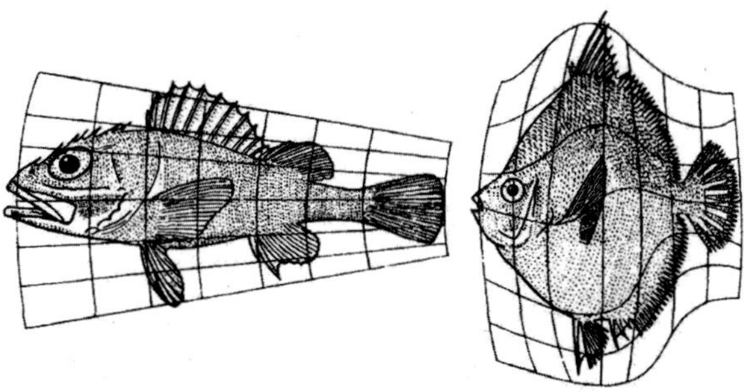

그림1-18. 좌표 변형에 의한 스코르파에나의 안티고니아 카프로스로의 변형

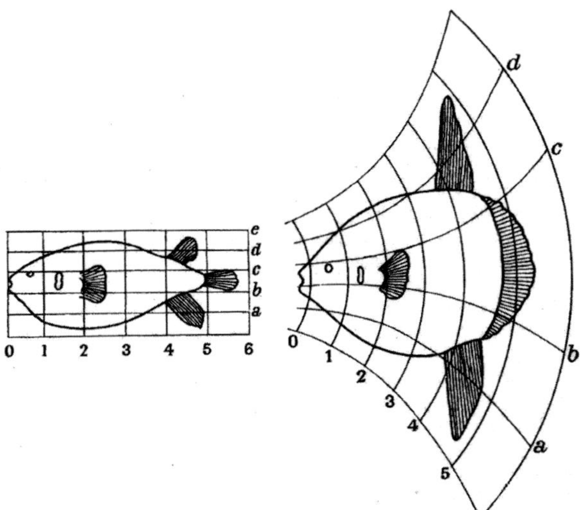

그림1-19. 좌표 변형에 의한 가시복의 개복치로의 변형

느러미와 배 지느러미 같은 디테일들의 새로운 윤곽을 설명하는 것이 가능하게 된다."[27]

톰슨은 생물 형태의 이러한 좌표 변형을 포유류의 두개골 형태에도 적용한다. 그는 이오세 중반 북미에서 나타났던 원시 기제류(**코뿔소 종류**)인 히라키우스 아그라리우스(Hyrachyus agrarius)의 두개골 형상을 등거리의 장방형 좌표 안에 그린 후, 그 좌표를 긴 축으로 약간의 이중 굴곡을 주어 두개골의 상부를 하부에 비교해 더 큰 비례로 수직적으로 확장하면 또 다른 원시 기제류인 아체라테리움 트리닥틸룸(Aceratherium tridactylum)의 두개골 형상으로 변하며(**그림 1-20**), 이것을 좀 더 큰 스케일로 동일한 변화를 주면 현재의 코뿔소 두개골 형상으로 변하게 된다고 설명한다. 나아가 이 좌표를 유사하게 약간의 변화를 주면 티타노테리움(Titanotherium robustum) 종의 두개골로 되며, 장방형 좌표를 좀 더 삼각형의 망 형상으로 변화시켜 두개골의 앞부분을 압축하고, 뒷부분의 입면을 점차 늘이면서 수직 좌표에 굴곡을 주면 맥의 두개골 형상으로 바뀌고, 원래의 장방형 좌표에 티타노테리움의 방식과 반대로 변화를 주면 말의 두개골 형상으로 된다고 말한다(**그림 1-21**).[28]

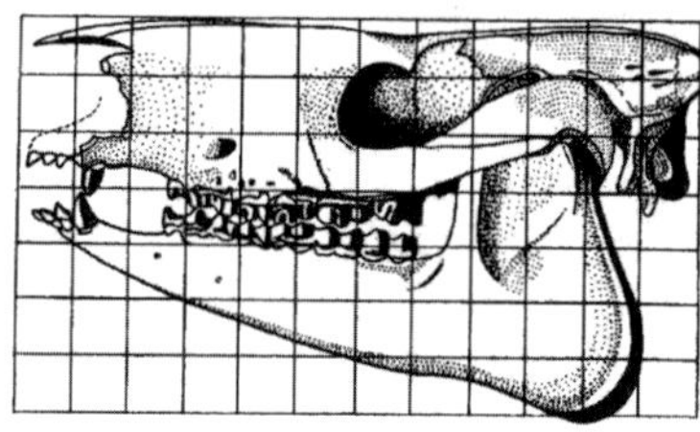

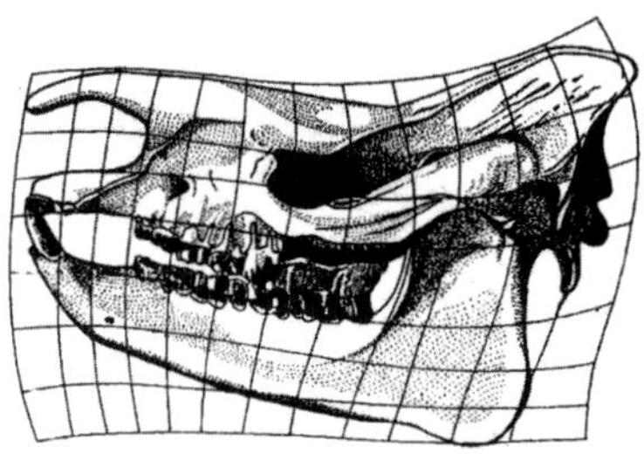

그림1-20. 좌표 변형에 의한 아그라리우스 두개골의 아체라테리움 트리닥틸룸 두개골로의 변형

27) *Ibid.*, pp. 300–301.

28) *Ibid.*, pp. 309–312.

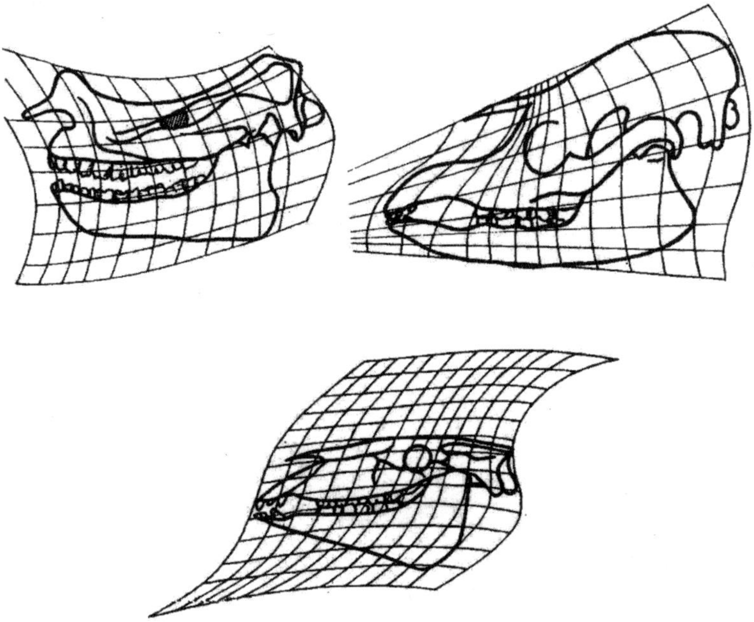

그림1-21. 좌표 변형에 의한 티타노테리움에서 맥, 말 두개골로의 변형

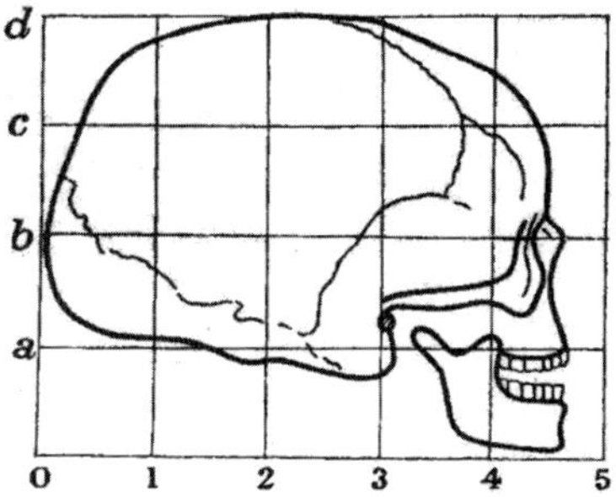

그림1-22. 인간의 두개골

마찬가지로 인간의 두개골 측면부(**그림 1-22**)를 등거리 장방형 좌표 안에 채워 넣고, 그 좌표에서 두뇌 부분이 더 작고 턱 부분이 더 커지도록 좌표 상부에서 하부로, 뒷부분에서 앞 부분 쪽으로 굴곡지게 돌출(projection)시키면 침팬지의 두개골로, 그것을 앞 부분쪽으로 더욱 큰 비례로 돌출시키면 개코 원숭이의 두개골로 변화하는 과정을 거치게 된다(**그림 1-23**). 톰슨은 이러한 변환을 '위상 기하학적 유사성'(topological similitude) 내의 연속적 변환이라 부른다.[29]

29) *Ibid*., pp. 318–319.

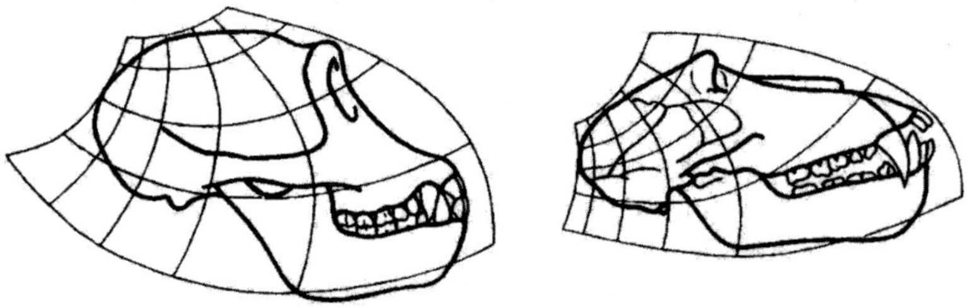

그림1-23. 좌표 변형에 의한 인간 두개골의 침팬지와 개코 원숭이 두개골로의 변형

다시 말해 다르시 톰슨의 책은 예를 들어 "전체 기능면에서 뼈대가 어떻게 효율적인 역학 구조인가가 중요할 때, 비교 해부학자들처럼 각각의 뼈들이 단순히 진화적인 힘에 의해 독자적으로 만들어졌다고 생각하는 것은 오류이며, 물리학과 역학을 이용해 효율성과 그에 따른 적응(adaptation) 우위의 측면에서 생물학적 형태를 합리적으로 설명해야 함"[30]을 주장한 것이다. 톰슨의 이러한 주장은 "어떤 특정한 환경에서 최적으로 입증할 수 있는 형상이나 구조가 있다는 것, 즉 세포와 조직, 껍데기와 뼈, 잎과 꽃은 물질의 상당 부분을 이루며, 이것을 구성하는 입자들은 물리 법칙에 순응하여 이동하고, 형상을 만들고, 적응한다"[31]는 것을 의미한다(그림 1-24).

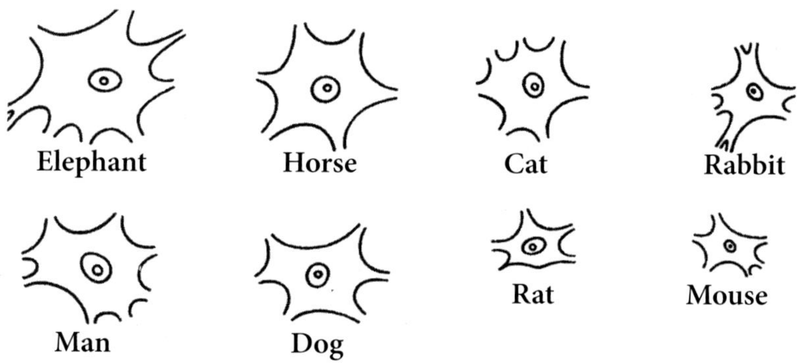

그림1-24. 환경적 물리 법칙에 순응되어 결정된 각각의 동물들의 신경 세포

30) Philip Ball, *Shapes: Nature's Patterns–A Tapestry in Three Parts,* 2009, 조민웅 역, 「모양」, 사이언스 북스, 2014, p. 26.

31) *Ibid.*, p. 27.

다르시 톰슨의 도해는 나아가 형태를 시간의 경과에 따라 대상물에 작용하는 힘들을 보여주는 '힘들의 다이어그램'으로 표현함으로써 형태를 동역학적 관점으로 볼 수 있도록 만든다. 톰슨은 「성장과 형태에 관하여」에서 다음과 같이 형태가 단지 힘들의 다이어그램일 뿐이라고 동역학적 관점으로 서술을 한다:

> 형태, 그리고 사물의 어떤 부분이라도, 그것이 살아있건 죽었건, 그리고 그것의 운동과 성장 속에서 명백한 형태의 변화들은 모든 경우에 힘의 작용에 따라 설명될 수 있다, 요약하자면, 대상물의 형태는, 이런 관점에서 최소한, 그것으로부터 우리가 그것에 대해 작용하고 있거나 작용했던 힘들을 판단하거나 추론할 수 있는 '힘들의 다이어그램'이다.[32]

그는 더 나아가 형태학이 단지 물질의 문제가 아니라 동역학적으로 힘과 에너지의 수행의 문제임을 다음과 같이 주장한다:

> 형태학은 물질의 연구와 물질의 형태뿐만이 아니라 힘과 에너지의 작용의 관점에서 우리가 해석을 하게 되는 동역학적 양상을 가진다... 나는 물질들의 연구에서 수와 질서, 위치는 지식을 정확히 아는 세겹의 열쇠라는 것을 안다.[33]

형태가 현재 뿐 아니라 과거의 힘들까지 재현된 것이라는 톰슨의 이러한 통찰은 유기체가 단지 공간 속의 형상이 아니라 시-공간 속의 사건이며, 성장에 연루됨으로써 정역학적이라기 보다는 동역학적이라는 중요한 개념을 말해준다. 즉 톰슨의 관점에서 유기체의 성장은 크기의 단순한 확장이

---

32) D'Arcy Thompson, *op. cit.*, p. 11.

33) *Ibid.*, p. 14.

아니라 시간의 흐름 속에서 힘들의 작용이 변함에 따라 형태 자체가 다르게 변형될 수 있음을 의미한다(그림 1-25, 26).

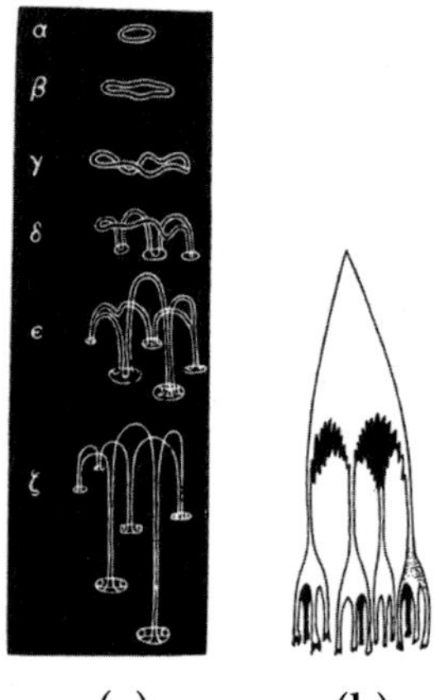

그림1-25. 액체 속에서 낙하하는 물질들. (a)물 속으로 낙하하는 잉크, (b)파라핀 속으로 낙하하는 퓨젤유

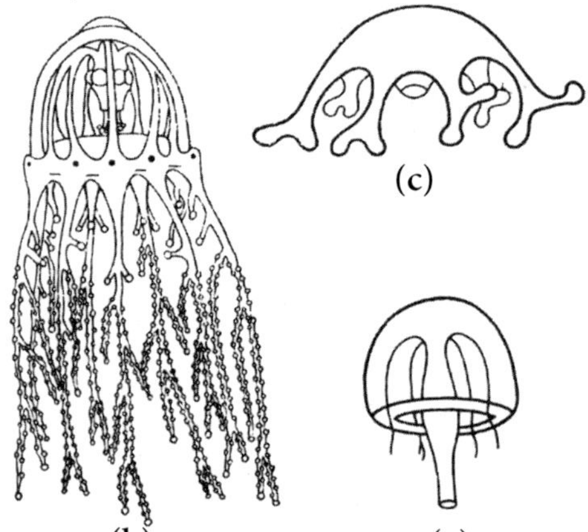

그림1-26. 액체 속에서 낙하하는 잉크나 기름과 유사하게 형태가 만들어지는 물 속의 다양한 해파리들

이것은 다시 말해 자연계의 많은 형태가 단지 진화에 의해 그렇게 만들어진 것이 아니라 성장의 조건, 혹은 환경 내의 다양한 힘들의 직접적 결과에 의한 것으로, 그러므로 나아가 (생물계에서이건 무생물계에서이건) 형태가 고정된 것이 아니라 외부의 다양한 힘들의 매개변수를 내부화함으로써 연속적으로 변형될 수 있음을 의미하고, 심지어는 특정한 힘에 의한 형태의 위상기하학적 변형까지도 가능함을 예견한 것이라 할 수 있다.

이것을 통해 우리는 "자연 역시 경제적이며, 무생물계에서 보이는 조직적인 패턴 형성의 현상을 이용해 복잡한 형태를 만들 것이고, 나아가 생물계와 순수한 무생물계의 형태와 패턴에서도 일련의 유사성을 찾을 수 있을 것"[34] 이라는 가정을 할 수 있을 것이다. 실제로 현대의 다양하게 굴곡진

34) Philip Ball, *op. cit.*, p. 34.

생물학적 형태 건축들의 양상은 다양한 외적 힘들의 매개 변수 변화를 통한 이러한 형태 변형 방식의 발전된 예라고 할 수 있다.

형태를 양적으로 대수화할 수는 없지만 다르시 톰슨의 예를 따르며 이를 수학적 모델로 가능하게 한 것은 위상 기하학이며, 이것의 대표적 예는 르네 톰(RenéThom,그림 1-27)의 급변론(Catastrophe theory, 그림 1-28)이 말하는 형태 발생 이론에서 볼 수 있다. 급변론에서의 형태는

그림1-27. 르네 톰

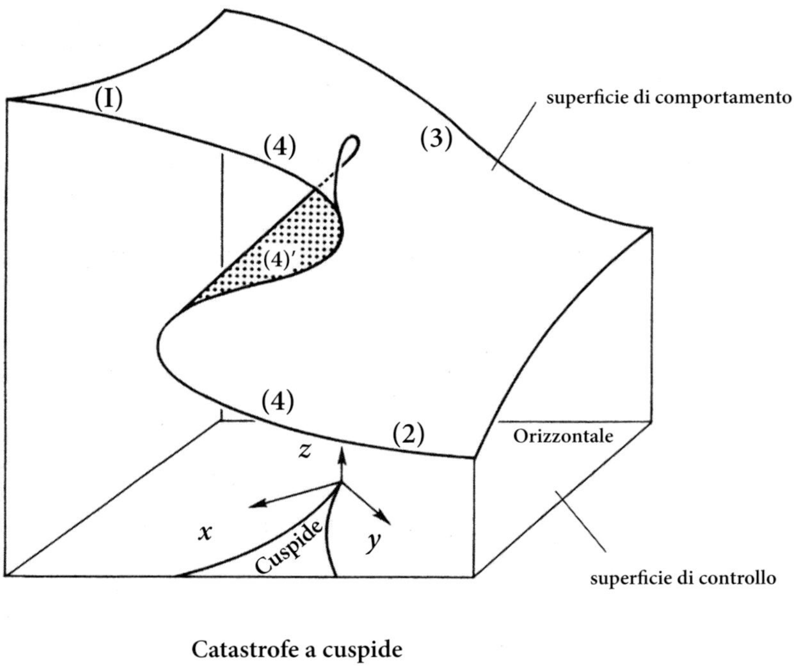

Catastrofe a cuspide

그림1-28. 급변에 의해 주름 잡힌 공간

어떤 계에 불연속의 점들이 분포되어 있는 구조[35] 로서, 톰은「구조적 안정성과 형태 발생」*Stabilitéstructurelle et morphogénèse*(1972)에서 모든 형태를 끌개(attractor, 그림 1-29)로 표현한 수학적 모델을 제시하며, 형태 발생을 최초의 형태를 나타내는 끌개가 소멸하며 최종적인 끌개로 재현된 형태들로 교체되는 과정이라 주장한다. 실제로 급변론이 가장 자주 적용되는 분야는 생물학의 발생학으로서, 생물체의 형태 발생은 계속적으로 주름들이 잡혀 가며 그것이 증폭되어가는 과정이라 할 수 있을 것이다.

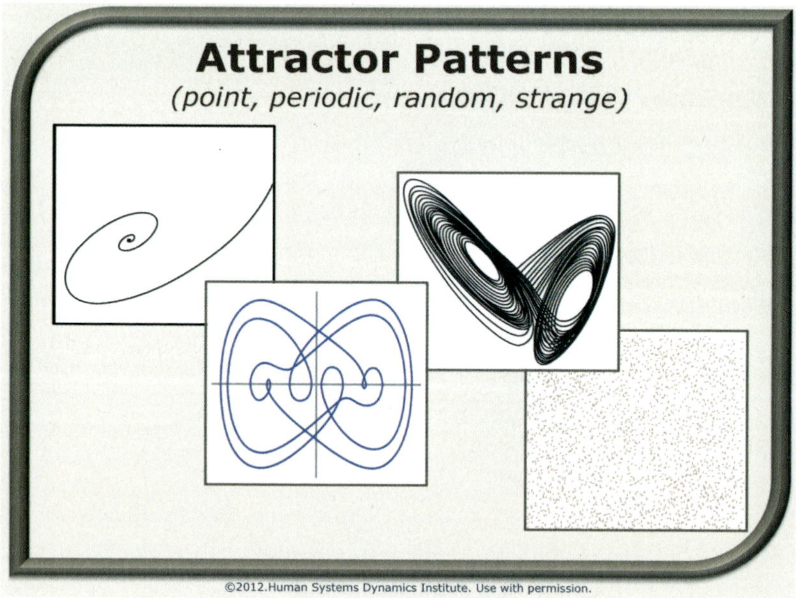

그림1-29. 끌개의 종류들

35) 이정우,「접힘과 펼쳐짐」, 거름, 2000, p. 185.

3) 생물 형태로 표현된 건축의 역사적 사례들

(1) 인체 형상의 건축

건축의 역사에서 고전 건축의 기본 원리이자 최초의 디자인 규범으로 자리 잡은 것은 플라톤의 이데아 재현으로부터 유래된 비례 체계이며, 그 가운데에서도 고전 건축의 가장 중요한 법칙으로 적용된 것 중의 하나는 무엇보다도 신인 동형설이라고 할 수 있다. 이것은 인간의 형상과 비례야말로 신의 형상이 실체화 한 것으로, 건축 역시 최고의 가치와 선을 위해 신의 재현으로서의 인체 형상과 인체 비례를 모델로 디자인되어야 한다는 것을 의미한다. 신인 동형설에 입각한 인체 비례는 대부분의 고전 건축의 평면 및 입면 디자인의 원리로 나타나나, 이 외에도 실제로 인체의 직접적인 형상 자체를 건축에 도입한 사례들도 나타난다.

건축에서 인체의 형상을 언급한 최초의 문헌적 사례는 대칭과 비례를 잘 조화된 인체 형상에 비유해 설명한 비트루비우스(Marcus Vitruvius, BC.84)의 「건축」(*De Architecture-libri decem*)에서부터 나타난다. 비트루비우스는 「건축」 제3권의 첫 번째 장에서 "어떤 신전도 그 부재들이 훌륭한 형태로 된 인간 존재의 팔 다리와 같이 서로 서로가 특별한 관계에 있지 않다면 대칭과 비례가 없으며, 감각적 형태로 될 수 없다"[36) 라고 주장했기 때문이다.

물론 비트루비우스는 어떤 도해를 포함하지 않지만 르네상스의 많은 건축가들은 그의 인체 형상을 팔과 다리를 벌린 인간이 완벽하게 들어맞게 되는 원과 정사각형의 기하학적 형태로 표현하고 있다. 예를 들어 르네상스 시기의 프라 지오콘도(Fra Giocondo, 1433-1515)의 비트루비우스와 관련된 인체 형상(1511, 그림 1-30)이나 프란체스코 마르티니(Francesco di Giorgio Martini,

---

36) Günther Feuerstein, *Biomorphic Architecture, Human and Animal Forms in Architectue*, Edition Axel Menges, 2002, p. 21.

1439–1501)의 인체 형상(1480, 그림 1-31), 레오나르도 다빈치(Leonardo da Vinch, 1452–1519)의 인체 형상을 위한 비례적 안(1500, 그림 1-32), 체사레 체사리아노(Cesare Cesariano, 1485–1543)의 인체 형상(1521, 그림 1-33)들은 모두 정사각형과 원에 내접하는 비트루비우스적 인간을 묘사한다. 나아가 르네상스 시기의 유명한 수학자 루카 파치올리(Luca Pacioli, 1445–1514) 역시 「신성한 비례」(*Divina Proprtione*)에서 "모든 척도와 그것들의 관계는 인간 신체로부터 나오며, 모든 숫자 비례와 차원적 관계들은 신이 자연의 심오한 신비를 보여주는 인간 신체 내에서 발견된다"[37] 라고 보았다.

그림1-30. 프라 지오콘도,
비트루비우스와 관련된 인체 형상, 1511

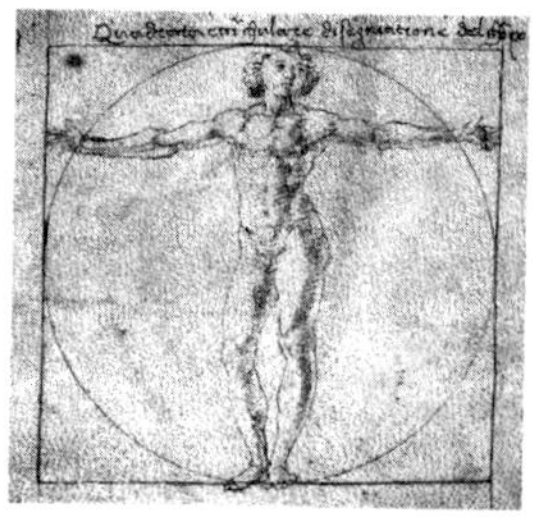

그림1-31. 프란체스코 마르티니,
인체 형상, 1480

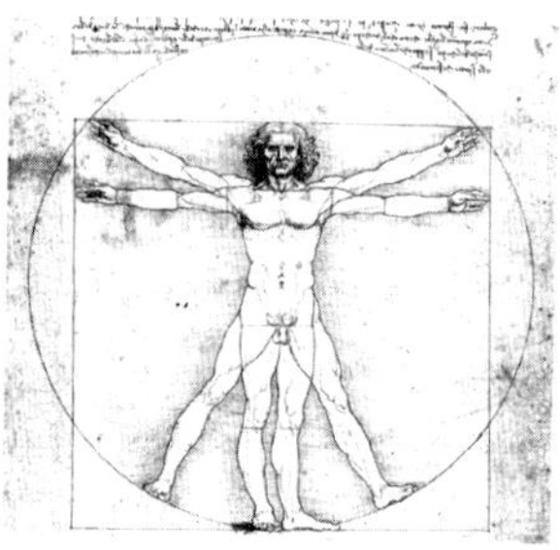

그림1-32. 레오나르도 다빈치,
인체 형상을 위한 비례적 안, 1500

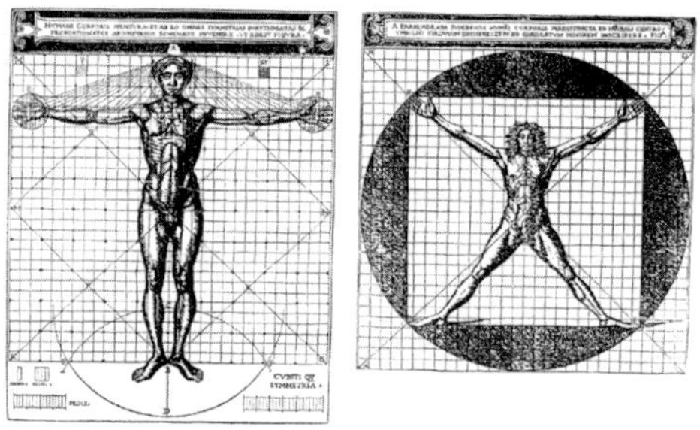

그림1-33. 체사레 체사리아노, 인체 형상, 1521

37) *Ibid.*, p. 27.

이것은 인간 신체의 척도가 건축의 기하학적 척도로 적용될 수 있음을 보여주는 사례이다. “인간 형상은 건축 속에 직접 포함됨으로써 수학적으로 조화를 이루는 존재로 된 것이다”.[38] 르네상스 시기의 유명한 건축 이론가 필라레테(Filarete, 혹은 Antonio Averlino, 1400-1469)는 다음과 같이 신인 동형적 건축의 조건을 11가지로 설명한다:

1. 구성 요소들의 얼굴이나 파사드에 대한 비례
2. 다양성, 그리고 팔 다리와 삶의 조건들의 비례적 관점에서의 유추
3. 건물과 인간 신체 내의 분절 비례의 동일성
4. 인간은 음식과 약을 필요로 하며, 건물은 유지와 돌봄을 필요로 한다
5. 신체와 건물은 재료와 평면의 배치에 의존한다
6. 중요한 건물의 명성은 영웅의 명성과 같이 비슷하게 유지된다
7. 건물은 건축주와 건축가 사이의 협동 결과로서, 삶의 창조에서 건축주가 아버지라면 건축가는 어머니이다
8. 지속성, 미, 기능성의 범주는 인간과 건축에서 기본적이다
9. 고대의 신전이 신의 특성에 적절한 전체적 다양성을 지녔다면, 기독교 교회는 예수의 기억 속의 십자형이다
10. 자산에 있어서의 사회의 질서는 건물들의 질서에 대응된다
11. 건물형태 이론과 건물 장르의 분류, 광물적 유형으로부터 건축을 유도해야 한다.[39]

인간 형상은 무엇보다도 건물의 기둥에서 잘 찾아볼 수 있다. 기둥들은 비례의 추상성 대신 인간 형상을 직접적으로 상징하는 언어적 의미를 전달했기 때문이다. 예를 들어 그리스 건축에서 도릭 기둥은 남성을, 이오니아

38) Maria Luisa Palumbo, *New Wombs,* Birkhäuser, 2000, p. 8.

39) Günther Feuerstein, *op. cit.,* p. 27.

식은 여성을, 그리고 코린트식은 처녀를 상징했다.[40] 그러므로 도릭 기둥의 높이는 기단 직경의 6배라는 남성의 비례였고, 이오니아 기둥은 1:9의 여성적 비례, 코린트 기둥은 어린 소녀의 날씬한 형상을 표현한다.

비트루비우스를 따르자면, 기둥들은 이러한 신인동형적 형상의 직접적 특성을 반영하는 것으로 되어야 했으므로, 천둥과 태양을 상징하는 코엘루스의 쥬피터 신전(그림 1-34)은 지붕이 없이 그대로 노출되었고, 헤르큘레스의 미네르바 신전(그림 1-35)은 이 여신의 용맹을 상징하기 위해 도릭 기둥으로, 비너스 신전(그림 1-36)은 오로지 코린트식으로만 표현되어야 했다고 할 수 있다.

그림1-34. 쥬피터 신전

그림1-35. 미네르바 신전

그림1-36. 비너스 신전

기둥의 형상은 많은 경우에 여신의 모습으로 재현되곤 하는데, 이집트 덴데라의 사랑의 여신인 하토르(Hathor) 신전(2,000 BC.) 기둥(그림 1-37)은 상부에서 네 면이 여신 얼굴과 머리카락으로 장식된 얼굴 주두로 되어 있다. 그

40) *Ibid.*, p. 33.

리스 아크로폴리스에 있는 포치(420-405 BC. 그림 1-38) 역시 여신들의 형상으로 된 기둥들이 지붕을 받치고 있는 형상으로 되어 있다. 아테네의 판드로스 신전 기둥(그림 1-39) 역시 도릭의 주두를 여성이 받치고 있는 형상이다. 여신의 형상이 기둥으로 표현된 사례는 많은 건축가들의 도해에도 등장하는데, 르네상스 시기 프란체스코 마르티니(F. G. Martini)의 인체 기둥 비례연구(1480, 그림 1-40)는 여성의 신체와 얼굴, 머리카락들이 직접적으로 기둥에 그려진 도해이며, 프라 지오콘도(Fra Giocondo)의 비트루비우스에 연관된 여상주 도해(1511, 그림 1-41) 역시 세 명의 여성이 머리로 지붕을 받치는 기둥으로 묘사된다.

그림1-37. 하토르 신전 기둥, 2,000 BC

그림1-38. 아크로폴리스의 여상주 포치 420-405 BC

그림1-39. 아테네 판드로스 신전 여상주

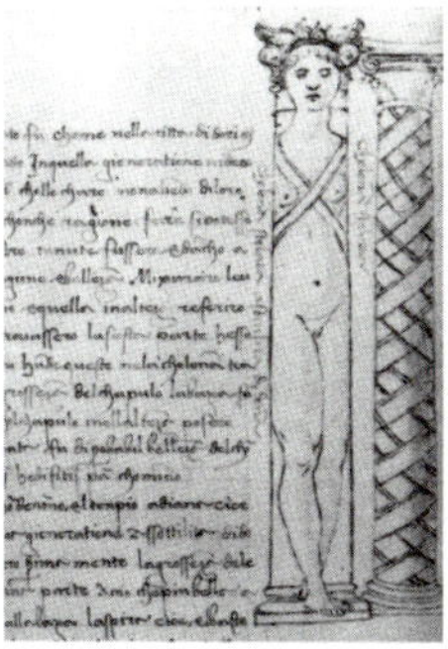

그림1-40. 프란체스코 마르티니, 인체 기둥 비례 연구, 1480

그림1-41. 프라 지오콘도, 비트루비우스에 연관된 여상주 도해, 1511

여신 대신 강건한 남성이 지붕을 받치는 기둥으로 표현되는 사례들도 존재한다. 프란체스코 마르티니가 도해한 코린트 기둥 주두(1480, 그림 1-42)는 남성의 얼굴로 표현되며, 18세기 건축가 자크 프랑소와 블롱들(Jacques-Francois Blondel)이 자신의 저서 「건축 강의」(*Cours d'Architecture*, 1777)에서 팔라디오와 비뇰라의 건축을 위해 주두에 겹쳐 표현한 도해(그림 1-43) 역시 남성의 얼굴이다. 체사레 체사리아노의 비트루비우스 도해(1521, 그림 1-44)에는 지구를 받치는 아틀라스들(Atlantes)이 아키트레이브를 받치고 있는 모습이 묘사된다.

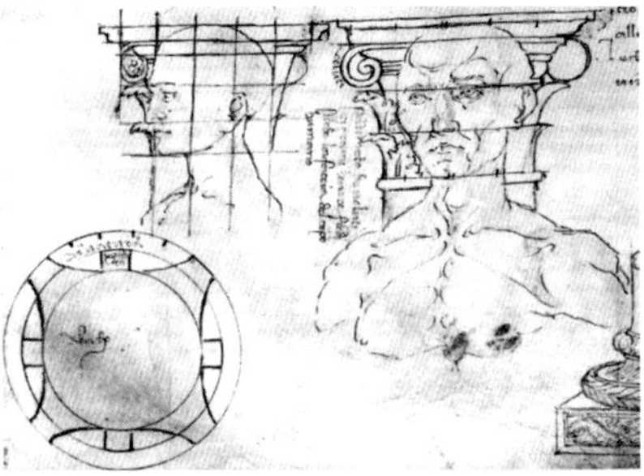
그림1-42. 프란체스코 마르티니, 코린트 기둥 주두, 1480

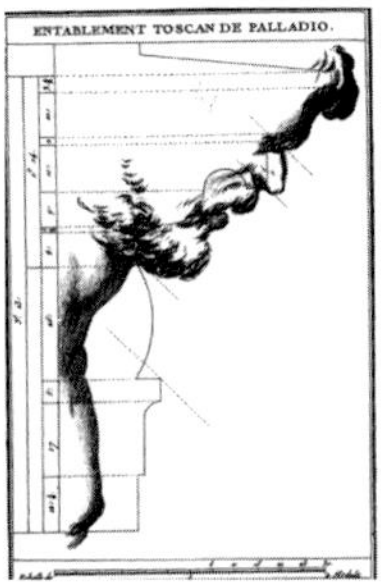

그림1-43. 자크 프랑소와 블롱들, 팔라디오와 비뇰라의 건축을 위해 주두에 겹쳐 표현한 도해, 1771-77

그림1-44. 체사레 체사리아노, 비트루비우스 도해, 1521

나아가 벤델 디이털린(Wendel Dietterlin)의 터스카나 기둥의 도해(1598, 그림 1-45)에는 남성 노예의 모습이, 도릭 기둥 도해에는 영웅과 같은 남성의 모습이, 그리고 이오니아 기둥의 도해에는 여성의 모습이 등장한다. 실제로 요한 힐데브란트(J. L. von Hildebrandt)의 비엔나 벨베데레 기둥(1721-23, 그림 1-46) 역시 아틀라스들이 받치고 있는 형상의 인체 기둥들의 예이다.

르네상스와 바로크의 많은 교회들의 평면과 입면 역시 인체의 형상으로부터 유추를 한다. 프란체스코 마르티니의 피렌체 교회 평면과 입면(1480-

그림1-45. 벤델 디이털린, 터스카나 기둥의 도해, 1598

그림1-46. 요한 힐데브란트, 비엔나 벨베데레 기둥, 1721-23

90, 그림 1-47, 48)은 건물의 평면과 입면 프레임 내부를 남성의 신체 형상으로 꽉 채우는 스케치를 보여주며, 그의 르네상스 오각형 요새에 대한 도해(1485, 그림 1-49) 역시 인체가 건물 내부를 채우는 형상을 하고 있다. 피에트로 카타네오(Pietro Cataneo)의 베니스 교회 평면(1567, 그림 1-50)도 예수와 비슷한 인간 남성이 팔을 벌리고 건물의 평면을 채우는 디자인을 보여준다. 나아가 베르니니(Gianlorenzo Bernini)의 성 피터 사원 광장 스케치(1657, 그림 1-51)

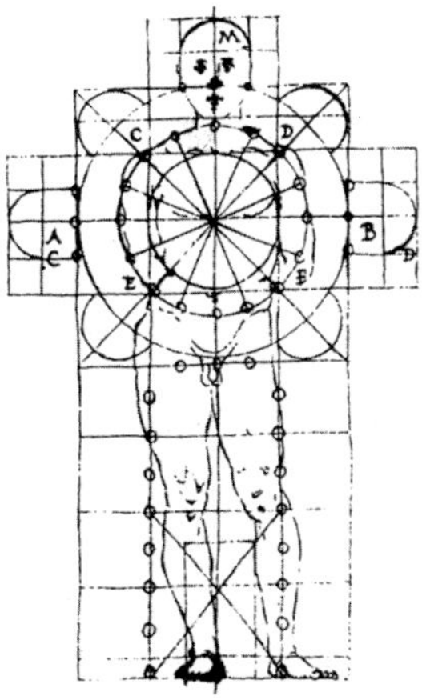

그림1-47. 프란체스코 마르티니, 피렌체 교회 평면, 1480-90

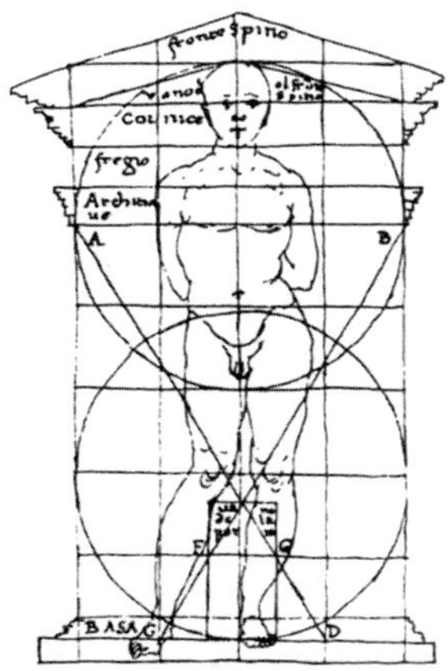

그림1-48. 프란체스코 마르티니, 피렌체 교회 입면, 1480-90

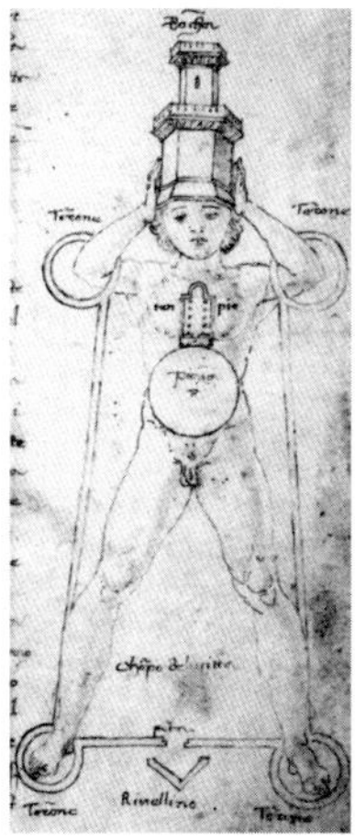

그림1-49. 프란체스코 마르티니, 르네상스 오각형 요새에 대한 도해, 1485

그림1-50. 피에트로 카타네오, 베니스 교회 평면, 1567

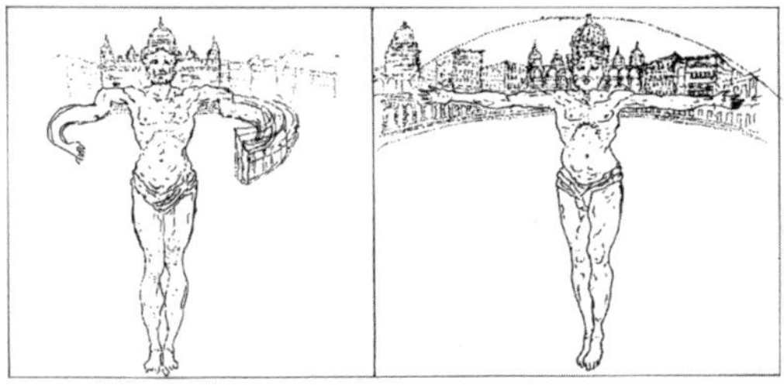

그림1-51. 베르니니, 성 피터 사원 광장 스케치, 1657

도 인체의 형상이 팔을 벌려 광장을 둘러싸는 모습을 묘사하고 있다. 이것은 건물의 평면과 입면에서 인간 형상을 유추한 사례들이다.

건물의 입구 파사드에서 인간의 얼굴 형상을 묘사한 경우 역시 발견된다. 타데오(Taddeo)와 페데리코 추카리(Federico Zuccari)의 로마 추카리 궁(1592) 대문 파사드(그림 1-52)와 피로 리고리오(Pirro Ligorio)의 로마 근교 괴물 공원(Sacro Bosco di Bomarzo) 입구(1540-50, 그림 1-53)는 파사드로서의 얼굴 형상을 확대해 보여주는 예이다.

그림1-52. 타데오와 페데리코 추카리, 로마 추카리 궁 대문 파사드, 1592

그림1-53. 피로 리고리오, 로마 근교 괴물 공원 입구, 1540-50

(2) 신고전주의의 말하는 건축

신고전주의의 '말하는 건축'(l'architecture parlante)은 건물의 평면과 입면에서 보다 직설적으로 마치 '말로 설명을 하듯이'생물체의 형상을 재현한다. 르두(C.N. Ledoux)의 남근 형상의 평면을 보여주는 성교육 기관인 쾌락의 집(Maison du plaisir, 1804, 그림 1-54), 샤를 프랑스와 리바르(Charles Francois Ribart)의 거대한 코끼리 형상의 살롱인 개선 코끼리(Triumphal Elephant, 1758, 그림 1-55), 르큐(J.J. Lequeu)의 거대한 황소 형상의 우시장 건물(1800, 그림 1-56) 등은 생물 형상의 직접적인 묘사로 건물의 기능을 형태로 직접적으로 인식시키는 사례들이다.

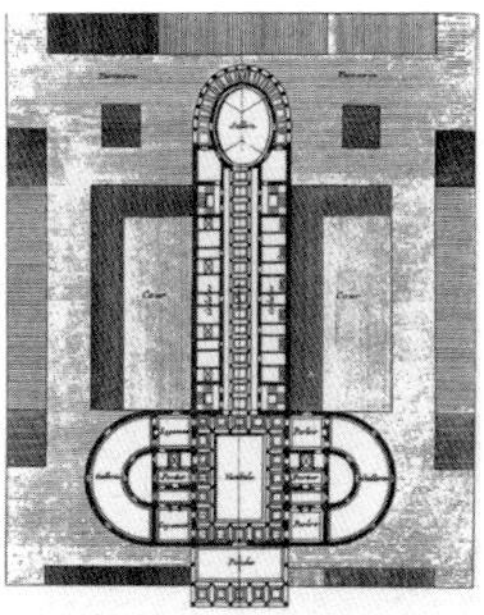

그림1-54. 르두, 쾌락의 집, 1804

그림1-55. 샤를 프랑스와 리바르, 개선 코끼리, 1758

그림1-56. 장 자크 르큐, 우시장, 1800

신고전주의의 시기는 아니지만 그 이후에도 말하는 건축의 전형적 특성을 보여주는 건축들은 계속 등장한다. 예를 들어 제임스 래퍼티(James Lafferty)의 뉴저지 어틀랜티즈 시티 외곽에 있는 코끼리 주택 루시(Lucy, 1882, 그림 1-57)나 호르스트 렐레케(Horst Rellecke)의 베스트팔리아 함에 있는 창고 건물(1984, 그림 1-58) 역시 거대한 코끼리의 형상을 그대로 재현한, '말하는 건축'의 예들이다.

그림1-57. 제임스 래퍼티, 루시 더 엘리펀트, 1883

그림1-58. 호르스트 렐레케, 베스트팔리아 창고, 1984

(3) 네오고딕과 존 러스킨의 자연 법칙 형태의 건축

비트루비우스 시대부터 건축이 자연에서 그 기원을 찾으려 했듯이, 18세기의 로지에(Abbé Laugier)도 자연 속의 나무 형태를 통해 '원시 오두막'(primitive hut, 그림 1-59)과 같은 비트루비우스적 고전주의의 모델을 건축의 기원으로 설정하고 있다. 로지에의 원시 오두막은 17세기 후반 건축가들의 임의적 미에 대한 변덕을 막고 확실한 미를 위해 클로드 페로(Claude Perrault)가 전통적인 건축의 질서를 수학적 관계에 기초해 재구성했듯이, 자연의 질서로부터 순수한 자연의 원리를 하나의 규범으로 삼고자 했던 시도라고 할 수 있다.[41]

그림1-59. 아베 로지에, 원시 오두막

41) Ryszard Sliwka, "Geometries of Creation: Architecture and the Revision of Nature", Philip Beesley, Sarah Bonnemaison eds., *On Growth and Form, Organic Architecture and Beyond,* Tuns Press and Riverside Architectural Press, 2008, p. 17.

나아가 19세기의 건축가 비올레 르 뒥(Viollet le-Duc)과 고트프리트 젬퍼(Gottfried Semper), 그리고 루이스 설리반(Louis Sullivan)은 프랑스의 생물학자 조르주 퀴비에가 분류한 해부학적 분류를 건축에 적용해 척추동물의 뼈와 피부를 건축의 골조와 피복으로 대응시키려는 시도를 했다.

그러나 이러한 자연의 형태를 건축에 도입하려 한 사례는 19세기에 네오 고딕을 주장하던 존 러스킨(John Ruskin)의 주장들에서 더욱 잘 드러난다. 다르시 톰슨이 자연의 수학적 연구를 하는 데에 있어 존 러스킨의 "성장과 형태를 규정하는 내적인 해부학적 구조의 기저에 있는 권위적 법칙"[42] 에 관한 연구가 가장 중요한 영향을 주었듯이, 러스킨은 근대의 새로운 고딕 양식이 나뭇잎과 살아있는 식물들을 통해 발견될 수 있다고 믿었기 때문이다. 물론 식물의 형태를 건축에 적용한 사례는 러스킨이 최초는 아니다. 이미 18세기 말 스코틀랜드의 지질학자인 제임스 홀(James Hall)이 고딕 이론을 자연의 모방이라 주장하며, 원시 오두막을 위해 고딕의 계보를 주장하는 가운데, 목재가 고딕의 첨두아치를 완벽히 모방하며 어떻게 자신의 껍질을 벗겨내는 지를 보여주는 나뭇가지 형태의 성당(그림 1-60)을 자신의 정원에 세웠기 때문이다.

그림1-60. 제임스 홀, 고딕 원시 오두막, 1813

러스킨은 자신의 책, 「건축의 7등」(*Seven Lamps of Architecture*, 1889)에서 고딕 예술가들이 자연의 비례와 자연 형태의 비기능적 미를 만들어냈다고 주장하며, 힘과 반력의 생동적 대비 속에서 표현되는 운동과 에너지의 감각

42) *Ibid.*, p. 22

으로 열려진 장식적 형상을 추구했다. 러스킨에게 고딕 건축은 자연의 특성을 지니며, 심지어는 "남성이나 여성, 혹은 두 가지 모두의 요소를 지닌 성적 특징"[43] 을 지니는 것으로 파악되며, 자연계와 유사한 조각으로 인식되었다고 할 수 있다. 러스킨은 나아가 윌리엄 버터필드(William Butterfield)의 런던 올 세인츠 교회(1853, 그림 1-61)에서 표현되듯, 지질학적 층을 모방하기 위해 벽체에 다른 재질의 석재들을 사용할 것을 주장하기도 한다.

그러므로 러스킨의 관점에서 자연의 이러한 원리를 따르는 가장 적합한 건축적 예는 토머스 딘(Thomas Deane)과 벤자민 우드워드(Benjamin Woodward)가 설계한 옥스퍼드 자연사 박물관(1860, 그림 1-62)이었다고 할 수 있다. 이 건물이야말로 내부에 전시된 공룡의 표본과 같이 극적인 자연의 굴곡진 철제 프레임으로 구성되었기 때문이다.

그림1-61. 윌리엄 버터필드, 올 세인츠 교회, 1853

그림1-62. 토머스 딘, 벤자민 우드워드, 옥스퍼드 자연사 박물관, 1860

그의 건축적 비례 체계 역시 자연으로부터 난상 타원형 잎을 가지는 질경이택사(Alisma plantago, 그림 1-63)의 해부를 통해, "신의 무한성"에 접근하는 미를 가진 나뭇잎 자체들의 곡률을 표현

그림1-63. 질경이택사

43) *Ibid.*, p. 20.

하는 비례 원칙을 주장하는 자연 법칙의 비례 체계였다고 할 수 있다. 러스킨에게 있어서 궁극의 미는 훌륭한 장식 뿐 아니라 자연의 모든 형태, 즉 "산의 윤곽, 빙하의 기울기, 조개나 물고기, 버드나무 잎 같은 유기적 형태의 복잡한 나선 주름들 모두(그림 1-64")[44] 에 내재하는 것이었기 때문이다. 러스킨이 건축물을 "(자기)조직화된 창조물"[45] 이라 은유적으로 설명했듯이, 러스킨의 자연의 스케일링 행태와 자기 유사성에 관한 이러한 통찰은 실제로 만델브로(Benoit Mandelbrot)의 프랙탈(그림 1-65) 이론과 같이 자연 속에서 어떻게 단순성으로부터 복잡성이 나타나는지를 설명해준다고도 할 수 있을 것이다.

그림1-64. 존 러스킨, 굴곡 연구, 1902

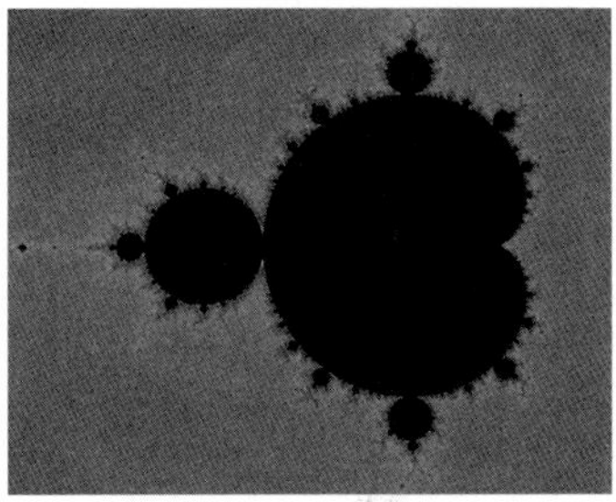

그림1-65. 베노이트 만델브로, 프랙탈 001

(4) 아르 누보와 표현주의의 유기적 건축

19세기 후반부터 대두된 유기주의(Organicism)는 자연과 생물체의 각 부분들이 전체와 뗄 수 없이 유기적으로 연관됨을 표현한 것으로, 건축에서는 이를 기하학적 비례나 기계주의에 반대되는 자연의 자유로운 굴곡의 형태로 해석하여 평면과 입면의 형태에 반영하고 있다. 물론 19세기에 대두된 유기주의는 18세기에 유행했던 '말하는 건축'의 직설적인 표현보다는 보다 추상적 개념으로, 자연과 건축, 그리고 건축을 대하는 대상 모두의 정신적

44) *Ibid.*

45) *Ibid.*, p. 22.

상응까지 포함하는 더 광의의 해석이 가능하므로, 직설적으로 인간이나 특정 생물체, 혹은 특정 부위를 묘사한다거나 장식적 의미로 표현하기 보다는 좀 더 추상화한 개념으로 묘사하려 했던 것이 사실이다.

예를 들어 근대의 대표적 건축가들이 자연적 장식들을 기피했을지라도 많은 수의 기능주의 건축가들조차 자연에서 "모든 인간을 위한 영원한 예"[46] 를 찾으려 했다. 대표적으로 유기적 형태를 자신의 다자인에 도입했던 프랭크 로이드 라이트 외에, 심지어는 "살기 위한 기계"를 주장하며 기능에 대한 분석을 통해 기계적 미를 주장했던 르 꼬르뷔제에게 조차 "어머니 자연은 위대하고 영원한 선생"[47] 이었기 때문이다. 그러므로 이들에게는 플라톤식의 자연적 존재의 모방을 넘어서 추상화 된 자연. 형태와 기능의 상호 의존적 상응, 생태학적 개념 등의 보다 폭넓은 스펙트럼이 적용될 수 있다. 나아가 유기적 건축이 의미하는 바는 지구적 차원의 상황적 경제성과 지속 가능성의 모두와 소통되는 가능한 재료들을 이용하는 건축으로까지 확장될 수 있을 것이다.

19세기 말의 가장 유명한 예로서 1899년부터 5년간에 걸쳐 발간된 동물학자 에른스트 헤켈(Ernst Haeckel, 1834-1919)의 「자연 속의 예술적 형태」(*Kunstformen der Natur*, 1899-1904, 그림 1-66)[48]는 수많은 미지의 해양 생물체들의 유기적 형상을 도해한 것으로, 당시 유행하던 아르 누보의 유기적 형태들에 많은 영향을 주었다고 할 수 있다.[49] 실제로 헤켈은 1850년대에 베를린의 생리학자 요하네스 뮐러(Johannes Peter Müller, 1801-1858)의 지도하에 지

46) 발터 그로피우스 역시 자연에서 영원한 가르침을 얻으려 했다. Dörte Kuhlmann, *op. cit.*, p. 31.

47) *Ibid.*

48) 헤켈은 1899년부터 5년 동안 10회에 걸쳐 수많은 생물체들, 특히 메두사 해파리 같은 해양 생물들, 즉 방산충들의 대칭적 형태들을 100여 컷의 삽화로 묘사했다.

49) 비평가 Hugh Aldersey-Williams는 헤켈의 정교한 섬모체들의 드로잉이 브루노 타우트의 독일 공작연맹 전시관(1914)에 직접적 영향을 주지 않았다고 믿기는 어렵다고 주장한다. Hugh Aldersy-Williams, *Zoomorphic,* Harper Design International, 2003, p. 15.

속적으로 방산충(radiolaria)에 관한 연구를 함으로써 그가 1862년 출판한 책 「방산충에 관한 소고」(*Monograph on Radiolarians*)는 메두사 해파리(그림 1-67) 같은 방산충에 대한 매료를 보여주며, 자연에 있는 창조적이며 조직화하려는 힘을 방산충의 장식적 무늬에서 찾으려 하는 한편, 우리의 미에 대한 인식과 수학적 추상 능력이 대칭과 패턴에 기초해 더욱 복잡한 형태로 자신을 조직화하려는 자연의 경향에서 나온다고 주장한다.[50]

그림1-66. 에른스트 헤켈, 자연 속의 예술적 형태, 1899-1904

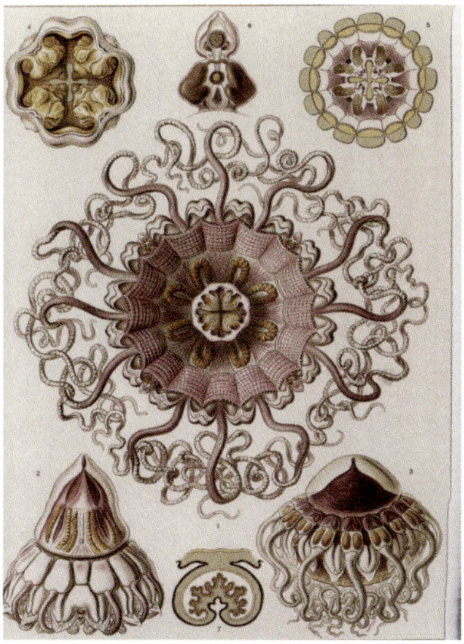

그림1-67. 에른스트 헤켈, 메두사 해파리

그는 자신의 책 「우주의 수수께끼」(*The Riddle of the Universe*, 1899)에서 유기물과 무기물 모두가 같은 기본적 재료로 만들어진 것 때문이 아니라, 모든 물질에는 조직화하여 생명으로 이끄는 추진력이 내재해 있기 때문에 둘 사이에 근본적 통합이 있다는 주장을 하며, 자연의 자기 조직화(self-organization) 현상을 예견하듯, "생명계에서 자발적인 형태, 대칭성, 질서의 출현은 피할 수 없는 과정"[51] 이라는 자신의 주장을 강조한다. 실제로 헤켈

50) Philip Ball, *op. cit.*, pp. 62, 63.

51) *Ibid.*, p. 65.

의 방산충 삽화들은 당시의 많은 예술가들에 영향을 주고, 또한 헤켈 역시 아르 누보와 독일의 유겐트슈틸에서 영향을 받았는데, 헤켈이 그린 해파리의 한 종류인 원판형 해파리(discomedusae, **그림 1-68**)의 엽상체는 당시 수공예 운동을 주도하던 윌리엄 모리스(William Morris)의 꽃무늬 장식 잎과 줄기와 매우 흡사하며, 나아가 빌라 메두사라고 불리던 헤켈 자신의 집 천장 장식(**그림 1-69**)은 바로 이 해파리의 형상을 하고 있다.

그림1-68. 에른스트 헤켈, 원판 해파리

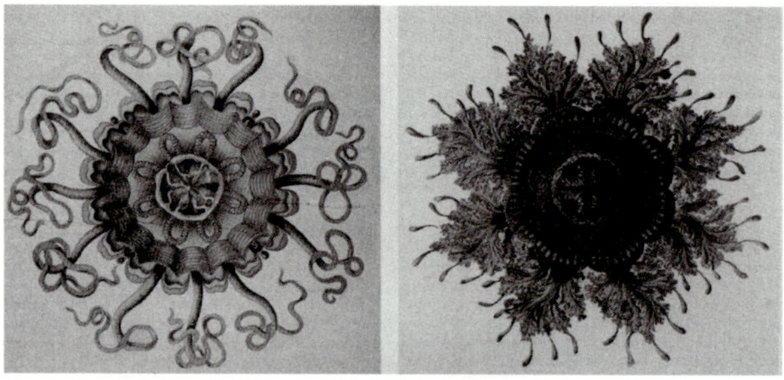

그림1-69. 에른스트 헤켈의 집 빌라 메두사의 천장 장식

또한 헤켈의 이 방산충 삽화는 유겐트슈틸 건축의 대가인 헤르만 오브리스트(Hermann Obrist)와 프랑스의 건축가 르네 비네(René Binet)에게도 많은 영향을 주어 비네가 1900년 디자인한 파리 만국 박람회의 입구(**그림 1-70**)는 헤

그림1-70. 르네 비네, 파리 만국박람회 입구, 1900

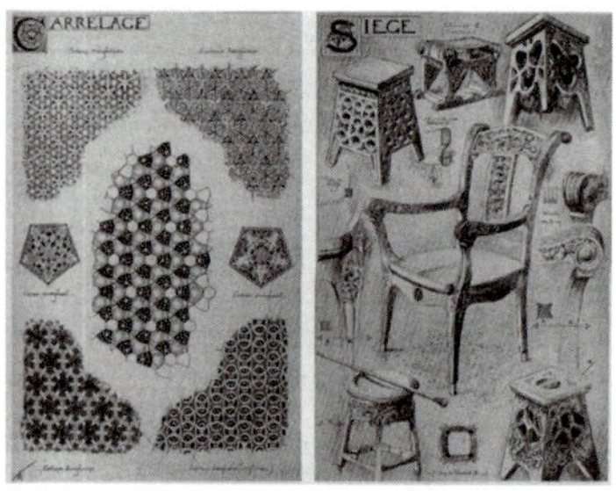

그림1-71. 르네 비네, 장식 스케치들

켈의 방산충을 적용한 것[52]으로, 비네는 2년 후 펴낸 아르 누보 디자인에 관한 자신의 책「장식 스케치들」(*Esquisses Decoratives*, 그림 1-71) 역시 헤켈에게 영향을 받은 것임을 밝히고 있다.[53]

19세기 말 아르 누보 건축에서 사용된 식물의 줄기 형상이나 1910년대 표현주의 건축에서 사용된 비정형의 유기체 형상들은 모두 이런 유기적 생물체의 형상을 재현한 것들이다. 안토니오 가우디의 구엘 공원(1900, 그림 1-72)과 바트요 주택(1905-07, 그림 1-73), 밀라 주택(1906-10, 그림 1-74) 등의 자유로운 굴곡 형상으로부터 헤르만 핀스털린(Hermann Finsterlin)의 다양한 연체동물 형상의 건축 디자인들(1916-20, 그림 1-75)[54]은 이러한 유기주의의 결과들이라 할 수 있다.

그림1-72. 안토니오 가우디, 구엘 공원, 1900

그림1-73. 안토니오 가우디 바트요 주택, 1904-06

52) 비네는 1899년 헤켈에게 보낸 편지에서 "...당신의 책 덕분에 상당한 분량의 미시 세계에 대한 자료를 축적할 수 있었습니다. 방산충, 태형 동물, 히드라 등... 제가 건축 양식과 장식에 관심을 두고 예술적 견지에서 심혈을 기울여 살펴보았습니다. 현재 저는 당신의 연구에서 영감을 받아 1900년에 열리는 전시회를 위한 기념비적 출입문과 그에 관련된 모든 것, 즉 전체 구성부터 아주 작은 세부 사항들까지 구현하기 바쁩니다"라고 썼다.

53) 비네는 헤켈에게 "제가 곧 출판할 책은 당신의 작품이 지닌 높은 가치를 여실히 보여주게 될 것이며, 이처럼 몹시도 작은 피조물의 내력에 대해 모르는 사람들에게 그 예술적 형태의 중요성을 이해시키는 데에 도움을 줄 것입니다"라고 말했다.

54) 핀스털린은 예술적 종의 기원으로서의 진화 이론을 신봉하여 자신을 건축의 다윈이라 칭하며, 예술에서의 생물학적 창조 충동을 믿었다. Wolfgang Pehnt, *Expressionist Architecture*, 박민철 역, 「표현주의 건축」, 국제, 1991, p. 169.

그림1-74. 안토니오 가우디, 밀라 주택, 1906-10

그림1-75. 헤르만 핀스털린의 건축 스케치

20세기에 들어와서도 아르 누보 및 표현주의 건축은 식물이나 동물 뿐 아니라 고전 건축에서 유행했던 인체 형상을 다시 도입한다. 프랑스의 건축가 쥘 라비로트(Jules AiméLavirotte)는 파리의 아파트 블록(1900, 그림 1-76)에서 페데리코 추카리가 로마의 추카리 궁에서 했던 얼굴 형상의 대문을 약간 변형시켜, 인간 얼굴로서의 문에 두 개의 눈과 입의 형상을 디자인하고, 바

그림1-76. 쥘 라비로트, 파리 아파트 블록 입구, 1900

그림1-77. 요젭 마리아 올브리히, 법원건물 스케치, 1898

깥의 꽃 장식 프레임은 머리카락을 형상화 한다. 마찬가지로 요젭 마리아 올브리히의 법원 건물 스케치(1898, 그림 1-77) 역시 들어가는 입구에 있는 두 개의 창과 하나의 문은 양쪽 뺨 위에 있는 천칭 형상과 함께 인체의 얼굴을 표현한다.

인간 개발의 중심성에 기초한 종교와 철학 운동으로서의 인지학(anthroposophy)을 기반으로 한 루돌프 슈타이너(Rudolf Steiner)의 스위스 도나흐 괴테아눔(Goetheanum, 1913, 그림 1-78)은 건물의 다양한 요소들이 인체의 기관들을 상징한 유기주의 건축이라 할 수 있다. 첫 번째의 괴테아눔에서 서쪽의 게이트하우스 돌출부는 직접적으로 얼굴을 묘사하지는 않지만, 캐노피의 굴곡진 지붕은 헬멧과 같이 표현되어 전체를 헬멧을 쓴 얼굴로 표현한다. 마찬가지로 첫 번째 괴테아눔의 글래스 하우스에서도 대문의 두 개 아치 형상의 창문과 문, 그리고 위 쪽의 머리카락 같이 보이는 줄무늬들은 인체의 얼굴을 표현하고 있다.

그림1-78. 루돌프 슈타이너, 괴테나움, 1913-20

안토니오 가우디의 바트요 주택(1905-07) 역시 발코니의 형상(그림 1-79)은 죽은 자의 얼굴, 혹은 카니발의 마스크와 같은 얼굴 형상을 하며, 미국의 버나드 메이벡(Bernard Maybeck)의 샌프란시스코 레온 로스 주택(1909, 그림 1-80)도 정면의 모습은 얼굴의 형상을 한 유기주의의 건축이다. 1910년대 중반 이후 건축에서 기계 미학이 새로운 미학으로 자리잡기 전까지, 초기의 모더니즘 건축은 예외적으로 아르 누보와 표현주의의 유기적 형상이 주를 이루었다고 할 수 있을 것이다.

그림1-79. 안토니오 가우디, 바트요 주택의 발코니, 1905-07

그림1-80. 버나드 메이벡, 레온 로스 주택, 1909

(5) 형상의 부활과 신표현주의 건축

1950년대부터 60년대 초까지는 콘크리트의 발전에 힘입어 자유로운 가소적 형태가 가능하게 된 상황에서 생물체의 형상을 닮은 유기적 형상의 건축이 다시 부활한 시기이다. 르 꼬르뷔제의 다의적 형태 의미가 담긴 버섯 모양의 롱샹 성당(1950-55, 그림 1-81)으로부터 프레데릭 키슬러(Frederick Kiesler)의 조개 형상을 닮은 끝없는 집(1959, 그림 1-82), 요른 웃존의 조개껍질 형상의 시드니 오페라 하우스(1957, 그림 1-83), 허브 그린(Herb Greene)의 닭의 형상을 닮은 초원의 닭(Prairie Chicken, 1960, 그림 1-84), 에로 사리넨(Eero Saarinen)의 새의 날개 형상을 한 예일대 하키장(1953-59, 그림 1-85)과 J.F. 케네디 공항 TWA 청사(1956-62, 그림 1-86) 등은 생물체 형상이 직접적으로 적용된 이 시기의 대표적 예들이다.

그림1-81. 르 꼬르뷔제, 롱샹, 1950-55

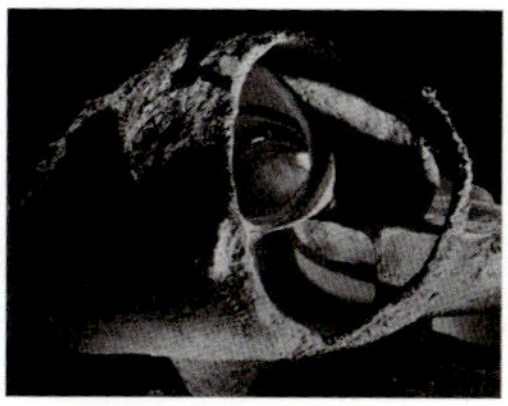

그림1-82. 프레데릭 키슬러, 끝없는 집, 1959

그림1-83. 요른 웃존, 시드니 오페라 하우스, 1957

그림1-84. 허브 그린, 초원의 닭, 1960

그림1-85. 에로 사리넨, 예일대 하키장, 1953-59

그림1-86. 에로 사리넨, TWA 청사, 1956-62

1.2 현대 건축에서의 상징적 생물형태의 이미지 적용

1980년대 이후의 현대 건축에서도 생물체의 형상을 적용하는 사례는 계속해서 나타난다. 건축에서 가장 일반적인 생물학적 형태의 적용은 생물체의 상징적 형상을 건축의 외양에 그대로 적용하는 방식이다. 이는 건축 역사에서 이미 오래 전부터 반복해서 나타났던 방식이지만 현대의 많은 건축가들 역시 이러한 방식을 다시 재현한다. 이것은 주로 건물이 그 도시의 등대나 관문으로 작용할 때 많이 나타나며, 건물이나 장소에 각각의 생물체가 상징하는 하나의 특성과 인격을 부여하게 된다.[55] 동물적 상징주의는 융의 관점대로 우리의 삶 속에 공유되는 본질적 자질로서의 본능을 포용하려는 시도로 볼 수도 있을 것이다. 다음은 식물 및 다양한 동물의 강(class)을 적용한 대표적 사례들이다.

---

55) Hugh Aldersey-Williams, *op. cit.*, p. 22.

1) 식물 형상

그림1-87. 기오르기 체테,
꽃봉오리 형상의 분수 구조물

생물체 형상의 건축에서 식물의 형상은 아르 누보의 건축에서 가장 흔하고 빈번하게 나타났던 형상이다. 러스킨 이래 아르 누보 건축에 이르기까지 식물의 흐르는 듯 한 줄기 형상은 건축물의 입면과 각 부위의 디테일에서 고전주의를 벗어나는 새로운 규범으로서 다양한 장식적 요소로서 사용되었기 때문이다. 그러나 아르 누보에서 사용된 식물의 형상은 주로 벽체의 장식적 패턴이나 계단, 난간의 기둥 등에서 표현되는 가는 주철의 선적 요소로 표현됨으로써 3차원적 형상이 아닌 2차원적 형태로 표현되었던 반면, 현대의 헝가리 건축가 기오르기 체테(Gyorgy Csete)는 오르푸(Orfu)의 숲 속에 지하수 분수 구조물에서 목재를 이용해 꽃봉오리 형상의 3차원적 구조물(그림 1-87)을 표현한다.

건축학자 시드니 로빈슨(Sidney K. Robinson)은 이 구조물에서 우리는 식물의 가지가 아니라 일종의 조직(texture)으로서의, 러스킨식의 표현으로 하자면, 자연 속의 "표피 조직화"(membrification)[56] 를 발견한다고 주장한다. 기오르기 체테의 건축은 헝가리 자연의 식물과 물에 대한 생태적 관점을 보여주는 시도라고 할 수 있다.

56) Sidney K. Robinson, "Building as if in Eden", *AD.*, *"Organic Architecture"*, 11/12. 1993, p. 11.

2) 인체 형상

인체의 형상은 표현주의 건축 이후에도 빈번히 나타나는 사례들이지만, 현대의 경우에는 인체 비례나 인간 신체의 전체적 상징 보다는 주로 눈을 상징하는 두 개의 대칭적 창과 그 하부의 입을 상징하는 중앙의 한 개의 둥근 개구부 등으로 인간 얼굴의 관상적(physiognomic)형상을 정면에서 상징하는 방식으로 나타난다. 이는 1970년대와 80년대에 걸쳐 의도적으로 형상적 상징을 재현한 포스트모더니즘의 결과라고도 볼 수 있다.

예를 들어 가주마사 야마시타(Kazumasa Yamasita)의 교토 그래픽 디자이너를 위한 주택과 스튜디오(1974, 그림 1-88)는 두 개의 대칭적인 원형 창과 그 밑의 코의 형상, 타원형의 둥근 창으로 완벽한 얼굴 형상의 벽체를 표현한다. 나아가 마이클과 엘렌 얀첸(Michael and Ellen Jantzen)의 미국 칼라일의 2층 주말 주택(1976, 그림 1-89), 조 크레펭(Jo Crepain)의 벨기에 카플랑의 주택군

그림1-88. 가주마사 야마시타, 교토 그래픽 디자이너를 위한 스튜디오, 1974

그림1-89. 마이클 얀첸, 주말주택, 1976

그림1-90. 조 크레펭, 카플랑 주택군, 1979

그림1-91. 존 헤이덕, 베를린 주택, 1986

그림1-92. 에카르트 게르버, 도르트문트 퇴니스 빌딩, 1992

그림1-93. 찰스 젱스, 런던 테마틱 주택, 1985

(1979, 그림 1-90), 존 헤이덕(John Hejduk)의 베를린 샤로텐슈트라세 주택(1986, 그림 1-91), 에카르트 게르버(Eckard Gerber)의 도르트문트 퇴니스 빌딩(1992, 그림 1-92) 등은 모두 두 개의 대칭적 창과 긴 일자의 창, 혹은 기둥으로 표현된 코, 그 밑의 하나의 입을 상징하는 둥근 창 등으로 표현된 포스트 모던식 얼굴 벽체의 건물들이다. 또한 찰스 젱스의 런던 테마틱 주택(1985, 그림 1-93)은 상부 반원형의 얼굴로 된 창과 하부의 몸체들로 표현된 4개의 인체들로 구성된 파사드로 이루어진 인체 형상의 건축이다.

헝가리의 임레 마코비치(Imre Makovecz)는 포스트모더니즘과는 달리, 헝가리의 전통적인 재료와 유기적 주제로 건축에서 인체의 형상을 표현한다. 그의 팍스 가톨릭교회(1987, 그림 1-94)는 두 팔을 들고 사람을 맞이하는 인체의 파사드로 표현되며, 사로스파탁 문화센터(1983, 그림 1-95)는 정면에서 두 개의 눈과 눈썹을 가지는 얼굴 형상으로, 시오폭 교회(1990, 그림 1-96)와 세비야 박람회 헝가리관(1992, 그림 1-97)에서는 모자(지붕) 밑에서 두 개의 대칭적 창(눈)과 하나의 둥근 개구부(입)를 가지는 얼굴의 형상으로 표현을 한다. 나아가 같은 헝가리의 마코나 그룹(Makona Group)의 페렌츠 살라민(Ferenc Salamin)이 디자인한 부다페스트의 쿠글리치 주택(1991, 그림 1-98)과 노르웨이의 아르바이츠그루펜(Arbeidsgruppen)이 디자인한 윌도프 스쿨(1991, 그림 1-99) 역시 파사드에서 두 개의 대칭 창과 코를 상징하는 기둥 형상, 입을 상징하는 개구부로 인간 얼굴을 표현한 건물들이다.

그림1-94.
임레 마코비치,
팍스 가톨릭 교회,
1987

그림1-95.
임레 마코비치,
사로스파탁 문화센터, 1983

그림1-96.
임레 마코비치, 시오폭 교회, 1990

그림1-97.
임레 마코비치,
세비야 엑스포 헝가리관,
1992

그림1-98.
페렌츠 살라민,
쿠글리치 주택, 1991

그림1-99.
아르바이츠그루펜, 월도프 스쿨, 1991

3) 포유류 형상

포유류로서의 인간 형상은 건축 역사에서 빈번하게 나타나지만, 인간 이외의 포유류 형상은 상대적으로 그 빈도가 그다지 높지 않다. 그러나 예외적으로 마이클 소르킨(Michael Sorkin)의 동물 주택 시리즈(1989-91)는 다양

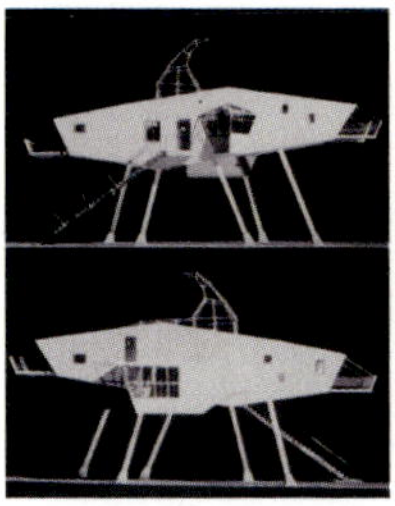

그림1-100.
마이클 소르킨, 개주택

그림1-101.
마이클 소르킨 양주택

그림1-104.
호르스트 렐레케,
베스트팔리아 곡물창고, 1984

그림1-102.
산티아고 칼라트라바,
리옹 공항, 1994

그림1-103.
산티아고 칼라트라바,
리옹 공항, 1994

한 동물들의 형상을 나타내고 있다. 그의 개 주택(그림 1-100)과 양 주택(그림 1-101)은 입면에서 개와 양의 형상을 직설적으로 상징한다. 산티아고 칼라트라바(Santiago Calatrava)의 리용 공항(1994, 그림 1-102, 103) 역시 입면에서 개미핥기의 형상을 보여주는 동시에 실내에서는 흉곽 내부의 형상을 보여준다. 나아가 호르스트 렐레케(Horst Rellecke)가 디자인한 베스트팔리아 함의 곡물창고(1984, 그림 1-104)는 입면에서 완벽한 코끼리의 형상을 보여준다.

4) 조류 형상

조류의 형상은 그것이 하늘로의 비상을 상징한다는 의미에서 상대적으로 많이 표현되고 있다. 이는 주로 종교적 의미로 하늘의 승천을 의미하는 종교 건축, 혹은 문화의 비상을 의미하는 문화 센터 등의 특정한 기능의 건축물에서 빈번히 나타난다. 이것은 신고전주의의 말하는 건축에서 표현되었던, 직설적 형태로 건물의 특정 기능을 상징하는 방식과는 달리, 보다 더 추상적이며 상징적인 방식이라 할 수 있다.

헝가리의 임레 마코비치(Imre Makovecz)는 가장 대표적인 유기주의 건축가라고 할 수 있다. 그의 건축적 뿌리는 헝가리의 안토니오 가우디라 불렸던 외덴 레흐너(Ödön Lechner, 1845-1914)나 카롤레스 코스(Karoles Kos, 1883-1977)와 같이 헝가리의 자연에서 나오는 유기적 건축에 깊게 연관되어 있기 때문이다. 그의 토카이 청소년 센터(1979, 그림 1-105), 시오폭 교회(1990, 그림 1-106), 세비야 박람회 헝가리관(1992, 그림 1-107) 등은 입면에서 새의 날개 형상을 상징화한다. 그러나 한편으로 이들의 입면은 단순히 새의 날개만을 상징하는 것이 아니라 헝가리 언어의 언어학적 상징을 동시에 같이 반영함으로써 다중적 형상을 복합적으로 상징한다. 예를 들어 헝가리어에서 문기둥을 의미하는 "sas"는 동시에 독수리를 의미하고, 보를 의미하는 "szemölökfa"는 또한 눈썹을 의미하므로, 그리고 또한 우리가 여는 문의 한 부분은 헝가리어로 "wing"(날개)으로 불리므로, 언어적 유희를 통해 시오폭 교회와 세비야 박람회 헝가리관의 창은 눈의 형상과 날개의 형상이 동시에 복합적으로 나타난다.[57]

그림1-105.
임레 마코비치,
토카이 청소년 센터, 1979

그림1-106.
임레 마코비치,
시오폭 교회, 1990

그림1-107.
임레 마코비치,
세비야 엑스포 헝가리관, 1992

나아가 마코비치의 제자인 데츠죄 에클러(Dezsö Ekler) 역시 나기칼로 문화센터(1986, 그림 1-108) 입면에서 새의 펼친 날개 형상을 그대로 재현한다. 마찬가지로 산티아고 칼라트라바의 밀워키 미술관(2001, 그림 1-109)은 에로 사리넨의 TWA공항과 같이 새의 펼친 날개 형상을 상징화하며, 그레고리 버지스(Gregory Burgess)의 브람북 생활문화센터(1990, 그림 1-110)도 지붕이 새의 펼친 날개를 상징한다.

그림1-108.
데츠죄 에클러,
나기칼로 문화센터, 1986

그림1-109.
산티아고 칼라트라바,
밀워키 미술관, 2001

그림1-110.
그레고리 버지스,
브람북 생활문화센터, 1990

57) Günther Feuerstein, *op. cit.*, p. 103.

5) 파충류 형상

파충류의 형상은 조류의 비상 이미지와는 달리, 그것의 움직임의 방식이 은유적으로 상징화된 경우가 많다. 마이클 소르킨의 거북 이동식 극장(1995, 그림 1-111)은 평면에서 거북의 형상을 상징화하며, 그레고리 버지스의 울루루 카타추아 문화센터(1995, 그림 1-112)는 평면의 형태와 재료의 패턴에서 뱀의 구불구불한 형상과 비늘 형태를 보여준다. 앤트 팜(Ant-Farm)의 이동식 극장 계획(1995, 그림 1-113) 역시 67m 길이의 거대한 뱀의 형상을 공기 주입식 구조의 3차원적 형상으로 묘사한다. 유진 취(Eugene Tsui)의 중국 천룡(sky dragon) 아파트 단지(1999, 그림 1-114) 역시 전체적으로 용의 형상을 보여준다.

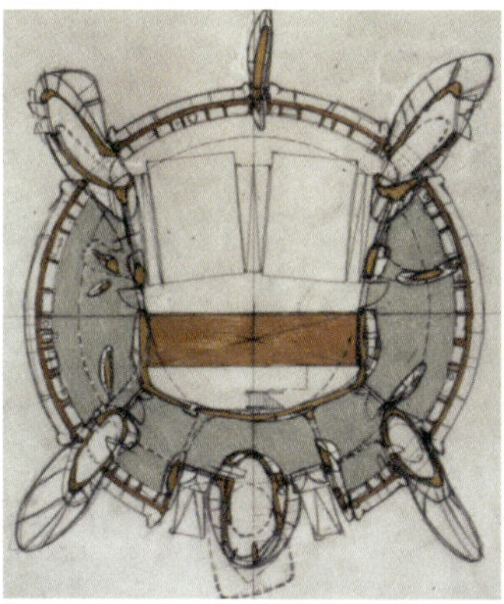

그림1-111.
마이클 소르킨, 거북 이동식 극장, 1995

그림1-112.
그레고리 버지스, 울루루 카타추아 문화센터, 1995

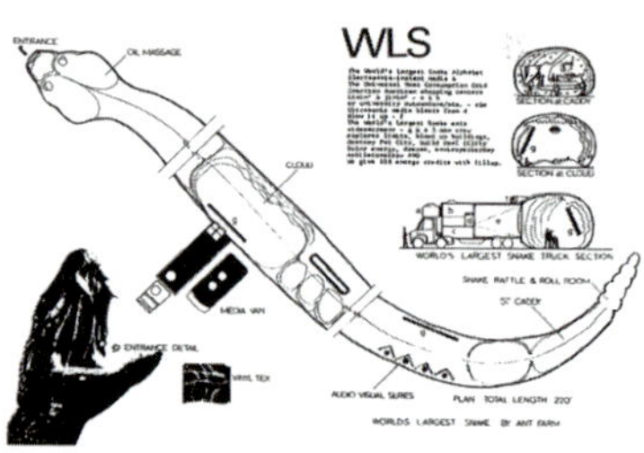

그림1-113.
앤트팜, 이동식 극장계획, 1995

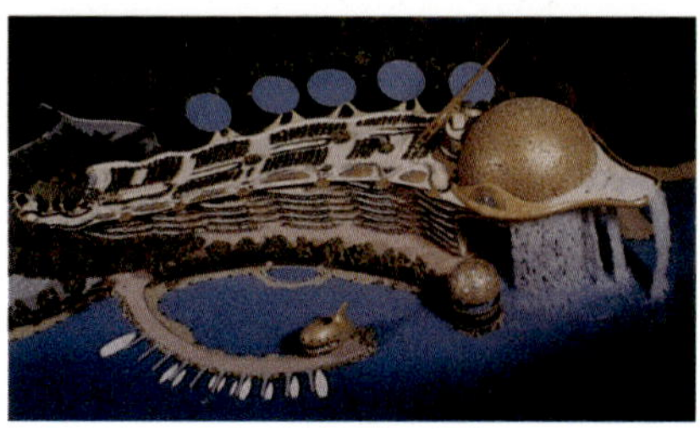

그림1-114.
유진 취, 천룡 아파트 단지, 1999

6) 양서류 형상

그림1-115.
마이클 소르킨, 개구리 주택, 1991

양서류의 형상은 상대적으로 드물게 나타난다. 마이클 소르킨의 동물주택 시리즈 중 개구리 주택(1991, 그림 1-115)은 입면에서 개구리의 형상을 보여준다.

7) 어류 형상

어류는 그것의 기독교적 의미만큼 상대적으로 풍부한 사례들을 보여준다. 프랭크 게리의 작업은 일관되게 조각적 방식으로 건물에서 물고기의 형상을 보여준다. 그의 스미스 주택(1981, 그림 1-116)으로부터 뉴욕 레오 카스텔리 화랑의 가든 폴리(Garden Folly, 1983, 그림 1-117), 고베 생선식당(1987, 그림 1-118), 바르셀로나 올림픽주거(1992, 그림 1-119), 루이스 주택(1995, 그림 1-120)들은 입면에서 일련의 물고기 형상을 나타낸다. 마이클 소르킨의 자마이카 해변주택(1991, 그림 1-121) 역시 평면과 입면에서 가오리의 형상을 보여준다. 코프 히멜블라우의 멕시코 과달라하라 JVC 엔터테인먼트 센터(2000-03, 그림 1-122)는 입면에서 뛰어 오르는 물고기의 형상을 재현한다.

그림1-116.
프랭크 게리, 스미스 주택, 1981

그림1-117. 프랭크 게리,
레오 코스텔리 화랑 가든 폴리, 1983

그림1-118.
프랭크 게리,
고베 생선식당,
1987

그림1-119.
프랭크 게리,
바르셀로나 올림픽 주거,
1992

그림1-120.
프랭크 게리, 루이스 주택, 1995

그림1-121.
마이클 소르킨,
자마이카 해변 주택, 1991

그림1-122.
코프 히멜블라우, JVC 엔터테인먼트센터, 2003

8) 곤충류 형상

카프카(Franz Kafka)의 「변신」이 불길한 곤충으로의 신체적 변형을 묘사했듯이, 곤충의 형상은 역설적 의미의 풍자로 상징화되는 경우가 많다. 유진 취의 레이즈 주택(1993, 그림 1-123)은 입면에서 잠자리의 형상을, 와추센터 국제학교(2001, 그림 1-124)는 개미의 형상을 보여준다. 버즈 포츠머스 러섬(Birds P. Russum)의 런던 플래쉿 스쿨 브리지(1999-2000, 그림 1-125)는 곤충의 애벌레 형상의 막구조식 교량이다.

그림1-123.
유진 취, 레이즈 주택, 1993

그림1-124.
유진 취, 와추센터 국제학교, 2001

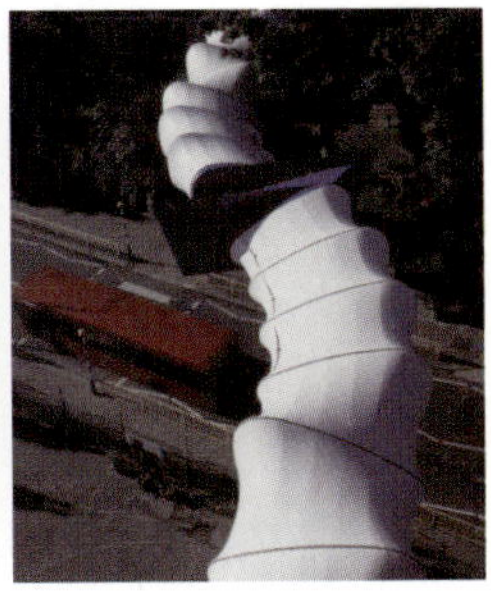

그림1-125.
버즈 포츠머스 러섬, 런던 플래쉿 스쿨 브리지, 2000

9) 갑각류 형상

라우리즈 오르트너(Laurids Ortner)가 일찍이 가재를 닮은 평면의 공항 계획(1965, 그림 1-126)을 보여준 이래 갑각류의 형상 역시 종종 나타난다. 버즈 포츠머스 러섬의 해변 재개발계획(1991, 그림 1-127)은 전체 입면에서 새우의 형상을 보여준다. 파올로 포르토게지(Paolo Portoghesi)의 푸치니 극장(1994, 그림 1-128) 계획 역시 평면과 입면에서 완벽한 바다 가재의 형상을 나타낸다. 유진 취의 넥서스 이동식 수상 도시 계획(1986, 그림 1-129)은 미래의 자급형 도시 모델로, 바다 위에서 수산 자원을 이용해 유목적으로 이동하는 거대한 삼엽충의 형상을 재현한다.

그림1-126.
라우리즈 오르트너, 공항계획, 1965

그림1-127.
버즈 포츠머스 러섬,
해변 재개발계획, 1991

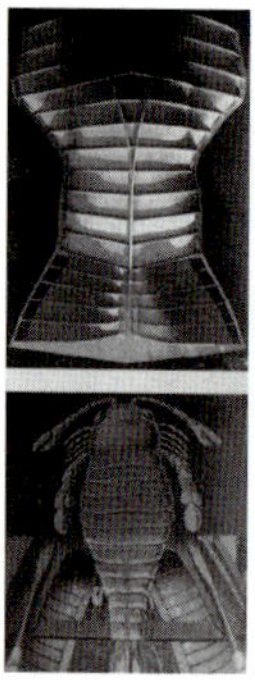

그림1-128.
파올로 포르토게지, 푸치니 극장, 1994

그림1-129.
유진 취, 넥서스 이동식 수상도시, 1986

10) 연체류 형상

프랭크 게리는 어류 시리즈로부터 나아가 어패류의 형상까지 건축에 도입한다. 그의 베를린 DZ 은행 건물(1995-2001, 그림 1-130) 내부의 거대한 회의실은 쉘 구조로 된 굴의 형상을 재현한다.

그림1-130.
프랭크 게리, 베를린 DZ은행 회의실, 2001

1.3. 생물학적 기능의 형태적 적용

건물이 특정한 기능을 강조할 필요가 있을 때 많은 건축가들은 자연계의 생물체로부터 기능의 방식을 빌려 온다. 생물체의 모든 부분은 환경에 적응하기 위한 기능을 충족시키는 방향으로 오랜 기간동안 진화해왔으며, 대부분의 경우에 그것은 인공의 기능을 능가하기 때문이다.[58] 이것은 근대의 기능주의 전통을 더욱 확장시킨다. 예를 들어 벅민스터 풀러(Buckminster Fuller)의 지오데식 돔(그림 1-131)8은 방산충(그림 1-132) 같은 해양 원생 동물의 다면체 구조 속에서 그 형태를 발견할 수 있으며, 지붕이 덮인 스터디움은 거북의 등껍질이나 갑각류, 곤충들의 키틴질 구조에서 그 기능적 형태를 연상할 수 있다.

그림1-131.
벅민스터 풀러, 지오데식 돔

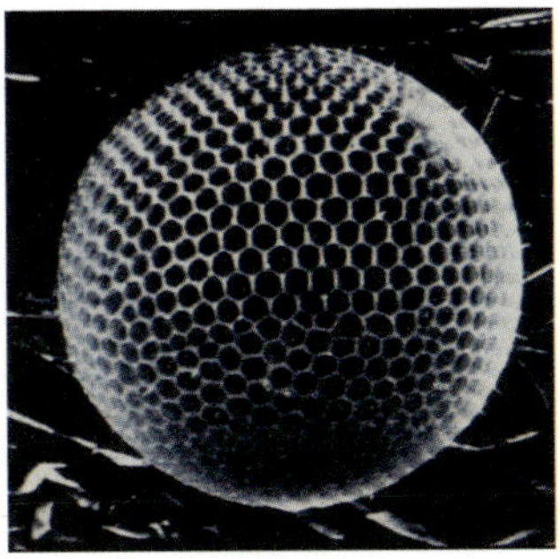

그림1-132.
방산충(Radiolaria)

다르시 톰슨의 「성장과 형태에 관하여」는 생물체의 형태가 물리적, 수학적 기초를 가지며, 그것에 작용하는 모든 힘들의 다이어그램임을 밝

58) 생물 역학은 다른 종류의 운동들을 만들어내기 위해 분화된 기하학적 배치들 내의 팽창 압력의 변양태들과 선행 하중의 체계로 얻어진다. 예를 들어 벌레나 상어 같은 유연한 피부를 가진 많은 동물들은 장력 내의 섬유 조직의 선행 하중이 흐름 속의 압력에 의해 평형을 이루는 유체 정역학적 뼈대를 이용한다. 비슷하게 비목질화된 식물들은 구조적 강직성을 얻기 위해 흐름 속의 압력을 이용해 세포 벽 내의 셀룰로즈 섬유질을 선행 하중하며, 자신들 세포 내부에서의 팽창 압력의 제어에 전적으로 의존한다. 나무들 역시 나무의 빈약한 압력 자질을 보완하기 위해 장력 내에서 선행 하중되는 세포들의 가장 바깥쪽 켜들로 나무줄기를 선행 하중한다. George Jeronimids, "Biodynamics", *AD.,* 5/6, 2004, p. 92.

힌다.[59] 예를 들어 톰슨은 스코틀랜드 포스 레일 철교(Forth Rail Bridge, 그림 1-133)의 각각의 교각과 그것이 지탱하는 두 개의 캔틸레버들에 대해 다음과 같이 네 발 동물의 골격에 대비시켜 응력 구조를 설명한다:

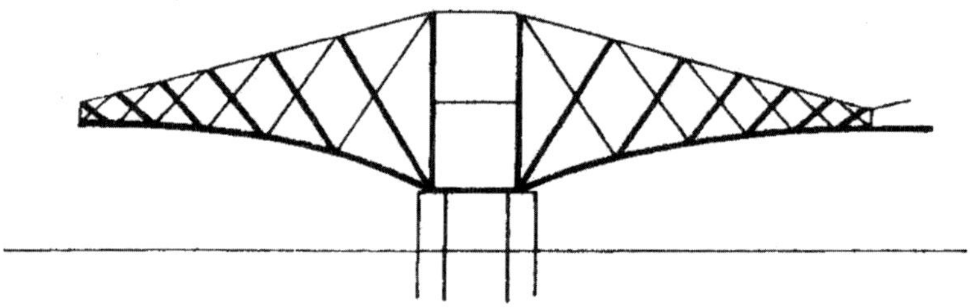

그림1-133. 포스 레일 철교의 두 개 캔틸레버

포스 철교와 같은 전형적인 캔틸레버 교량에서 일련의 단순화가 도입된다. 이 경우에 각각의 교각은 짧은 연결보들에 의해 연결되는 그 자체의 양팔 캔틸레버를 지탱하지만, 그런 식으로 접합됨으로써 하나의 캔틸레버에서 다른 캔틸레버로 어떤 하중도 전달되지 않는다... 말이나 소의 경우에 교량의 두 개의 교각들, 즉 말하자면 앞다리와 뒷다리는 별개의 독립된 하중을 지탱하지 않지만(포스 철교에서 그런 것처럼), 전체의 시스템은 연속적 구조를 형성한다. 이 경우에 하중의 계산은 좀 더 어려울 것이며, 이것에 어울리는 구조의 디자인은 더욱 복잡할 것이다. 우리가 네발 동물의 골격(그림 1-134)을 두 개의 별개 시스템, 즉 하나는 앞 다리로 지탱되고 다른 하나는 뒷다리로 지탱되는, 두 개의 균형잡힌 캔틸레

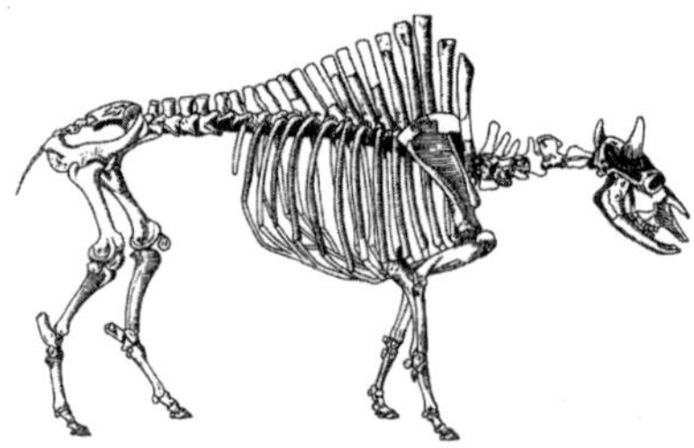

그림1-134. 원시 들소의 뼈대

59) 다르시 톰슨은 에펠탑과 포르트 철교(Forth rail bridge)의 형태를 떡갈나무 줄기와 들소의 뼈에 각각 대비시킨다. D'Arcy Thompson, *On Growth and Form,* 1917, Hugh Aldersey-Williams, *op. cit.,* p. 23 재인용.

버들로 구성되는 것으로 보기 시작한다면 이 문제들을 상당히 단순화하게 될 것이다.[60]

이것은 생물체가 모든 물리법칙에 대해 가장 경제적인 행태를 보이며, 그것의 결과가 형태로 나타난다는 기능주의적 관점으로 이끈다. 건축은 그러므로 생물체에서 상동 기관이 유사한 기능을 수행하는 방식으로 생물체의 기능을 건물의 부분에 적용한다.

1) 정적 기능

생물체의 기능을 형태적으로 적용한 것들 중에서 먼저 생각할 수 있는 것은 생물체의 구조에서 기능적 형태를 유추하지만 건축물의 부재는 움직이지 않고 고정되는 경우이다.

윌킨슨 아이어(Wilkinson Eyre)의 멀티플렉스 극장계획(1998, 그림 1-135)은 중앙의 아트리움 주위로 20개의 소극장들을 순서대로 배치하기 위해 해바라기 씨의 배치나 산양 뿔의 성장 곡선, 달팽이나 소라 껍데기의 나선 등에서 자기 조직화의 과정으로 나타나는 피보나치 수열을 나선형 배치에 이용해 환경 속에서 쉽게 방향을 찾을 수 있도록 유도한다. 마찬가지로 그의 메리힐 소매창고(2000, 그림 1-136)는 성게의 칼슘 탄산염 껍질의 구조를 적용해 기둥이 없는 넓은 실내 공간을 재현한다.

그림1-135. 윌킨슨 아이어, 멀티플렉스 극장 계획, 1998

그림1-134. 윌킨슨 아이어, 메리힐 소매창고, 2000

60) D'Arcy Thompson, *op. cit.*, p. 245.

렌조 피아노의 휴스턴 메닐 컬렉션 미술관(1987, 그림 1-137)은 경량화를 위해 지붕 트러스의 형태를 거대한 조류의 손뼈 형상에서 빌려 오며, 로마의 파르코 델라 무지카 오디토리엄(1994-2002, 그림 1-138)은 갑각류의 키틴질 등껍질의 형상으로부터 기둥이 없는 거대한 실내 공간을 형성한다. 나아가 그의 포지아 파드레 피오 순례교회(1991, 그림 1-139)는 중앙에서 방사형으로 펼쳐지는 아치형 구조를 거미의 다리 형상으로부터 유추한다.

그림1-137. 렌조 피아노, 휴스턴 메닐 콜렉션 미술관, 1987

그림1-138. 렌조 피아노, 파르코 델라 무지카 오디토리엄, 2002

그림1-139. 렌조 피아노, 파드레 피오 순례자 교회, 1991

노먼 포스터는 스위스Re 런던 사무소(2004, 그림 1-140)의 풍압과 하중을 원활하게 조절하기 위해 말미잘 같은 해면동물의 규산질 외피의 형상으로부터 유선형의 외양과 대각선의 외피 골조를 디자인하며, 글래스고의 스코티쉬 전시 컨벤션센터(1997, 그림 1-141)는 아르마딜로의 겹쳐진 등껍질의 형상으로부터 구조적 디자인을 한다.

그림1-140. 노먼 포스터, 스위스Re 런던 사무소, 2004

그림1-141. 노먼 포스터, 스코티쉬 전시 컨벤션센터, 1997

산티아고 칼라트라바 역시 들소나 개(그림 1-142) 같은 포유류의 뼈대 모델을 통해, 다르시 톰슨의 외부적 힘들에 적응하는 형태학 개념과 같이, 최단의 경로를 통해 지면에 직접적으로 전달되는 하중들로 정렬되도록 직각의 각도를 벗어나 다양하게 분화되는 부재들을 사용해 건축물을 구성한다. 그의 형태학적 개념은 다르시 톰슨의 개념을 따라 단지 물질적 형태 뿐 아니라 힘과 에너지의 수행 같은 그것들의 동역학적 양상을 통한 구조의 해석이라 할 수 있다. 예를 들어 그의 토론토 BCE 광장의 갤러리아(1992, 그림 1-143)의 기둥들은 18세기 말 제임스 홀이 디자인한 고딕식의 나뭇가지 성당 기둥과 같이 자연 속에서 자신의 성장을 두 배로 만드는 임계점에서 변형을 하며 자기 조직화되는 나뭇가지의 형태를 재현하며, 프랙탈 같이 자기 유사성을 가지는 나무 구조로부터 응용된 것(그림 1-144)이다.

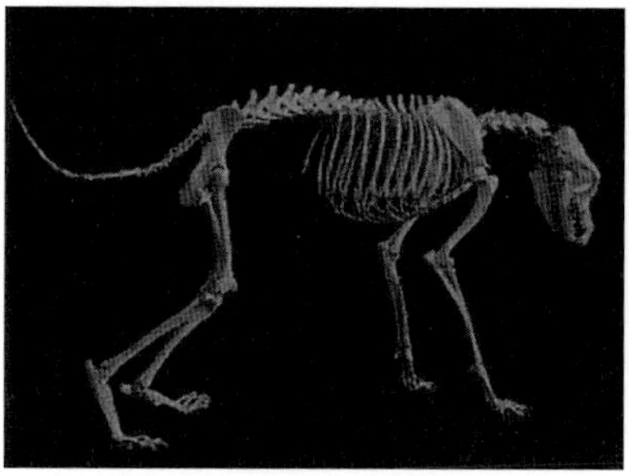

그림1-142. 산티아고 칼라트라바, 개 뼈대 모델, 1996

그림1-143. 산티아고 칼라트라바, 토론토 BCE광장 갤러리아, 1992

그림1-144. 산티아고 칼라트라바, BCE광장 나무 구조 스케치, 1990

필립 사멩(Philippe Samyn) 역시 M&G 연구소(1991, 그림 1-145)에서 공간의 높이와 볼륨을 증가시키기 위해 외부의 구조적 아치들의 다리를 나방 애벌레의 휘어진 다리 형상으로 유추해 유연성을 확보하며, 벨기에의 토탈피나 주유소(2000, 그림 1-146)에서는 외부에 대한 보호용 외피 내의 최대 용량을 허용하기 위해 갑각류의 휘어지고 분절된 등껍질 형상을 이용한다.

그림1-145. 필립 사멩, M&G 연구소, 1991

그림1-146. 필립 사멩, 토탈피나 주유소, 2000

2) 동적 기능

건물도 움직이는 동물과 같이 동물의 기능적 부분들의 메커니즘을 응용해 동적 기능에 적용시킬 수 있다. 이것은 발전된 공학적 기술을 이용함으로써 가능하게 된다.

니콜라스 그림쇼(Nicholas Grimshaw)의 워털루 국제 터미널(1993, 그림 1-147)은 불규칙하게 휘어진 긴 부지를 덮는 굴곡진 유리 공간 내의 온도와 풍하중, 적설하중 들의 조절을 위해 서로 약간씩 덮여 있는 다양한 크기의 유리 패널들을 3차원적으로 개폐시키기 위해 천산갑이나 도마뱀의 비늘이 움직이는 메커니즘을 도입시키며, 에덴 프로젝트(2001, 그림 1-148)에서는 육각형의 불규칙한 평면을 덮는 거대한 돔의 경량화와 내부 공간의 식물들의 성장에 가변적으로 대응하기 위해 규산질의 그물눈 형상으로 이루어져 자유롭게 확산 수축을 하는 방산충의 외피를 모델로 하여 폴리머 필름으로 된 육각형 모듈의 풍선식 구조를 이용해 구조의 가변적 유연함을 도입한다.

그림1-147. 니콜라스 그림쇼, 워털루 국제터미널, 1993

그림1-148. 니콜라스 그림쇼, 에덴 프로젝트, 2001

마찬가지로 막스 바필드(Marks Barfield)의 미래의 교각(1988, **그림 1-149**)계획은 200미터 길이의 거대한 캔틸레버식 보행로를 설정하기 위해 공룡의 척추뼈 형상으로부터 압축력을 전달하는 23개의 3차원 Y자형 유니트들- 뼈대-과 장력을 전달하는 스틸 케이블- 힘줄- 을 조합해 이동 하중과 풍압, 온도 팽창 등에 유연하게 대처하도록 한다.

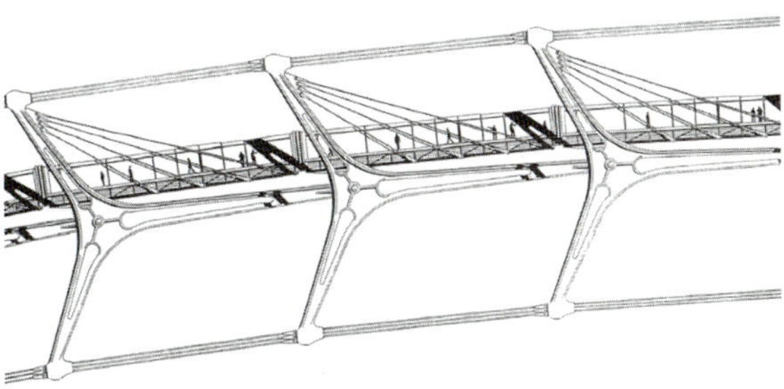

그림1-149. 막스 바필드, 미래의 교각, 1988

페스토(Festo)의 에어텍처(Airtecture, 1996, 그림 1-150)는 잠자리 날개의 그물 형태로부터 Y자형의 공기 주입식 기둥 부재들을 형성하여 쉽게 이동 가능한 구조로 만든다.

그림1-150. 페스토, 에어텍처, 1996

2 생물학적 형태 발생 알고리즘과 진화 알고리즘의 건축적 적용

Architectural Application of Biological Morphogenetic and Evolutionary Algorithm

생물학은 점차 현대의 가장 중요한 학문적 패러다임으로 등장하며, 새로운 창조를 양산할 가능성을 지니는 것으로 나타나고 있다. 현대의 건축 디자인 역시 이러한 생물학적 개념과 이론이 발전된 기술을 바탕으로 새롭게 접목되고 있다. 마찬가지로 20세기의 건축 디자인이 주로 물리학과 기계로부터 새로운 모티브를 선택했다면, 최근에 새롭게 나타나는 일련의 건축 디자인은 생물학적 형태를 컴퓨터를 이용해 새롭게 창발(emergence)[1] 시키는 경향 쪽으로 나아가고 있다. 특히 1990년대 이후의 건축에서 새롭게 나타나는 양상은 단순한 유기적 형상의 모방이 아니라 형태의 창조 과정에서부터 생물체의 발생과 진화의 과정을 컴퓨터로 시뮬레이션하여 적용하는 등 발전된 기술을 이용해 새로운 형태를 창발시키는 것으로 나타난다.

이것은 부분적으로 생물학이 건축 역사와 밀접하게 연관이 되는 은유를 제공하며, 모든 과학들 중에서 특별히 새로운 실제적 감각을 제공할 능력

1) 창발은 복잡계에서 나타나는 현상으로, 이전에는 보이지 않던 것이 갑작스레 나타나는 것을 의미하며, 하위 수준에서 예측될 수 없는 새로운 속성이 상위 수준에서 나타나는 것을 의미한다. 이것은 전체가 부분의 합보다 더 큼을 의미한다. 생명체의 형태 발생 같은 것은 이것의 대표적 예라 할 수 있다. Ernst Mayr, *This is Biology,* 최재천 외 역,「이것이 생물학이다」, 몸과 마음, 2002, p. 48 참조.

을 가지는 동시에, 자연 환경에 대한 건축적 연루가 보다 더 환경적으로 도움이 된다는 생각에 기인하기도 한다. 물론 이것은 단순히 녹색 건축 같은 생태 건축을 의미한다기 보다는 디자인 과정 자체를 자연계의 형태 발생(morphogenesis)과 진화(evolution)의 과정을 따라 발전된 컴퓨터 소프트웨어에 위임하는 새로운 방식을 의미한다.

2.1 형태 발생과 진화의 이론적 고찰

1) 형태의 발생

(1) 형태의 창발

형태 발생은 배아가 형성된 후 다양한 유형의 세포와 세포 조직, 기관 등이 분화(differentiation)[2] 하는 과정을 말한다. 형태 발생은 이렇듯 분화되기 이전 단계인 배아 상태에서의 개체적인 특성들로 나타나지 않던 새로운 특성과 특질들이 발현되는 결과를 가지므로 하나의 창발 과정이라 할 수 있다. 생물체의 형태 발생은 그러므로 개체 발생의 과정에서 수정란이 수정 직후 분열을 시작해 극성을 띠고 패턴을 형성하는 공간 조직화, 유전자와 세포 환경과의 다양한 복잡 상호작용에 의한 세포 분화, 외배엽, 중배엽, 내배엽 등의 형태 변화 과정을 수반하는 형태 발생, 마지막으로 세포 증식, 세포 확장, 증대의 메커니즘들이 작용하는 성장의 네 단계를 거친다.(그림 2-1, 2)[3]

---

2) 자연의 모든 대상은 분화를 통해 변형을 수반하며, 지속적으로 자신과 다른 것으로 생성된다. Sanford Kwinter, *Architecture of Time*, The MIT Press, 2001, p. 8.

3) Peter Bentley, *Digital Biology*, 김한영 역, 「디지털 생물학」, 김영사, 2003, pp. 265–272.

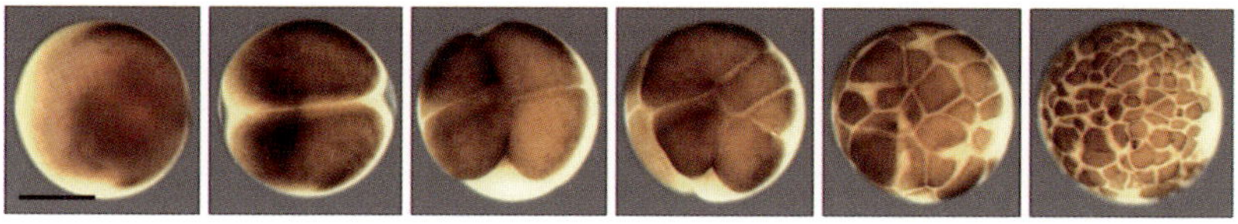

그림2-1. 알의 형태 발생

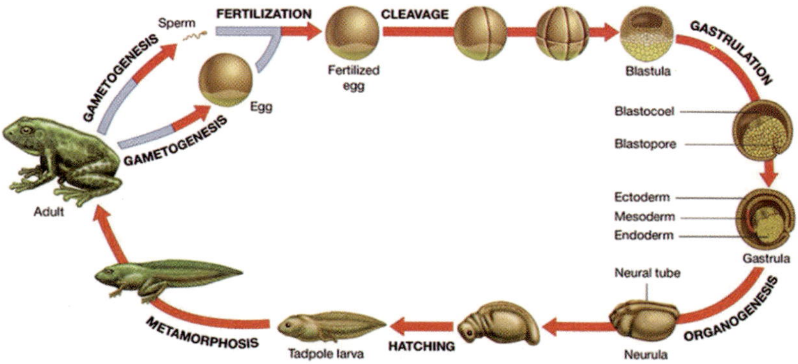

그림2-2. 개구리 알로부터 성체로의 형태 발생

여기서 발생은 전성적(preformationary)[4]인 유전자형(genotype)이 복잡성이 증가하는 후성적(epigenetic) 과정의 표현형(phenotype)을 제어하는 방식으로 나타난다.[5] 형태 발생의 초기 단계인 패턴 형성 과정 역시 앨런 튜링(Alan Turing, 그림 2-3)이 식물들의 형태 발생 모델에서 밝혔듯이, 형태 발생을 제어하는 화학물질인 모르포겐(morphogen) 농도의 변화에 따라 비선형적으로 변화한다.[6]

그림2-3. 앨런 튜링

4) 예를 들어 몸의 비대칭이나 좌우 정보 등은 수정 이전에 이미 알 속에 준비되어 있으며, 발생 단계에서 가능한 새로운 정보의 침투는 막아야 한다. Gregory Bateson, *Mind and Nature,* 박지동 역, 「정신과 자연」, 까치, 1990, pp. 195, 198.

5) Ernst Mayr, *op. cit.,* pp. 253-254.

6) 튜링은 초기의 형태 발생 모델에서 화학물질인 모르포겐의 농도 변화가 대칭이나 동질성의 파괴, 혹은 동질적 혼합 등의 패턴의 창발을 유도한다고 밝힌다. Alan Turing, "The Chemical Basis of Morphogenesis", *Philosopical Transactions,* 1952, Michael Weinstock, "Morphogenesis and the Mathematics of Emergence", *AD.,* 5/6, 2004, p. 14 재인용.

여기서 초기의 미수정란은 어떠한 정보(차이)도 없는 완벽한 대칭의 방사 대칭체로 발생이 생기지 않은 상태이지만, 일단 수정이 되면 획득된 정보로 인해 차이를 가지고 대칭성이 깨지며 비대칭의 상태로 발생이 이루어진다.[7] 특히 다양성이 증가하는 세포 분화의 단계는 유전자에 의해서 뿐 아니라 세포가 처해 있는 각기 다른 발생 단계와 주위 세포들에 의해서도 후성적으로 제어가 된다.

튜링은 형태 발생 과정에서 나타나는 점이나 줄무늬 같은 패턴 형성에 특히 관심을 가졌는데, 튜링의 이러한 형태 발생 모델에 관한 연구는 대칭과 동질성의 파괴와 함께 두 가지 화학 물질(형태 발생을 제어하는 화학물질인 모르포

그림2-4. 반응-확산 모델 속의 튜링 패턴

7) 예를 들어 개구리의 미수정란은 난황보다 원형질이 우세한 동물 극과 그 반대의 식물 극 사이에 차이는 존재하나 이 두 개의 극을 연결하는 자오선 사이에는 차이가 존재하지 않는다. 그러나 정자가 적도 조금 아래에서 알 속으로 들어오면 그 점과 두 개의 극을 포함하는 면이 좌우 대칭의 축면이 되어 그 면을 경계로 분열이 시작되며, 발생이 끝난 후 몸 안의 구조는 완전한 비대칭 형태를 이루게 된다. 즉 외배엽(피부, 뇌, 눈)과 중배엽(골격, 골격근)은 완벽한 대칭이지만 내배엽(소화관, 간장, 췌장 등)은 완전히 비대칭이다. 이것은 수정 이전에 이미 알 속에 좌우의 정보가 준비되어 있으며, 자오선이 그려진 곳과 상관없이 모든 자오선은 비대칭임을 의미한다. 그러나 어떤 이유에서 정보가 결여되면 좌우 대칭의 형태(기형)가 나타나게 된다. Gregory Bateson, *op. cit.,* pp. 196–198.

겐)의 혼합에서 나오는 반응(reaction)과 확산(diffusion) 과정을 통해 농도의 비선형적 변화로부터 나타나는 돌기와 피부 무늬 같은 패턴(그림 2-4)의 창발을 설명해준다. 즉 화학 물질들은 충분한 농도에 도달할 때까지 축적이 되며, 그 후에 기관들을 만들어내기 위한 모르포겐으로 작용하는 것이다.[8)]

이 과정에서 모르포겐 농도 등의 형태 발생을 좌우하는 벡터는 들뢰즈(Gillles Deleuze)가 주장하는 강밀도(*intensité*)의 차이로도 설명될 수 있을 것이다. 그것은 질적 차이들로, 배 발생의 과정이야말로 내재성의 고른판(*plan de consistance*)[9)] 위에서 사물과 에너지의 흐름을 추진하는 강밀도들- 화학적 집중, 밀도, 표면장력 등- 의 차이에 의해 이루어지는 것이기 때문이다.[10)] 결국 형태 발생의 알고리즘은 우리에게 풍부한 디테일을 보여주는 단순한 세포적 유니트에서 작동하는 다양한 강밀도의 '에너지 작용'을 보여준다고 할 수 있다.

나아가 최근의 연구들은 튜링이 행했던 평평한 판 위에서의 형태 발생 실험을 넘어서, 캘리포니아 대학의 이론 물리학 교수인 프레드 커밍스(Frederick W. Cummings)의 주장과 같이 세포층 내의 모르포겐의 상호 작용과 확산이 특별한 막이나 층의 가우스 곡률과 평균 곡률에 또한 영향을 받아, 굴곡진 막 내의 어떤 특별한 곡률의 변화 역시 다른 곳의 굴곡에 대해 상호적 변화를 만들어낸다는 논의로까지 발전되고 있다.[11)]

---

8) Michael Weinstock, *op. cit.*

9) 고른판, 혹은 일관성의 평면은 만물의 존재 기반이 되는 내재성의 판 자체로서 사물이 내재성의 가능성 속에서 한정을 통해 실재화되는 평면을 의미한다. Gilles Deleuze, Mille Plateaux, 김재인 역, 「천개의 고원」, 새물결, 2001, p. 13.

10) Manuel DeLanda, "Deleuze and the use of the Genetic Algorithm in Architecture", *AD.*, 1, 2002, p. 10.

11) Frederick W. Cummings, "A pattern surface interactive model of morphogenesis", *Journal of Theoretical Biology*, 137, 1989, 1990; "A model of morphogenetic movement", *Journal of Theoretical Biology*, 144, 1990.

이것은 건축물의 형태 발생을 컴퓨터로 유도할 때 구조의 강밀도적 요소, 즉 하중의 요소를 분배하지 않으면 가상 건물이 건물로 진화하지 않을 것이라는 것을 의미하기도 한다. 그러므로 형태 발생은 주로 후성적인 것으로, 콘라드 워딩턴(Conrad Waddington, 그림 2-5)의 '후성적 풍경(epigenetic landscape, 그림 2-6, 7)'[12] 이 나타내는 형태 발생의 가

그림2-5. 콘라드 워딩턴

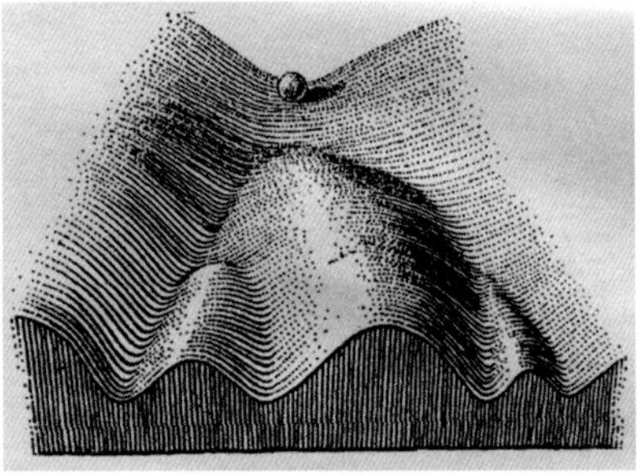

그림2-6. 콘라드 워딩턴, 후성적 풍경의 상부

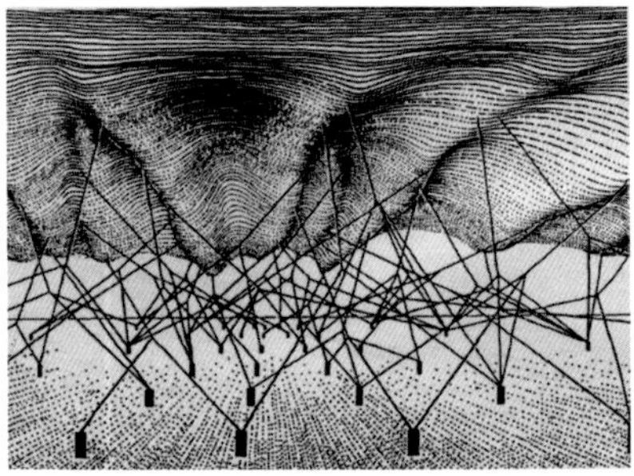

그림2-7. 콘라드 워딩턴, 후성적 풍경 하부

능한 비선형적 경로들이나 루퍼트 쉘드레이크(Rupert Sheldrake)가 말한 형태 발생장(morphogenetic fields)[13] 내의 다양한 발생 경로(chreode)[14] 들은 발생의 후성적 과정을 잘 보여주는 예들이다.

형태 발생은 그러므로 세포들이 발생의 과정 동안 다양한 정보에 의해 분할됨에 따라 초기의 대칭 상태를 상실해 비대칭적으로 되어가는 과정이

12) 후성적 풍경은 발생의 표현형과 형태 발생장 사이의 관계를 설명하기 위한 위상 공간 내의 굴곡진 지형학적 표면으로, 다중적 계곡들은 최종적으로 형태가 발생되는 계곡 바닥까지 시간의 경과에 따라 비선형적으로 진화해가는 다수의 가능한 경로들을 표현한다.

13) 루퍼트 쉘드레이크(Rupert Sheldrake)는 수정란을 발현시키기 위해서 유전자 외에도 보이지 않는 정보-에너지의 장으로서 형태 발생장이 필요하다고 주장한다. 이것은 들뢰즈의 내재성의 고른판과도 같은 개념일 수 있다. 쉘드레이크는 나아가 유기체가 형태 발생장을 통해 반복적으로 형태 공명(morphic resonance)을 일으켜 공간과 시간에 구애 없이 정보를 전달해 같은 종 내에 유사한 형태를 지속시킨다고 주장한다. 화학적 형태 형성이 집적적이듯, 생물학적 형태 발생도 집적적이므로, 형태 발생장 역시 종들의 진화나 환경 변화에 따라 바뀌어감으로써 획득 형질 자체의 유전도 가능하게 될 수 있다.

14) 워딩턴이 형태 발생장 내의 운하화 된 결정 경로를 말하기 위해 '필연적'이나 '결정된'을 의미하는 그리스어 *khre*와 '길', '경로'를 의미하는 *hodos*로부터 새롭게 만든 신조어이다. Sanford Kwinter, "Landscape of Change", *Assemblage* 19, The MIT Press, 1992, p. 63.

라고도 할 수 있다.[15] 이것은, 은유적으로 말하자면, 정적 형태가 아니라 형태 발생의 과정으로 이루어지는 세계, 즉 독일의 물리학자 베르너 하이젠베르크(Werner Heisenberg)가 (에너지가 복잡하게 조직화되는) "사건들의 복잡한 조직"(complicated tissue of events)[16] 이라고 부른 이 세계에서 이루어지는, 그레고리 베이트슨이 말한, "에너지 처리의 상호 작용적 댄스"[17] 라고도 할 수 있을 것이다.

형태 발생의 과정은 나아가 분화를 통해 더 큰 다양성을 획득하게 된다. 이것은 복잡성(complexity)의 증가를 의미하는데, 이것은 분화와 통합(integration)의 복합적 과정을 요구하게 된다. 복잡성은 단순한 다양성의 증가 뿐 아니라 그러한 다양성들을 더욱 다양하고 강하게 연결시키는 과정을 의미하는 통합을 통해 증가하기 때문이다. 이것은 하나의 시스템으로 창발되는데, 복잡 적응계 속에서 시스템은 다양성과 함께 그것들의 의존과 연결을 통해 통합됨으로써 복잡성이 증가하게 된다. 즉 자연의 진화 속에서 세포에서 다세포 기관들로, 그리고 인간에서 사회와 문화로 증가하는 복잡성 속에서 하나의 시스템이 창발된다고 할 수 있다.

형태 발생에서의 이러한 분화 과정은 건축에서도 컴퓨터 프로그램에 의해 가능하게 만들어질 수 있는데, 예를 들어 미국의 생물학자 스튜어트 카우프만(Stuart A. Kauffman)이 19세기 영국의 수학자인 조지 불(George Boole)의 이름을 따서 만든 연산체계인 불 네트워크(Boolean network)에서 작용하는 유

---

15) 윌리엄 베이트슨(William Bateson)은 정보의 상실이 신체의 대칭 같은 기형을 만든다는 베이트슨 법칙(Bateson's rule)을 주장했다. Gregory Bateson, *op. cit.*, p. 198.

16) 하이젠베르크는 자신의 저서 「물리학과 철학」에서 "세계는 그러므로 다른 종류의 연결들이 교대되거나 중첩되거나 결합되고, 그럼으로써 전체의 텍스추어를 결정하는, 사건들의 복잡한 조직으로 나타난다"고 말했다. Werner Heisenberg, *Physics and Philosophy, Harper* Torch Books.

17) 그레고리 베이트슨은 형태 발생 과정에서 나타나는 패턴 형성에 대해 "패턴에 대해 생각하는 옳은 방식은 그것을 상호 작용하는 부분들의 댄스와 단지 다양한 종류의 물리적 한계, 그리고 유기체들이 특징적으로 부과 하는 한계들로 고정되는 것으로 생각하는 것이다."라고 말한다. Gregory Bateson, *op. cit.*, p. 24.

전자들의 수학적 시뮬레이션은 모델 내의 조직과 기관들을 분화시키는 데에 적절히 사용될 수 있다.[18)]

형태 발생 과정은 결과적으로 발생을 위한 배아가 존재한 후 주변의 다양한 에너지적, 화학적 정보들과 결부되어 일종의 내재성의 장인 형태 발생장 내에서 몇 가지의 가능한 발생 경로를 통해 비선형적 방식으로 나타난다고 볼 수 있다. 그러므로 형태 발생은 수정란 속에 없는 새로운 구조가 창발하는 것이라고 할 수 있다. 창발은 자연계가 진화하고 자신을 유지하는 방식뿐 아니라 환경의 모든 복잡 현상을 말하는 것으로, 건물도 단일의 고정된 실체가 아니라 생활 주기를 가지며 환경의 부분으로 존재하고, 진화적 연속체로서의 복합적 에너지와 물질계라는 것으로 인식하도록 만든다.[19)]

이런 관점에서 볼 때 형태 발생 과정을 적용해 이러한 건축을 창발시키기 위해서는 생물체의 형태 발생에서와 같이 복잡계의 다양한 비선형적 과정을 다루는 수학적 모델을 연산할 컴퓨터 환경이 필수적이라고 할 수 있다. 이것이 최근의 생물학적 형태를 도입하는 건축들이 복잡계의 창발적 발생 과정을 도입한 다양한 알고리즘들을 이용하는 근본적 배경이라고 할 수 있다.

(2) 자기 조직화(Self-Organization)

형태 발생은 복잡계 내의 창발 과정으로서, 그것은 또한 환경 속에서 자신의 행태에 영향을 미치며, 자기 조직 자체를 일종의 에너지 교환 체계로 간주해 열역학적 개방계에서 자신의 계와 환경 사이의 에너지를 교환하는

18) Stuart A. Kauffman, "Antichaos and adaptation", *Scientific American,* August 1991; *The Origins of Order: Self-Organisation and Selection in Evolution,* Oxford University Press, 1993 참조.

19) Emergence and Design Group, "Emergence in Architecture", *AD.,* 5/6, 2004, p. 7.

자발적 발현과정, 즉 자기 조직화[20] 의 과정이라고도 할 수 있다. 발생 시 나타나는 세포의 다양한 패턴 형성 역시 이러한 자기 조직화의 결과이다. 이것은 시스템의 구조가 외부로부터의 분명한 압력이나 관련이 없이 스스로 나타나는 것을 의미한다.[21]

러시아 태생의 벨기에 물리학자 일리야 프리고진(Ilya Prigogine)이 열역학 연구를 통해 논의하듯, 모든 유기체와 자연의 수많은 비선형적 시스템들은 그 시스템을 통한 에너지의 흐름으로 유지되는 것으로, 이러한 흐름의 패턴은 수많은 변수들에 따라 때때로 재조직화되거나 붕괴되는 과정을 가지는데, 재조직화와 붕괴의 순간에는 시스템의 혼돈으로부터 새로운 질서가 창발되며, 더 높은 에너지의 흐름과 더 복잡한 구조가 창조되는 것으로, 이러한 과정이 자기 조직화로 나타나는 것이다. 그러므로 모든 재조직화는 시스템적 평형 상태의 붕괴 순간에 나타나며, 자기 조직화는 항상 복잡성을 증가시키는 방향으로 나타나게 된다.[22]

예를 들어 솔방울의 잎차례에서 나타나는 피보나치 수열(그림 2-8, 9)[23] 같이, 개체 발생 시 저절로 생겨나는 자발적 질서가 이것으로, 형태 발생의

그림2-8. 솔방울의 잎차례에서 나타나는 피보나치 수열

그림2-9. 솔방울의 피보나치 수열 나선형 잎차례

20) 자기 조직화는 바위 속의 무늬나 수정의 성장에서 나타나는 규칙적 구조, 화학물질의 진동패턴, 눈송이의 결정 구조 같이 복잡계 속에서 계 내의 에너지의 흐름으로 생기는 자발적 조직화를 의미한다. Peter Bentley, *op. cit.*, pp. 146-147.

21) 이영수, 유명희, "현대건축에 있어서 생태 패러다임에 기초한 자기 조직화의 적용에 관한 고찰", 「대한건축학회 논문집 계획계」, 2004, 2월, p. 53.

22) Michael Weinstock, *op. cit.*, p. 14.

23) 1,1,2,3,5,8,13,21 같이 이전 두 항들의 합으로 이루어지는 수열.

대부분의 질서는 이러한 자기 조직화에 의해 일어나고, 그 후에 자연 선택에 의해 다듬어지는 것이다.[24] 이러한 자기 조직화는 혼돈과 질서의 경계, 즉 혼돈의 가장자리에서 생겨나는데, 혼돈이 지나치게 되면 자기 질서 대신 무작위성만 나타나게 되므로, 혼돈과 질서의 경계 영역의 설정이 중요하게 된다. 그러므로 건축 디자인에서도 생물학적 형태 발생을 유도하기 위한 전제 조건으로 기하학을 설정하는 것은 이러한 자기 조직화를 위한 일종의 경계 제한 도구의 설정이라 할 수 있다.

2) 형태의 진화

형태 발생이 주로 한 개체의 발생을 다룬다면 진화는 개체군의 관점에서 여러 세대에 걸쳐 돌연변이와 자연선택을 거쳐 새롭게 변화해가는 과정을 의미한다. 그러므로 진화는 계통 발생 과정을 포함한다. 결과적으로 일반적 의미의 진화는 시간 속에서 주어진 종들이 새로운 형질을 획득하게 되는 계통 진화(phyletic evolution)를 의미하나 다수의 종들로 증가하기 위해서는 부모 개체군을 넘어서는 다양한 새로운 개체군의 형성과 그 개체들이 더 고등한 집단으로 진화해가는 공간 속의 변화, 즉 종분화(speciation)까지를 포함해야 할 것이다.[25] 독일의 생물학자인 에른스트 마이어(Ernst Mayr)는 진화의 핵심 요소를 유전자형(genotype)의 "선택(selection)과 경쟁(competition), 돌연변이(mutation)"[26] 로, 영국의 컴퓨터 과학자 피터 벤틀리(Peter Bentley)는 "유전, 선택, 돌연변이"[27] 로 정의한다.

---

24) Stuart Kauffman, *At Home in the Universe: The Search for the Laws of Self-Organization and Complexity*, 국형태 역, 「혼돈의 가장자리」, 사이언스 북스, 2002, p. 173.

25) Ernst Mayr, *op. cit.*, pp. 285–286.

26) *Ibid.*, p. 285.

27) Peter Bentley, *op. cit.*, p. 85.

여기서 진화의 가장 본질적 요건인 유전자 변화가 일어나기 위해서는 돌연변이나 개체군 내의 유전자 재구성이 필요한데 이는 대체적으로 무작위적(stochastic)으로 이루어지는 과정이며,[28] 유전자 풀에 저장된 변형된 유전자들에 대한 이후의 선택은 상동과 같은 유사를 생기게 하는 생물체 내부의 보수적 선택과 환경과 표현형과의 상호 작용에 의해 형성되는 생물체 외부의 자연 선택 과정을 따르게 된다.

물론 필립 볼(Philip Ball)이 주장하듯, 진화의 과정에서 "형태를 이끄는 선택적 압력이 고유한 특성을 만들어 내는 개별 유전자 수준에서 중요한 역할을 하는 것인지, 혹은 개체 전체 수준에서 어떤 역할을 하는 것인지에 대해서는 아직도 많은 생물학자들의 견해가 일치하지 않지만, 그것의 공통된 함의는 형태가 가능성의 팔레트에서 자연적으로 선택되며, 진화적 우위를 부여하는 형태는 지속되는 경향이 있다"[29] 는 사실은 분명하다.

진화의 결과가 항상 더 나은 방향으로 나아간다고 말하기는 어렵지만 결과적으로 그것은 최적의 해를 얻기 위한 일종의 메커니즘이라 할 수 있다. 건축 디자인 역시 주변 환경과의 다양한 매개 변수적 상호 작용을 통한 진화 과정을 거쳐 최적의 해를 얻는 방식을 취할 수 있다. 각 개체의 개체군을 염색체 형태로 표현(encoding)하여 선택과 교배, 돌연변이의 연산자를 이용해 확률과 환경에 대한 적합도 등을 적용해 최적의 해를 얻게 되는 다양한 진화 알고리즘이 그 대표적 방식이다.

미국의 심리학자이자 컴퓨터 과학자인 존 홀랜드(John H. Holland)가 1975년 산타페 연구소에서 개발한 진화 알고리즘들 중의 하나인 유전 알고리즘

---

28) 제임스 러브록(James Lovelock)은 진화를 일으키는 돌연변이 역시 단순한 우연이 아니라 정보-에너지장에 의해 서로 피드백을 통해 공진화(co-evolution)를 하는 것이라고 주장하며, 스튜어트 카우프만 역시 세포 자동자(cellular automata) 실험을 통해 진화가 세포의 정보장에 의한 창발성의 결과라고 주장한다. 그러므로 유전자의 변화는 베이트슨이 주장하듯, 개체 단계에서 환경과 경험에 의해 체세포적 변화가 있은 후, 주변 생물계나 다른 종과의 공진화를 거쳐 일어난다고도 볼 수 있을 것이다. Gregory Bateson, *op. cit.*, p. 193.

29) Philip Ball, *Shapes: Nature's Patterns–A Tapestry in Three Parts*, 2009, 조민웅 역, 「모양」, 사이언스 북스, 2014, p. 24.

(Genetic Algorithm)은 각각의 유전자형(genotype)과 표현형(phenotype)을 가지는 컴퓨터 개체들의 개체군을 초기화하고 유지해, 유전자형으로부터 유전자의 무작위적 할당이 이루어지는 염색체 교차와 돌연변이를 이용함으로써 다양한 자손들이 개체군을 채울 때까지 양산되도록 만든 프로그램이다.[30] 이 과정을 통해 모든 부모들이 버려지고, 적합한 기준을 만족시킬만한 개체들의 범위를 가지는 개체군을 만들 때까지 많은 세대들의 과정이 단시간에 반복됨으로써 최적의 해가 도출될 수 있을 것이다.

나아가 영국의 진화 생물학자 스튜어트(I. Stewart)는 진화의 모델에서 유전자형이나 유전자 활동 보다는 표현형에 기초한 모델을 실험한다. 그는 진화의 자기 조직화 과정에서 이러한 자기 조직화가 개체들 뿐만이 아니라 그것들의 맥락에 의해서도 이루어진다고 보기 때문이다. 그러므로 그는 종분화(speciation)와 적합도 지형(fitness landscape), 종선택(species selection) 등에 초점을 둔 모델을 이용해 비선형적이며 집합적인 효과와 함께 종분화가 대칭 파괴의 분기로 나아가도록 종을 재현시키는 프로그램을 개발한다.[31]

2.2 형태 발생의 건축적 적용

1) 자기 조직화

생물체의 형태는 시간의 경과에 따라 끊임없이 진화적으로 변형되는 과정을 겪으므로 많은 건축가들은 생물체의 형태 발생 과정을 응용해 디자인

30) John H. Holland, *Adaptation in Natural and Artificail Systems: An Introductory Analysis with Applications to Biology, Control and Artificial Intelligence,* MIT Press, 1992; *Hidden Order: How Adaptation Builds Complexity,* Addison-Wesley, 1996 참조.

31) I. Stewart, "Self-organisation in evolution: a mathematical perspective", *Philosophical Transactions,* The Royal Society of London, 361, 2003, Michael Weinstock, *op. cit.,* p. 17 재인용.

과정에 도입한다. 그 가운데 하나는 복잡계의 자연 속에서 창발하는 유기체의 자기 조직화 방식이다. 튜링이 관찰했던 생물체의 다양한 패턴 형성은 이러한 자기 조직화의 예이며 최근의 건축가들은 튜링이 2차원적으로 그렸던 기하학적 형상들을 유체 역학에서 사용되는 곡률 좌표망의 수학과 컴퓨터 모델링을 통해 3차원의 굴곡진 표면으로 확장시킨다. 세포들이 굴곡진 판을 접고 비트는 것이 형태 발생의 기초이기 때문이다.

여기서 기하학적 제약은 생물 형태 발생의 자기 조직화에서 핵심이라 할 수 있다.[32] 기하학은 자기 조직화의 국부적 조작 법칙으로 작용하는 경계 제한 도구로 될 수 있기 때문이다. 이것은 개체군들의 집합적 행태를 통한 분포 역학 체계를 통해 더욱 발전될 수 있다. 예를 들어 브뤼셀 자유대학의 인공두뇌학 교수 프랜시스 헤일리겐(Francis Heylighen)은 복잡계의 다양한 집합들로 연합되는 요소들의 상호 작용을 분포 역학의 분포 변수에 기초해 컴퓨터 시뮬레이션을 함으로써 자기 조직화의 모델을 만들어낸다.[33]

건축에서의 최초의 자기 조직화 모델에 대한 연구는 1960년대부터 그 분야를 개척한 프라이 오토(Frei Otto)에 의해 시작되었다고 할 수 있다. 그는 형태의 자기 발생의 자연적 과정과 그 형태들의 구조적 행태에 관심을 가졌는데, 그의 작업에서 형태 발견은 외부 힘들의 영향 속에서 물질계가 자기 조직화를 하는 과정에 기초하는 디자인 도구였기 때문이다.[34] 프라이 오토가 행한 물질의 자기 조직화 실험은 비눗방울의 포말 형성(그림 2-10)에서 비누 막이 가장

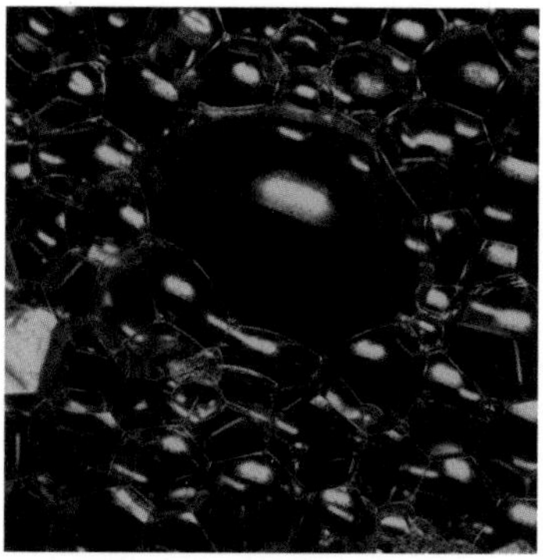

그림2-10. 비누방울의 포말 형성

32) Michael Weinstock, *op. cit.*, p. 15.

33) Francis Heylighen,"Self-Organization, Emergence and the Architecture of Complexity", *Proceedings of 1st. European Conference on System Science*, 1989, *Ibid.*, p. 16 재인용.

34) *Ibid.*, p. 20.

경제적으로 최소한의 재료로 주어진 면적을 덮을 수 있는 방식을 실험하는 것[35] 으로부터 시작되었는데, 이것은 사실상 다르시 톰슨이 이미 그의 「성장과 형태에 관하여」에서 기술했었던 육방성 대칭(hexagonal symmetry)의 세포 패턴(cellular pattern, 그림 2-11)에서 가장 유명하고 아름다운 구조로 예를 들었던 벌집 형상(그림 2-12)의 자기 조직화 과정으로부터 시작되었다고 할 수 있다.[36]

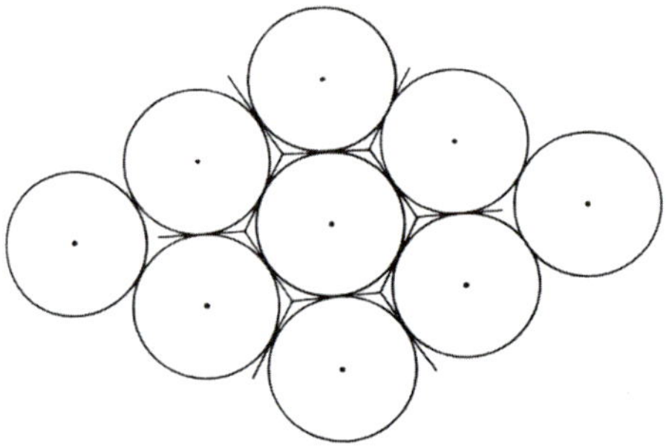

그림2-11. 육각형 세포들의 다이어그램

그림2-12. 벌집의 형상

톰슨은 세포나 거품들이 기본적으로 밀집 충전 구조(close packing, 그림 2-13)를 가지게 되며, 세포뿐만이 아니라 모든 원형 윤곽을 가지는 통일된 크기의 몸체들이 하나의 평면 상에서 밀집 충전을 할 경우, 이탈리아의 자연학자 보나니(Bonnani)가 17세기에 이미 연체동물의 껍질에서 관찰했듯이,[37] 하나의 원형 몸체는 주변으로 여섯 개의 다른 몸체들과 접하게 되며,

---

35) 비눗방울의 구조적 특성은 공기 주입식 구조로 1950년대 이후 건축에서도 월터 버드(Walter Bird)의 회사 Birdair를 통해 그 가능성이 알려지기 시작해, 영국의 앙데팡당 그룹에 의해 생물학과 공학의 구조적 유사성에 관한 다양한 예술적 실험으로 나타났으며, 1960년대에는 영국의 세드릭 프라이스와 아키그램, 비엔나의 코프 히멜블라우와 한스 홀라인, 하우스 루커 컴패니, 프랑스의 유토피 그룹 같은 실험적 건축가들에 의해 공기 부풀림식 건축으로서 각광을 받게 된다. Hadas A. Steiner, "The Forces of Matter", Philip Beesley, Sarah Bonnemaison eds., *On Growth and Form, Organic Architecture and Beyond,* Tuns Press and Riverside Architectural Press, 2008, p. 56.

36) 사실상 다르시 톰슨의 「성장과 형태에 관하여」는 마이클 패러데이(Michael Faraday)가 1859년 강연에서 비눗방울의 구조에 대해 내린 결론에 영향을 받았으며, 톰슨의 수학적 개념에 의한 형태 역시 비누 막의 힘과 공기 부풀림식(pneumatic) 구조의 기술이 의도했던 물질의 경제성에 관한 것이었다고도 할 수 있다. *Ibid.,* p. 55.

37) A.P.P. Bonnani, *Ricreatione dell'occhio e della mente, nell'Osservatione delle Chiocciole,* Roma, 1681, D'Arcy Thompson, *On Growth and Form,* Cambridge University Press, 2014 (1917 초판), p. 103, 재인용.

밀집 충전 구조를 가지려는 몸체들의 압력에 의해 원형의 윤곽이 동일한 육각형으로 변하여, 육방성 대칭의 형태를 지니게 된다고 주장한다.[38]

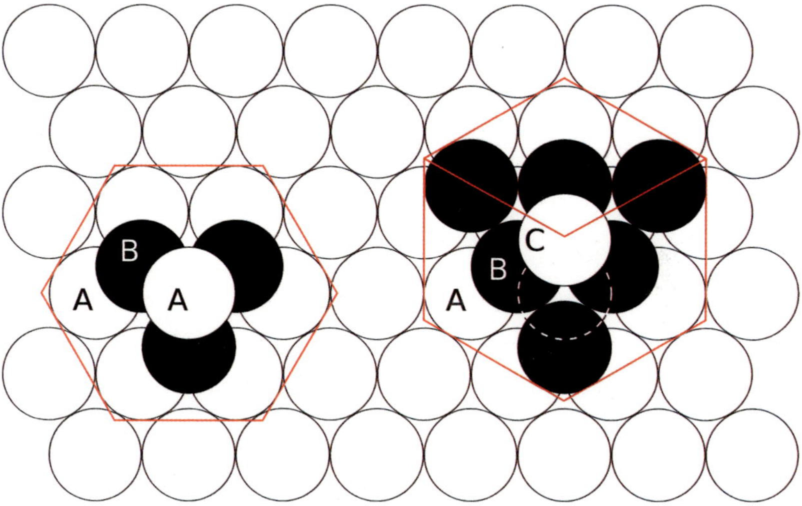

그림2-13. 동일 구체들의 밀집충전

예를들어 난황막(vitelline membrane)이나 외형질(ectoplasm) 내에서 분할되는 알의 세포들은 그것들이 성장함에 따라 압력을 받게 되어 변형되고 그것들의 표피는 최소 표면적(*area minima*)을 향하게 되어 육방 대칭의 형태를 취하게 되는 것이다.[39] 또한 제임스 톰슨(James Thomson)이 19세기 말 욕조의 비누 거품을 휘저어 관찰했고,[40] 베나르(Bénard)와 르뒥(Leduc)이 화학적 확산 실험을 통해 발견했듯이, 다각형들의 상호 작용은 조건이 완벽히 대칭적으로 될 때 정형의 육각형으로 된다.[41]

38) *Ibid.*, p. 104.

39) *Ibid.*

40) James Thomson, "On a Changing Tesselated Structure in Certain Liquids", Proc. Glasg. Phil. Soc. (1881–2), *Ibid.*, p. 105 재인용.

41) *Ibid.*

나아가 다르시 톰슨이 주장하듯, 자연에서는 세포나 비누 거품 외에도 눈송이(그림 2-14) 조차 정확한 120도의 모서리각을 가지는 육각형의 형태를 가진다. 톰슨은 "자연은 초기의 육각형에, 모두 동일한 각도를 가지지만 측면의 길이는 다양한, 유사한 판이나 프리즘들의 끝없는 조합을 첨가한다. 자연은 아름다운 대칭을 가지며 육각형의 세 개의 축을 가지는 형태들을 반복하는데, 이것들은 무엇이든지 자연이 하나의 장식과 작품을 위해 행한 것일 수 있다"[42] 라고 주장한다. 이러한 육각형 형성의 가장 유명하고 아름다운 예가 바로 벌집이다.

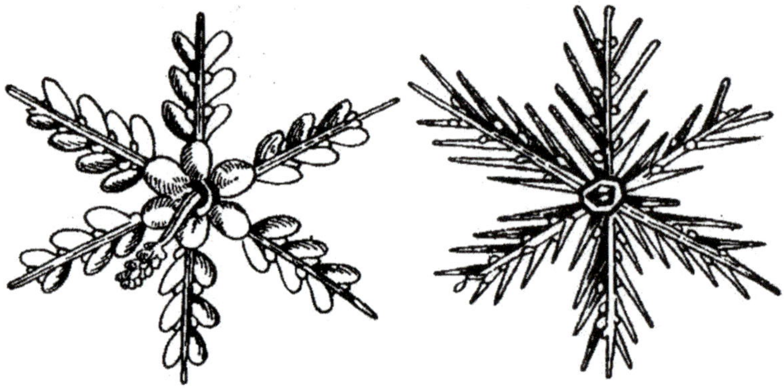

그림2-14. 육각형의 눈송이

실제로 벌집의 형상은 다윈의 자연 선택을 당할 경제적 선택압의 세계에서 주어진 공간을 채우는 데에 있어 정삼각형이나 정사각형 구멍 보다는 육각형의 구멍으로 채울 때 구멍 벽의 총 길이가 더 짧아진다는 노동 경제적 논리로 18세기 프랑스의 과학자 르네 페르숄 드 레오뮈르(RenéAntoine Ferchault de Reaumur) 가 주장했던 내용에 의해 설명되듯이, 비눗방울 포말들로 포말 뗏목을 만들면 동일한 크기의 포말들이 벌집의 육각형 패턴으로 육방 배열을 형성하는 것을 통해서도 자연 속에서 가장 효율적으로 자기 조직화 되는 형상임을 알 수 있다.

42) *Ibid.*, p. 153.

육각형 패턴의 벌집형 육방 배열 원리는 비눗방울 포말들의 접합 원리를 통해서도 알 수 있다. 예를 들어 두 개의 비눗방울이 접합될 때는 크기가 다를 경우 큰 쪽을 향해 볼록하게 접합되며, 두 개 방울의 크기가 동일할 경우는 완전히 평평한 칸막이벽을 경계로 접합되는데(그림 2-15), 이는 방울이 세 개 이상의 경우에도 해당하여, 서로 크기가 다르면 경계면에 돌출부가 생기고 크기가 동일할 땐 역시 평평한 면으로 경계를 이루며, 세 개의 방울이 접합될 땐 정확히 120도의 각도로 대칭을 이루어 접합되기 때문이다.

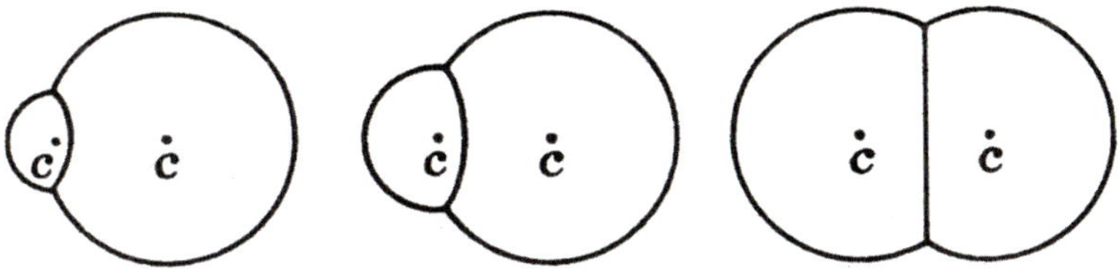

그림2-15. 크기가 다른 두 개의 비누 방울은 큰쪽으로 볼록하게, 크기가 같을 땐 평평한 칸막이 벽으로 접합된다.

그런데 여기서 특이한 현상은 세 개 이상의 포말이 겹쳐질 때 네 개의 포말이 동시에 90도 각도로 함께 접합되는 경우는 매우 드물며, 곧 다시 재배열되어 교차점에서는 단지 세 개의 방울만이 120도의 각도로 만나도록 접합된다는 사실이다(그림 2-16). 이것은 파리의 겹눈에서 각각의 낱개 눈이 비눗방울 포말에서와 같이 네 개의 원뿔 세포가 접합될 때 세 개씩 120도의 각도로 접합되는 것에서도 마찬가지로 적용이 된다.

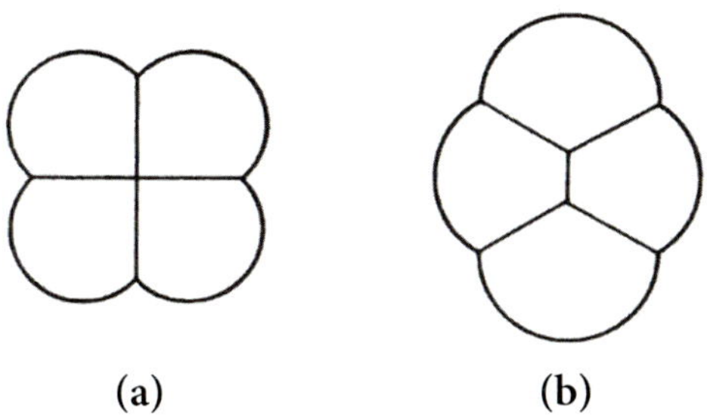

그림2-16. (a)의 경우는 드물며, 바로 (b)로 되어 120도로 접합된다.

이러한 현상은 19세기 말 벨기에의 물리학자인 조셉 플라토(Joseph Antoine Ferdinand Plateau, 1801–1883)가 주장한 플라토 법칙을 통해서도 설명이 된다. 그는 "접합에서 만나는 비누 막이 항상 역학적으로 가장 안정된 배열을 찾을 것이고, 그 경우 막에 작용하는 힘은 서로 균형을 이룰 것으로 추론하여 계산상 역학적 안정성에 근거한 접합은 항상 120도를 이루며 세 부분으로 될 것"[43] 이라는 플라토 경계(그림 2-17)의 원리를 주장했기 때문이다.

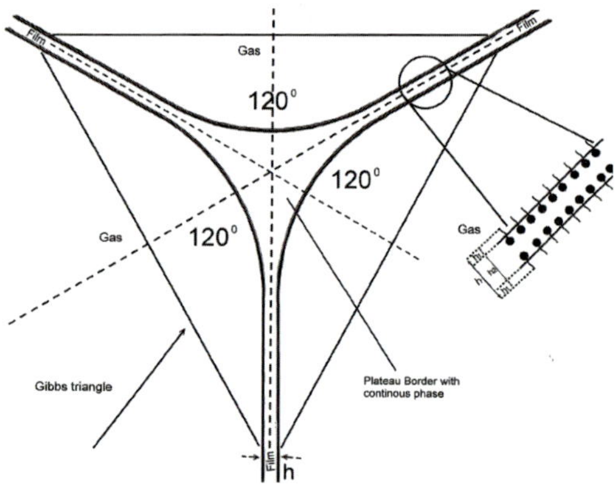

그림2-17. 플라토 경계

여기서 액체로 둘러싸여 유한한 부피를 가지는 포말은 특정한 물리적 특성을 가지게 되는데, 기본적으로 포말은 다르시 톰슨이 말했듯이 분자의 힘에 의해 표면을 최소 면적으로 되게 만드는 표면 장력(surface-tension)[44]에 의해 항상 구형을 유지하게 되지만, 액체를 잡아당겨 극소 면적이 되게 하는 표면 장력이 순수한 물이 아닌 비누 포말의 경우로 될 때에는 구형과는 매우 다른 형상으로 자기 조직화 되는 것을 알 수 있다. 비누의 계면 활성제(surfactant) 분자는 수용성과 불용성의 양친성 분자를 통해 표면 장력을

---

43) Philip Ball, *op. cit.*, p. 97.

44) 다르시 톰슨은 표면 장력이 하나의 분자가 다른 분자에 대해 행하는 분자의 힘으로부터 나온다고 말한다. 즉 표면층의 분자들은 계속 내부로 끌리며 표면은 이에 따라 수축되는데, 이러한 표면의 수축이 표면 장력으로 나타나는 것이다. 이 과정은 그것이 더 이상 그렇게 될 수 없을 때까지 계속되며, 결과적으로 표면은 '최소의 면적'으로 되는 것이다. D'Arcy Thompson, *op. cit.*, pp. 49–50; 또한 필립 볼은 액체의 표면 장력이 표면이 액체가 멈추는 곳이라는 사실로부터 비롯되는데, 수면에 있는 분자는 인력이 오직 아래와 옆 방향으로만 발생하기 때문에 표면 분자들은 전체적으로 안쪽으로 작용하는 힘을 받으며, 이것이 표면 장력이라고 말한다. 즉 표면의 물은 물과 공기 사이의 경계면, 즉 표면을 만들어야 하기 때문에 액체 깊은 곳의 물 보다 더 큰 에너지를 가져야 하는데, 모든 물리계는 가장 낮은 에너지 상태를 찾으려 하며, 표면은 추가로 더 많은 에너지를 필요로 하기 때문에 가능한 한 표면을 작게 만드는 원동력을 가지게 되는 것이다. 예를 들어 공간 속에 자유롭게 떠 있는 액체는 구형의 표면적이 가장 작기 때문에 표면 장력이 물방울을 잡아 당겨 구형을 형성하게 하는 것이다. Philip Ball, *op. cit.*, p. 87.

줄여 훨씬 더 큰 표면적의 더 얇은 표면으로 더 안정된 구조를 이루게 하기 때문이다. 즉 "닫히고 고립된 막의 경우 극소 곡면은 구체이지만, 포말이 철사 틀 위에 얹어진 경우는 극소 곡면이 더욱 복잡하게 우아한 곡선으로"[45]자기 조직화되기 때문이다.

이러한 원리를 이용하여 프라이 오토는 막이 매달리게 될 철사 틀 모형을 만들어 비누 용액에 담가 형성된 비누 막을 이용해 안정된 극소 곡면을 형태-발견(form-finding) 했다고 할 수 있다. 1972년 제작된 그의 뮌헨 올림픽 경기장의 텐트식 막구조(tension membrane, 그림 2-18)는 바로 이러한 비눗방울 포말 원리를 응용해 자기 조직화된 형상을 발견한 경우이다.

그림2-18. 프라이 오토 뮌헨 올림픽 경기장, 1972

나아가 그의 AA워크숍 실험(2003, 그림 2-19)은 외부력을 받는 물질계의 자기 조직화의 물리적 과정에 대한 실험으로, 외부의 힘이 평형을 이룰 때 구

45) Philip Ball, *op. cit.*, p. 91.

조 형태를 결정하는 방식으로 재료들의 자기 조직화 법칙을 이용해 경량의 안정적 상태를 이루는 형태들을 보여준다. 마찬가지로 그의 만하임 다목적 홀(1975, 그림 2-20) 역시 외부력들의 영향 아래에 있는 물질계의 자기 조직화를 통해 전체적으로 만족할만한 상태의 그리드-쉘 형태로 이루어지는 형태를 가지게 된다.

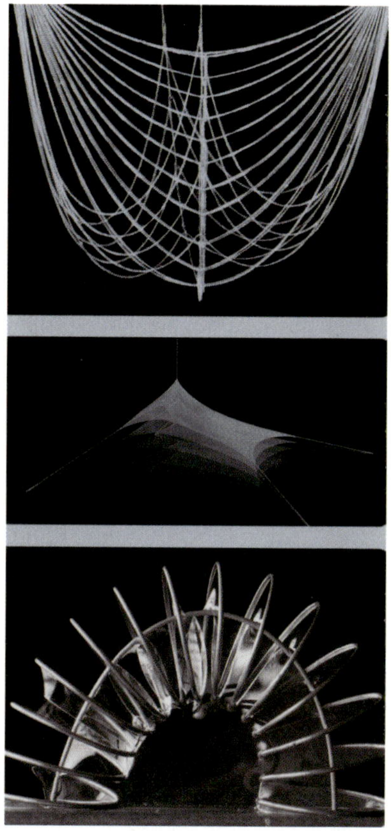

그림2-19. 프라이 오토, AA 워크숍 실험들, 2003

그림2-20. 프라이 오토, 만하임 다목적 홀, 1975

2) 분화

형태 발생의 과정에서 분화는 위치에 따라 각기 다른 단백질 화합물의 영향 속에서 서로 다른 유전자의 발현에 의해 다른 종류의 세포들을 만들어내는 과정으로, 이것은 다양한 표현형의 증가를 수반한다. 건축 디자인에서 분화의 과정은 주로 형태를 진화시키기 위한 과정에서 다양한 표현형을 얻기 위한 수단으로 사용된다.

AA의 창발 디자인 그룹(Emergence and Design Group, 그림 2-21)은 원통형과 나선의 결합에 의한 표피 구조[46]의 나선형 고층 구조물(2003, 그림 2-22)에 대한 디자인 실험에서 유전자형의 발전과 표현형의 발

그림2-21. 창발 디자인그룹, 미하일 헨젤, 미하일 바인스톡, 아힘 멩게스

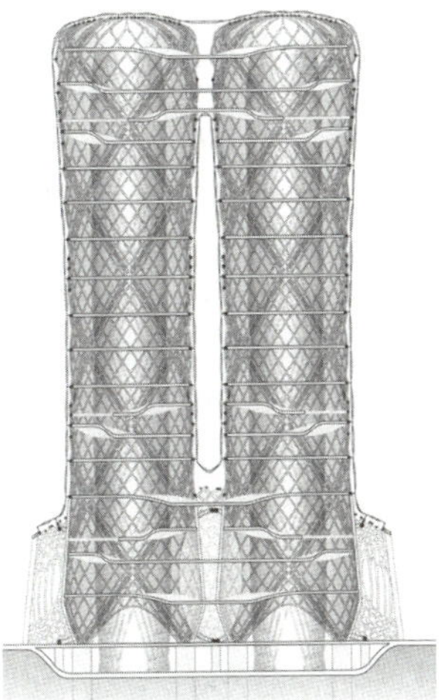

그림2-22. 창발 디자인 그룹, 나선형 고층 구조물, 2003

그림2-23. 진화된 이중 나선 구조

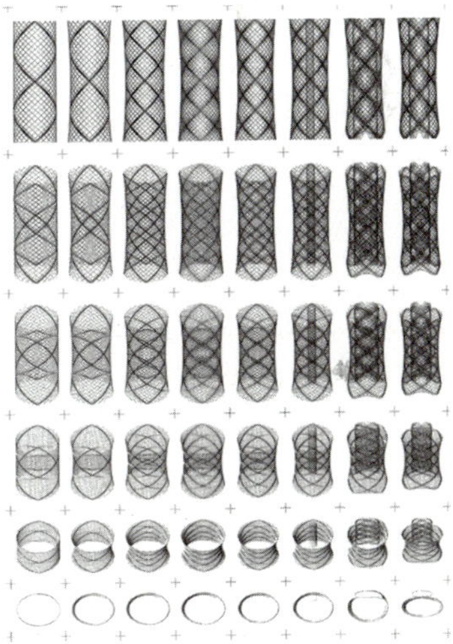

그림2-24. 분화된 나선들의 진화

46) 자연의 많은 형태는 예를 들어 바구니의 조직과 같이 표피로만 이루어져 고도의 여유도를 가지고 연결부의 마찰력에 의존해 전체적으로 붕괴되지 않고 몇 개의 국부적 파괴만을 수용할 수 있는 표피 구조로 이루어진다. 이것은 자연의 모든 살아있는 구조들이 잉여(redundancy)를 통해 여유 있게 환경에 적응함을 말해준다.

전 모두에서 분화의 방법을 적용한다. 최초의 배아로 초기 입력된 단순한 원통형 강관은 나선을 따라 회전하는 발생적 복제에 의해 두 개의 다발들로 분화(그림 2-23) 되며, 다음 세대에서는 네 개의 다발들로 분화되는 유전자형의 발전을 가져오는데, 이것은 기하학을 느슨하게 적용함으로써 나선형의 굴곡진 평면들이 더욱 많이 분화할 수 있게 된다(그림 2-24).

다양한 나선형들의 분화가 유전자형의 발전이었다면, 외부 표피의 실제적 패널들의 기하학적 분화는 표현형의 발전이라고 볼 수 있다. 여기서 건물 외부의 외피 패널들은 내부와 외부, 중심부 사이의 미세한 공기 압력, 빛, 열 등의 매개변수의 변화에 의해 느슨하게 제한된 기하학 속에서 다양하게 기하학적으로 분화하는 과정을 따른다(그림 2-25, 26).[47]

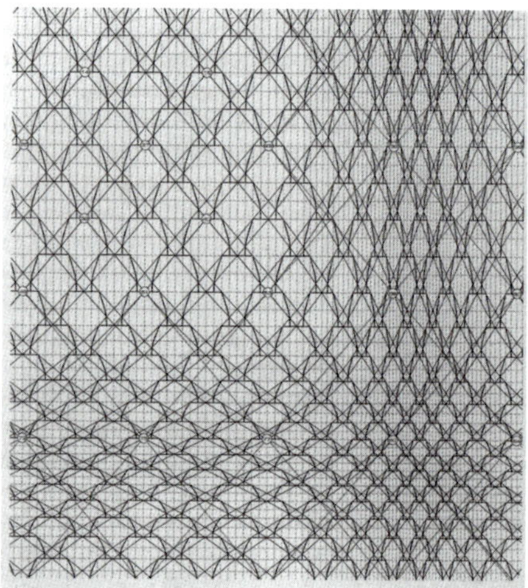

그림2-25. 표피 패널 기하학-알고리즘적 분화

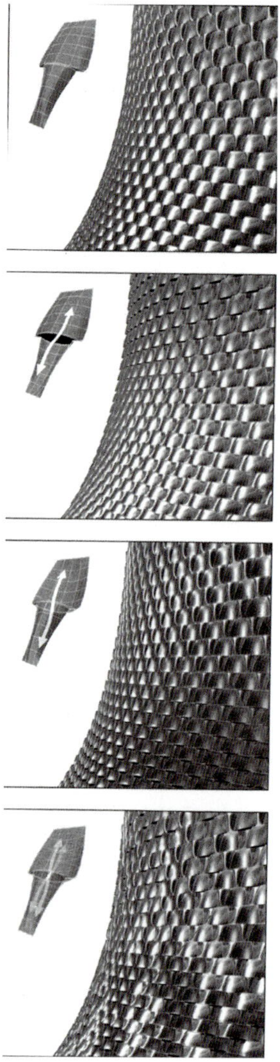

그림2-26. 표피 패널 적용성

47) Emergence and Design Group, "Fit Fabric: Versatility through Redundancy and Differentiation", *AD.*, 5/6, 2004, p. 45.

이 그룹의 아힘 멩게스(Achim Menges)는 나아가 환경으로서의 생태학과 환경 내의 물질적 요소들을 연결하는 도구로서의 위상 기하학, 구조들의 통합을 통해 복잡 환경에 접근하는 건축에서 역시 분화의 수법을 사용한다. 이것은 물질적 용량과 구조적 형태로부터 적응을 통해 복잡 환경을 발생시키는 것으로, 농경 이후(postagriculture, 2003, 그림 2-27)는 매개 변수적으로 서로 다른 요소들을 더 큰 분화된 계들 속으로 증식시키는 과정이라 할 수 있다. 초기의 공기 구조식 요소가 방위, 배치, 밀도와 이음매의 차별적 보강, 공기 농도와 내부 압력, 표피 재료의 유형과 처리 등의 다양한 매개 변수들의 변화에 따라 다양한 기하학을 보여주는 복잡한 구조적 분화를 보여주기 때문이다.[48]

그림2-27. 아힘 멩게스, 농경 이후, 방위와 배치, 밀도 등등의 매개 변수들에 따르는 표피 요소들의 증식, 2003

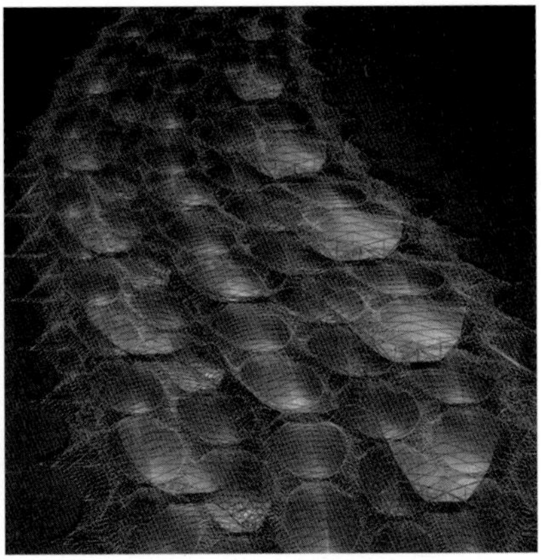

농경 이후-매개변수적으로 다양화된 표피 요소들로부터 진화된 깊은 구조

그의 조경 극장 계획(그림 2-28) 역시 실내의 국부적 표면 조절점들과 표면 곡률, 교차점, 위상 기하학 등의 국부적 조작을 통한 진화적 과정에서 벽체들의 분화된 표면들과 공간적 조직을 만들어내는 분화의 수법을 사용한다고 할 수 있다.[49]

48) Achim Menges, "Morpho-Ecologies: Approaching Complex Environments", *Ibid.*, p. 86.

49) *Ibid.*

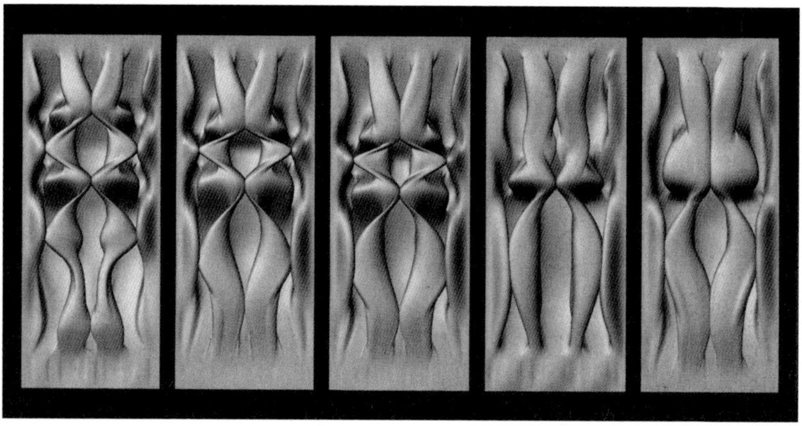

그림2-28. 아힘 멩게스, 조경 극장 계획, 국부적 조작을 통해 만들어지는 분화된 표피들

3) 성장 알고리즘

성장은 배의 발생 이후 거치는 단계로 형태 발생의 마지막 단계라 할 수 있다. 건축 디자인에서는 건축의 표면들을 성장시킴으로써 새로운 구조들을 만들어내는 데에 이 성장의 메커니즘이 이용되는데, 이것의 수행 도구는 일련의 문법에 따라 특성들을 순환적으로 교체하는 것에 기초를 둔 린덴마이어 시스템(L-시스템)[50] 에서 발전된 형태 발생적 표면구조(Morphogenetic Surface Structure: MoSS)와 폰 노이만의 세포 자동자(cellular automata)[51]에서 발전

50) 생물학자 애스트리드 린덴마이어(Astrid Lindenmayer)가 만든 성장 과정의 시스템으로, 동일한 규칙을 반복적으로 적용하는 과정에서 구성 요소들을 고쳐 쓰고 대체함으로써 복잡성이 증가하게 되는 체제이다. 프르제미슬라브 프루진키비츠(Przemyslaw Prusinkiewicz) 교수는 건축에서 발생의 모델을 공간 지향적 모델과 구조 지향적 모델의 두 가지로 분류해 개발했다. Peter Bentley, *op. cit.*, pp. 189–194; Peter Testa, Devyn Weiser, "Emergent Structural Morphology", *AD.*, 1, 2002, p. 14 참조.

51) 존 폰 노이만이 1940년대에 고안한 자기 복제 프로그램으로, 이후 존 콘웨이가 1970년대에 생명게임(The Game of Life)이라는 무한한 복잡성을 만들어내는 프로그램으로 발전시켰다. 세포 자동자는 일련의 규칙에 따라 패턴을 생산하고 이 규칙을 활성화하기 위해, 생물체의 세포가 단백질을 생산하듯이, 세포들의 위치와 상태를 이용해 활성화시킨다는 점에서 생물체의 형태 발생과 유사한 메커니즘을 가진다. 기본적으로 각각의 세포(cell)들로 이루어진 격자망에서 각 세포들에 대해 이웃 칸의 세포가 그 세포에 대한 관계를 정해 그 세포의 거동이 주변 이웃에 대해 자동 반응으로 조절된다는 사실을 반영하게 된다. Peter Bentley, *op. cit.*, p. 279.

된 불 네트워크(Boolean networks)[52] 들이 있다.

MoSS의 3차원 L-시스템이 연산되는 환경은 표면의 최종적 기하학을 결정하는데, 이것의 인터페이스는 문법을 설정하고, 세대를 제한하고, 환경을 형상화하는 제어 요소를 포함함으로써 피드백을 가진 복잡 성장 환경을 창조하게 된다. 예를 들어 MIT의 벤 파이퍼(Ben Piper)가 디자인한 3차원 트러스 구조 모델(그림 2-29)은 MoSS 프로그램으로부터 성장되어 발생된 표면들의 꼭지점들이 적응적인 3차원적 세포 구조를 형성하도록 하여 자유로운 형태의 벌집형 트러스를 가진 실내 공간을 창출한다.

그림2-29. 벤 파이퍼, MoSS로 성장된 3차원 트러스 구조

모스(mos)의 미하일 메레디스(Michael Meredith)가 디자인한 벽 부착용 옷걸이인 '아이비'(Ivy, 2005, 그림 2-30)도 "담쟁이덩굴(ivy)이 성장하는 방식으로부터 유도되어, 형태 발생을 위해 세포 자동자와 생명 게임(The Game of Life) 같은 종류의 성장 알고리즘을 이용한다. 이것은 내구성 있는 검정색, 회색, 흰색, 녹색의 네 가지 색깔로 된 ABS 플라스틱을 사용해 Y자 형태의 하나의 개체가 군체 구조로 되도록 성장시켜, 옷걸이 시스

그림2-30. 미하일 메레디스, 아이비, 2005

52) 영국의 수학자 조지 불(George Boole)의 이름을 따서 만든 것으로 스튜어트 카우프만이 신경망, 면역계, 유전자 발현 등의 네트워크로 발전시켰다. 카우프만은 다양한 연결 강도를 지닌 불 네트워크에서 작용하는 수학적 시뮬레이션이 생물체의 형태 발생과 성장에서와 같이 조직과 기관들의 분화와 자기 조직화를 만들어낼 수 있다고 주장한다. Micheal Weinstock, *op. cit.*, p. 16.

템의 복잡한 기하학적 형태로 발전시킨"[53] 구조로, 담쟁이덩굴과 같은 시스템으로 벽을 장식하게 된다.

이러한 형태 발생을 위해 모스 그룹은 1970년대에 존 콘웨이가 개발했던 생명 게임의 법칙과 유사하게, 옷걸이로 될 하나의 기본 시스템으로 시작해 하나의 옷걸이가 씨앗으로 시스템에 첨가되고, 프로그램이 실행됨에 따라 시스템이 어떻게 성장하게 될지를 질문 받게 되면 옷걸이들 중의 하나를 무작위적으로 선택하여 어떤 종류의 연결부를 성장시킬지를 결정하게 되는 새로운 성장 알고리즘을 사용한다. 여기서 선택된 연결부는 결과적인 성장의 기하학을 결정하고, 시간에 따라 경과되는 이런 결정들은 더 큰 패턴으로 군집을 이루게 된다. 여기서 또한 "성장과 군집은 다른 의미를 지니게 되는데, 군집이 단지 하나 다음에 또 다른 것이 연속해서 덧붙여지는 것이라면, 성장은 부분들 보다 더 큰 하나의 시스템을 의미한다"[54] 고 할 수 있다.

2.3 형태 진화의 건축적 적용

1) 유전 알고리즘

생물체의 진화 과정을 건축 디자인에 적용하는 가장 대표적 방식은 다양한 진화 알고리즘들[55] 중의 하나인 유전 알고리즘(Genetic Algorithm)[56] 을 적

53) *Verb Natures,* Architecture Boogazine, Actar, 2005, p. 46.

54) *Ibid.,* p. 48.

55) 유전 알고리즘(GA), 진화전략(ES), 진화 프로그래밍(EP), 유전 프로그래밍(GP) 등이 있다.

56) 존 홀랜드(John Holland)가 1975년에 개발한 최적화 알고리즘으로, 생물학적 유전자인 염색체에 해당하는 문자열로 재생산, 교배, 돌연변이를 거쳐 다음 세대에 새로운 자식을 인공적으로 만들어 내며, 이런 연산을 반복해 최적해를 구한다. 유전 알고리즘은 유전자형과 표현형을 갖는 개체들의 개체군을 초기화하고 유지하며, 부모를 제공하기 위해 두 가지 개체의 무작위적 선택에 의해 교배시킨 후, 염색체 교차와 돌연변이를 이용해 다양한 자손들이 개체군을 채울 때까지 세대를 반복시켜 모든 부모들이 버려지고 적합한 기준을 만족시키는 개체군을 양산시키는 프로그램이다.

용하는 것이다. 유전 알고리즘은 최적해를 얻기까지 컴퓨터가 자동적으로 모든 과정을 실행하지만, 여기서 디자인에 창조성을 부여하는 것은 적당한 방식으로 장식적, 구조적 요소를 연결하기 위해 적당한 위치에서 돌연변이의 지점을 부여하는 것과 다양한 건축 디자인이 가능하도록 상응되는 위상기하학의 다이어그램을 사용하는 것이라 할 수 있다.

창발 디자인 그룹이 두 개동의 원통형 고층 표피구조(2003, 그림 2-31)를 만들어내기 위해 사용한 도구는 유전 알고리즘이다. 최초에 단일의 나선형 원통관을 개체적 염색체로 초기 설정하여 다발들로의 분화와 새로운 형태 발생 과정을 거쳐 다양한 형태의 개체군을 만들어낸 후, 최종적으로 허리가 약간 좁아지는 단일의 형태를 얻어내기 때문이다.[57] 여기서 많은 분화를 시키기 위해 사용한 약간 느슨한 자연의 기하학은 선택 연산자에 해당한다. 기본적으로 이 건물의 진화에서 유익한 정보의 선별 기준은 나선형의 자연 현상에서 나타나는 형태이기 때문이다.

그림2-31. 창발 디자인 그룹, 원통형 고층 표피구조, 2003

이후 외피의 패널(그림 2-32)을 위한 표현형을 발전시키기 위해 사용한 커스타드 사과의 모자이크식 막조직(그림 2-33)과 나선형 잎차례(그림 2-34)[58] 의

---

57) 이 계획에서는 최초에 150mm 강관의 단면을 가지는 단일의 나선관을 개체적 염색체로 설정한 후, 이것을 원래의 중심 주위로 회전하는 발생적 복제들에 의해 다발로 만들어 두 개의 다발 속에 모이는 10개의 관들로 이루어지는 60m 이중 나선으로 설정해 그것을 반대로 회전하는 내부 층을 발생시켜 더욱 진화시키는 방식을 택했다. 그 다음의 세대에서는 4개의 다발을 선택해 각각을 반대로 회전하는 외부와 내부의 그룹을 가지도록 한 후 연속되는 세대들 속에서 두 개의 동심원적 연속 층 속에 배치되는 80개의 부재들을 가지도록 하여 다양한 형태의 개체군들을 만들어낸 후, 이것들로부터 하단과 상단이 굴곡진 형상으로 되고 허리 부분이 약간 좁아지는 단일의 형태로 발전시켰다.

58) 예를 들어 솔방울은 반대로 회전하는 나선들의 수에 따라 비대칭적으로 조직화되는데, 상승 나선의 두 가지 배열은 연결점으로부터 가지 쪽으로 바깥쪽으로 자란다. 여기서 8개의 나선들은 시계방향으로 원추를 올라가고, 13개의 나선들은 반시계 방향으로 더욱 뾰족하게 올라간다. 이 특별한 유형들은 피보나치수열을 따르는 잎차례를 가지며, 최적화된 포장의 배치를 가지게 된다.

기하학 역시 선택 연산자에 해당하며, 표피에 작용하는 다양한 외부와 내부의 환경적 매개 변수들은 유전 알고리즘에서 사용되는 환경에 대한 적합도에 해당한다 할 수 있을 것이다.

여기서 건물의 외피는 구조의 통합적 체계이자 특정한 기하학과 수행에 적응되는 환경적 조절 패널들이며, 이 패널들의 기하학적 분화는 나선들이 분화되는 방식을

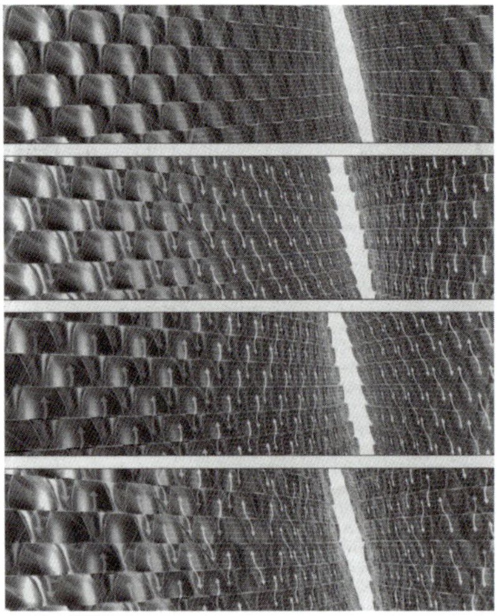

그림2-32. 창발 디자인 그룹, 원통형 고층 표피구조 외피 패널

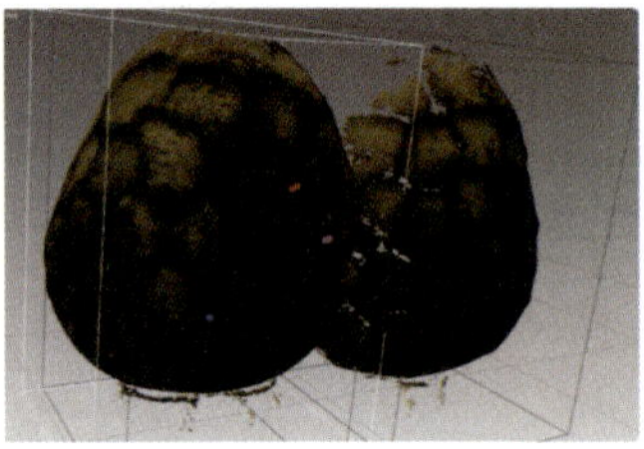

그림2-33. 커스타드 사과의 모자이크식 막조직

그림2-34. 나선형 잎차례

따르도록 설정된다. 나아가 표피는 미세 공기 구조에 의해 작동되도록 하여 내부와 중심부, 외부 부재들 사이에 있는 공기들에 의해 작동되는 모세 시스템 내의 서로 다른 압력에 의해 움직이게 된다. 또한 모세층들 내의 다른 압력들이 층들을 서로 다르게 확장시키거나 수축시킴으로써 볼록한 형태로부터 오목한 형태로 변화시키고, 패널들이 이렇게 볼록하고 오목하게 동시적으로 변화됨으로써 내부와 외부 사이의 빛 반사와 주변 공기에 대한 단열을 조정하도록 해준다.

나아가 부재들 위에 인쇄된 광전지 세포들의 패턴은 2차적인 태양 에너지를 수집하도록 허용해주고 이 에너지는 각각의 반쪽 패널 내의 공기 작동 세포들의 공기 압력을 만들어내는 미세 압축 장치를 작동시키는 데에 이용된다. 결과적으로 이 건물에서 내부와 외부로부터의 환경적 자료들은 국부적 센서들에 의해 수집되고 국부적으로 처리되어 각각의 패널들이 독립적으로 환경에 대응하며, 그것을 통해 빛과 열, 공기들이 다중적으로 수행되는 다중 수행 시스템으로 된다.[59)]

클레멘스 바이샤르(Clemens Weisshaar)와 레드 크람(Reed Kram)이 디자인하고 쾰른 가구 박람회에서 2005년 전시한, '번식하는 테이블'(Breeding Table, 2005, 그림 2-35) 역시 "모체로 되는 테이블로부터 유전적 특성을 물려받아 일련의 연속적인 2D 기초의 기하학들을 발생시키는 유전 알고리즘"[60)] 을 이용하여 형태를 발생시키고 자동적으로 테이블로 성장시킨 구조물이다.

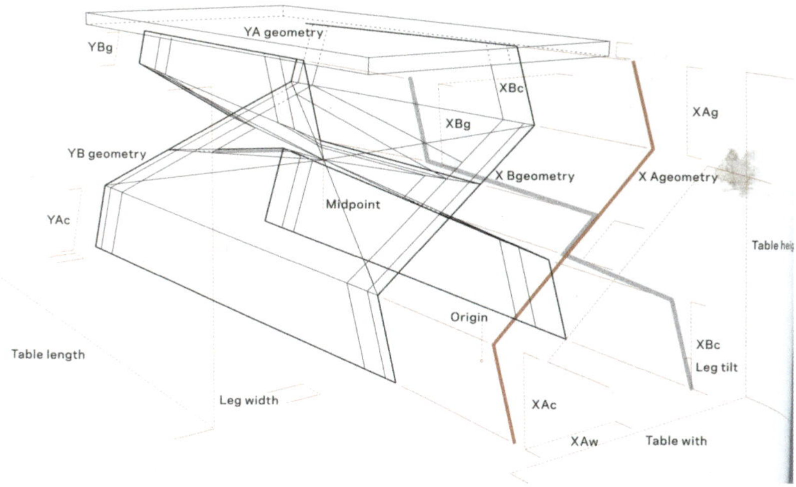

그림2-35. 클레멘스 바이샤르, 레드 크람, 번식하는 테이블, 2005

59) Emergence and Design Group, "Fit Fabric: Versatility through Redundancy and Differentiation", *op. cit.*

60) *Verb Natures,* Architecture Boogazine, Actar, 2005, p. 42.

2) 환경과의 다중 매개 변수

Ocean North의 미하일 헨젤(Michael Hensel)이 세계 무역센터(2001, 그림 2-36)의 형태를 얻기 위해 사용한 방식은 환경과의 다중적 매개 변수를 상호 작용시켜 예기치 못한 새롭고 이질적인 형태를 발생시키는 진화 알고리즘이다. 그것은 물질적 형태와 많은 형태적 힘들이 작용하는 환경 사이의 복합적인 역학적 관계를 다중 매개 변수로 설정하고, 공간적, 재료적, 거주적 특성 같은 다양한 평가 기준을 적용하여 거주자와 거주지의 영향에 대한 분석과 피드백에 의해 우연한 영향들에 종속되는 가변적 환경을 만들어내는 과정이다.[61]

그림2-36. 미하일 헨젤, 세계무역센터 계획, 2001

이 방식은 형태 발견의 과정 중에 우연성과 다양성을 최대한 허용하는 진화적 방식이라 할 수 있다. 즉 다중 매개 변수의 설정을 통해 하나의 힘과 시나리오에서부터 다른 상태로의 전이가 나올 수 있는 많은 양의 잉여

61) Michael Hensel, "Finding Exotic Form", *AD.,* 5/6, 2004, pp. 27-29.

적 잠재력을 가지게 되는 것이다. 그러므로 이 과정은 예견되고 한정된 것 대신 우연적 영향들에 종속되는 가변적 환경을 구축함으로써 결과적 형태는 예견되었던 것과는 어느 정도 다르게 나타나며, 일시적 단계의 이질적 형태와 행태를 가지게 되는 환경으로 진화하게 된다.

이 건물은 주름 잡힌 표피로부터 형성되는 틈새적 공간의 빌딩 기하학(그림 2-37)으로 발전되기 위해 기존의 중앙 코어와 서비스를 가지는 방식 대신, 순환을 위한 공간으로서의 건물 표피를 이용해 120개의 수직적 순환 채널들이 표피 내에 자리 잡도록 하여 바구니 형 구조 내의 보강재로 묶어 주는 방식을 취한다. 그러므로 이러한 방식을 통해 건물에 도달하는 무한한 수의 방식과 과정 중간에서의 사회적 조우의 가능성이 가능하게 되며, 일련의 틈새적 공간들로 분절되게 된다. 결과적인 외피 형태는 "거대한 두 개의 서로 꼬여지는 타워들로 이루어지며, 바구니 형태의 구조적 부재들의 잉여를 통해 바구니의 꼬인 채널 조직들 사이를 가로 질러 힘들을 유연하게 재분배할 수 있는 잠재력을 가질 수 있게 된다."(그림 2-38)[62]

그림2-37. 미하일 헨젤, 세계 무역센터의 기하학

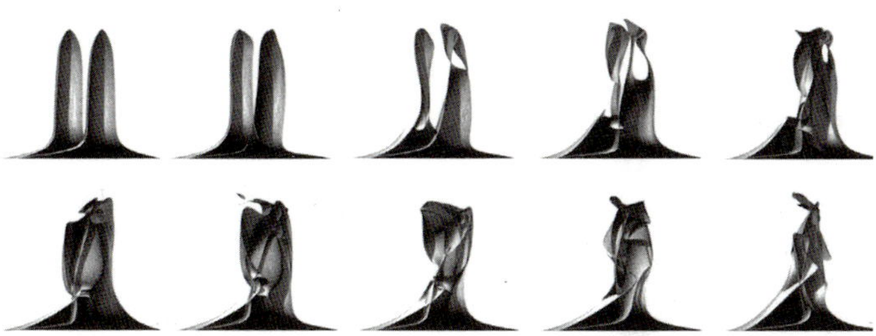

그림2-38. 미하일 헨젤, 세계 무역센터 빌딩의 형태 발생 과정

62) *Ibid.*, p. 31.

3) 계통 발생식 교배

FOA는 진화의 역사와 공통 조상을 가진 유기체들 사이의 관계를 보여주는 생물학의 분류 수법인 계통수(phylogenetic tree, 그림 2-39)를 자신들의 서로 다른 과거 건축 작업들과 타자의 작업들에 적용해 일련의 양상들을 반복하고 개량시키는 진화적 전략을 이용한다. 이것은 유형(type)을 하나의 고정된 구조로 보지 않고, 유형학을 개방된 유기적 구조로서의 일종의 유전자 풀로 설정하여 계통수 내의 이전의 계획들 사이의 교배에 의해 새로운 계획을 번식시키는 계통 발생식 교배의 수법이라 할 수 있다.

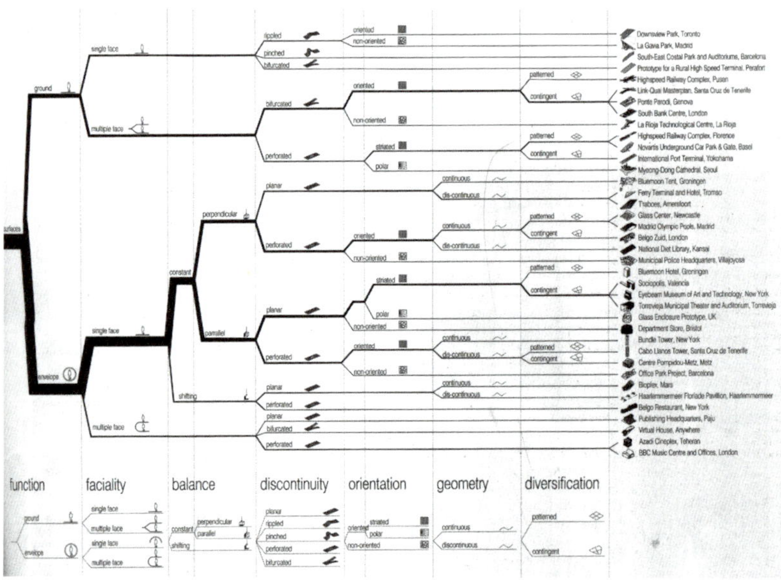

그림2-39. FOA, 계통수 체계

예를 들어 그들의 세계 무역센터 계획(그림 2-40)은 노이페르트(Neufert) 자료와 페트로나스 타워, 시어즈 타워들의 유형-유전자들로부터 교배되어 새롭게 창발되는 계통 발생식 교배의 수법[63] 이다. FOA는 자신들의 작품

63) FOA, "Types, Style and Phylogenesis", *Ibid.*, p. 38.

을 기본적으로 표피를 어떻게 해석하는 지에 따라 7가지의 횡단적 범주들로 분류하여 각각의 작품들을 그 범주들에 적용하여 단계별로 다음과 같은 일련의 계통수들을 만들고 있다:

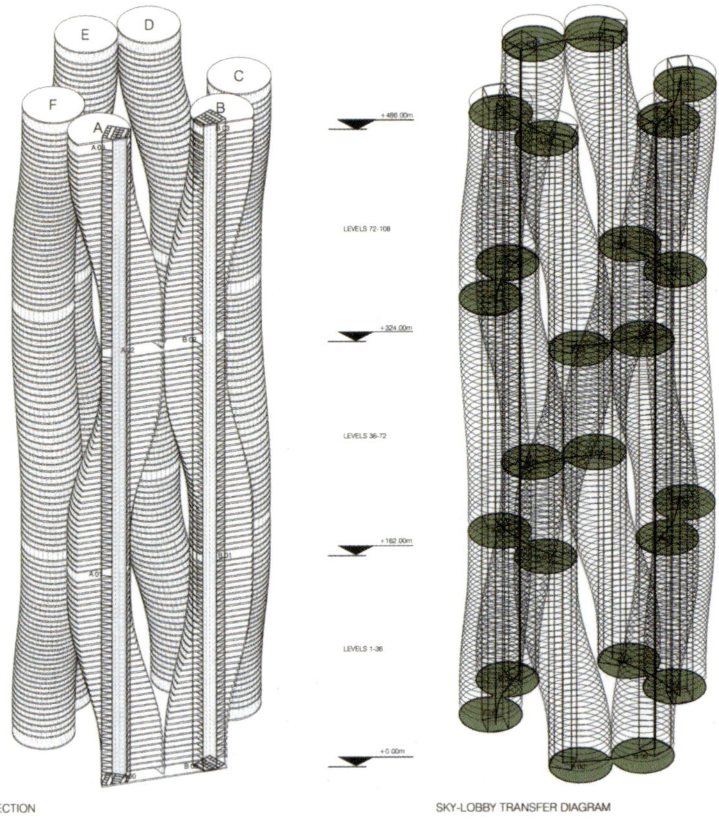

그림2-40. FOA, 세계 무역센터 계획

첫 번째 단계는 표피의 지배적 기능에 관한 것으로, 표피가 공간을 감싸는 기능인지(envelope), 혹은 연결 부지의 구축(ground)인지에 따라 분류한다;

두 번째 단계는 표피 위의 시설(facility)들에 관한 것으로, 이렇게 분류된 두 가지의 범주에서 각각 표피가 하나의 거대한 덩어리(monolith)이거나 바닥의 경우 같이 하나의 표면을 가지는 경우(single face)와 슬래브와 파사드, 혹은 각각의 층이나 천장 같이 표피가 공간을 다중으로 나누는 경우(multiple face)로 분류한다;

세 번째 단계는 표피의 중력에 대한 힘의 균형(balance)관계로, 그 힘이 불변으로 작용하는 경우(constant)와 계속 변하는 경우(shifting)로 분류하며, 불변의 경우 중력과 평행(parallel)하게 작용하면 벽체나 파사드이고, 중력과 수직적(perpendicular)으로 작용하면 바닥이나 지붕의 경우이다. 또한 표피가 중력에 대해 평행과 수직 사이에서 변화하면 지붕과 벽체가 연속적으로 일체화되는 방울 형상(blob)이나 우리 형상(shed)의 경우이다;

네 번째 단계는 표피의 불연속성(discontinuity)을 결정하는 특이적 유형학(typology of singularity)에 관한 것으로, 표피 특이성의 강도에 따르는 구배 속에서 분류된다. 표피가 연속적이고, 어떤 표피적 특이성을 가지지 않는다면 평면적(planar)이고, 어떤 국부적 변형이 있지만 중간의 중단(interruption)이 없다면 주름, 혹은 물결형(rippled), 특이성이 탄젠트가 90도 이상 될 정도로 특정 지점이 강조된다면 밀어 넣기(pinched)의 경우이고, 국부적으로 중단이 되는 경우는 구멍이 뚫리는(perforated) 경우, 그리고 국부적으로 중단되지만 서로 다른 높이나 켜, 혹은 공간 등에서 연속적으로 되며 동시에 연속성과 불연속성을 설정하면 표피가 분기(bifurcated)되는 상황이다;

다섯 번째 단계는 표피 특이성의 공간적 질서에 따르는 것으로, 표피가 방향성(orientation)을 가지는지의 여부에 따른다. 이 경우는 표피가 방향성을 가지는지(oriented) 혹은 가지지 않는지(non-oriented)의 경우로 분류되며, 방향성을 가질 경우 또한 홈이 패이는(striated) 식으로 평행한 방향을 가지는 경우와 방사선형(radial)의 방향을 가지는 경우로 다시 분류된다.

여섯 번째 단계는 표피의 기하학(geometry)의 연속성에 따라 분류된다. 표피가 탄젠트의 연속적(continuous) 변이를 가지면 부드러운 표피를 가지게 되며, 어느 한 순간 불확정적 탄젠트를 가지게 되면 불연속적(discontinuous)으로 되어 기하학적 연속성이 파괴된다.

일곱 번째 단계는 계통수의 모든 가지들이 방향성 속에서의 불연속성과 사건, 변화들이 표피를 가로질러 일정한 기초에서 일어나는 패턴화(patterned) 된 시스템으로 나타나는지, 국부적 특수성에 기초해 우연하게(contingent) 나타나는 지에 따른다. 여기서 우연적 변화는 국부적 특수성이나 상향식(bottom-up)으로 구축된 조직에 대응하며, 패턴화된 변화는 자기 결정의 능력이 국부적 특이성 보다 크게 되는 조직의 스케일을 가지거나 하향식(top-down)으로 구축된 조직에 대응하게 된다.[64]

그러므로 FOA의 작품은 단계별로 분류된 계통수 방식에 따라 분류될 수 있으며, 단계에 따라 계통 발생식으로 교배가 가능하게 된다.

4) 경쟁-자연 선택

FOA의 바르셀로나 남동 해변 공원 디자인(그림 2-41)은 진화의 기본적 메커니즘인 경쟁과 자연 선택의 방식을 도입한다. 이것은 나무 심기와 관개, 배수 사이의 적합한 관계를 얻기 위해 컴퓨터상에서 서로 경쟁하는 법칙

64) FOA, *Phylogenesis, foa's ark,* Actar, 2004, pp. 12–15.

체계를 설정하기 때문이다.[65] 이 계획에서 형태적 원형은 "내부 구조가 거의 없고 바람에 의해 형태가 만들어지는 물질적 조직인 해변의 모래 언덕에 기초하며, 프로그램의 배분은 순환의 네트워크로서 스포츠와 레저 행위들의 모델에 기초하게 된다."[66]

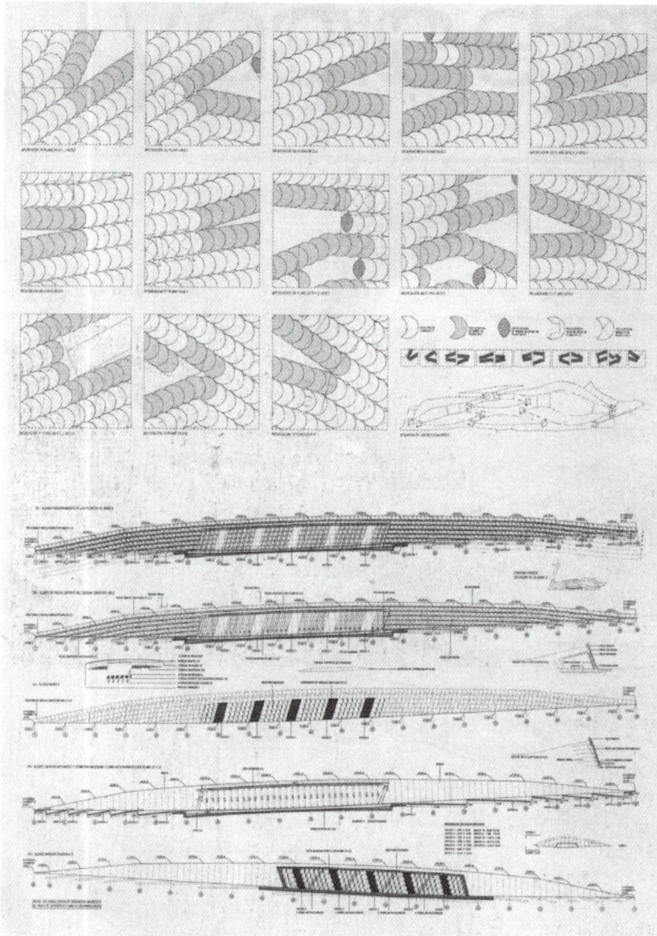

그림2-41. FOA, 바르셀로나 남동 해변 공원 계획

65) FOA, "Types, Style and Phylogenesis", *AD.,* 5/6, 2004, p. 39.

66) *Ibid.,* p. 36.

5) 돌연변이+외적 제한

그렉 린(Greg Lynn)은 진화의 중요한 메커니즘인 돌연변이를 이용하지만 그것을 무작위로 발산시키는 대신 외적으로 적절하게 제한하는 방식을 이용한다. 그렉 린이 최초로 착안한 개념은 1894년 윌리엄 베이트슨(William Bateson)이 인간의 엄지에 생긴 돌연변이 기형(그림 2-42)을 통해 연구한 "대칭과 불연속적 변양태의 이론",[67] 즉 베이트슨의 법칙이다. 베이트슨의 연구에 따르면 형태의 발생 과정에서 정보가 상실될 때 돌연변이는 정상보다 더 높은 대칭의 수준을 보여주어, 손의 대칭을 위해 네 개의 손가락과 대칭이 되도록 엄지를 대신해 네 개의 손가락을 더 하는 첫 번째의 경우나, 혹은 엄지 자체의 국부적 대칭을 위해 또 하나의 반대편 엄지로 대칭을 발생시키게 된다. 베이트슨의 연구에 따르면 이러한 돌연변이는 인간의 손가락 뿐 아니라 갑충목의 다리(그림 2-43, 44)에서도 나타나고 있다.[68]

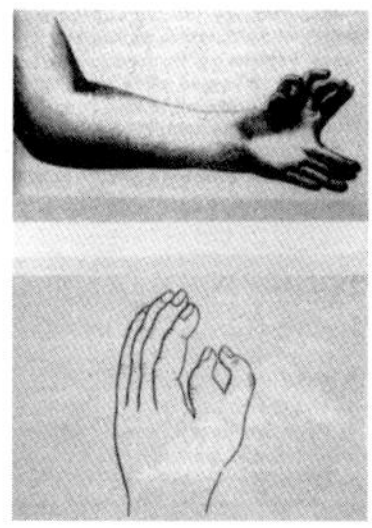

그림2-42. 인간의 엄지에 생긴 돌연변이 기형

그림2-43. 베이트슨이 분석한 갑충목 다리의 돌연변이 기형, 1894 정상적인 오른쪽 다리의 혼합된 조건은 별도로 한쌍의 왼쪽과 오른쪽 다리를 만든다.

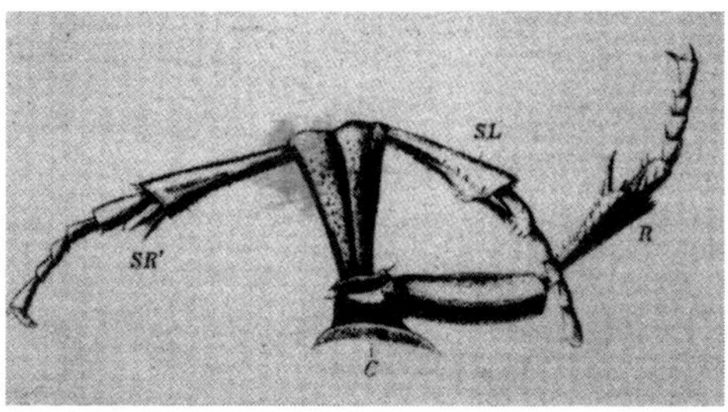

그림2-44. 베이트슨이 분석한 갑충목 다리의 돌연변이, 1894, 베이트슨의 법칙에 따라 정상적 다리는 별도의 오른쪽 다리에 의해 거울 평면을 따라 마주보게 되고, 그것은 또한 별도의 왼쪽 다리에 의해 거울 평면을 따라 마주보게 된다.

---

67) William Bateson, *Materials for the Study of Variation: Treated with Especial Regard to Discontinuity in the Origin of Species,* 1894, Johns Hopkins University Press, 1992, Greg Lynn, "The Renewed Novelty of Symmetry", *Assemblage* 26, MIT Press, April, 1995, p. 13 재인용.

68) 베이트슨은 인간의 손가락 뿐 아니라 갑충목(딱정벌레)의 다리에서도 마찬가지로 정보의 결여가 있을 때 이런 식의 좌우로 전체적, 혹은 이차적인 국부적 대칭화가 일어남을 밝혀냈다.

이 법칙에서 우리가 발견하는 것은 "질서와 변양태, 동종성과 이종성의 관계"[69] 이다. 여기서 질서는 정보와 차이(difference), 이종성, 조직화와 관계되고, 돌연변이로서의 변양태는 정보의 결여, 동종성, 차이의 결여, 비조직화와 관계된다. 베이트슨에게 돌연변이는 특별한 일시적, 환경적 조건들에 대응되는 성장과 변양태의 특수한 표현으로, 그는 이것이 일시적 돌연변이보다는 불연속적인 변양태로서 정상적 형태와 마찬가지로 유전이 될 수 있다고 주장한다. 그는 대칭이 전체 유기체의 본질적 질서가 아니라 최초의 최소 정보로 사용된 초기 설정치이므로 발생 과정에서 정보가 상실되거나 돌연변이를 일으키면, 성장이 차이를 지니는 비대칭으로 가는 대신 동종성이 증가하여 대칭으로 돌아간다고 논의한다.

베이트슨의 법칙에 의하면 정보, 즉 형태의 발생을 위해 비대칭을 선호하는 정보(혹은 대칭을 방해하는 정보), 다시 말해 유전 정보로서의 유전자는 발생인자가 아니라 발생과 성장 기간에 간헐적으로 적용되는 조절자로, 청사진을 제공하는 대신 단순한 초기 설정 조직을 배제해 결정적 시기에 분화를 통해 자신의 잠재적 다양성을 펼치기 위해 외부로부터 정보를 편입시켜 대칭을 파괴시킨다고 할 수 있다.

개구리의 미수정란에 자극을 주어 패턴을 형성시킬 때 처음 단계에서는 놀라울 정도의 방사적 대칭을 보여주다가 환경과의 상호 작용에 따라 대칭을 파괴하고 분화되어 더욱 복잡하고 이종적인 패턴으로 발전한다는 사실은 이를 입증해준다. 다시 말해 대칭은 기본적 질서의 상징이 아니라 외적 힘들과 환경과의 상호 작용의 결여에 기인하는 질서 결여의 결과이며, 정확함으로부터 비정확함으로의 대칭 파괴는 유연하고 적응적인 시스템의 특성이라고 할 수 있다.[70]

---

69) 이러한 관계가 베이트슨의 법칙의 주 내용이다. Mark Rakatansky, "A Re-examination of Bateson's Rule", in *Steps to An Ecology of Mind,* Chandler Publishing, 1972, pp. 379-396, Greg Lynn, *op. cit.,* 재인용.

70) *Ibid.,* p. 14.

그의 카디프 오페라 계획(1994, 그림 2-45, 46)은 내부로부터 무작위로 발생되는 분화와 돌연변이를 외부의 순응적 제약과 결합해 진화시킨 계획이다. 여기서 기존의 타원형 연못 형상과 대칭이라는 제약조건은 분화적 성장의 지침으로 되어 베이트슨 법칙을 따르는 갑각류의 대칭적 다리 돌연변이의 연속과 함께 부지에 대한 외적 제한과 결합되며, 결과는 예기치 못한 새로운 진화적 형태를 창발하게 된다(그림 2-47, 48, 49, 50).

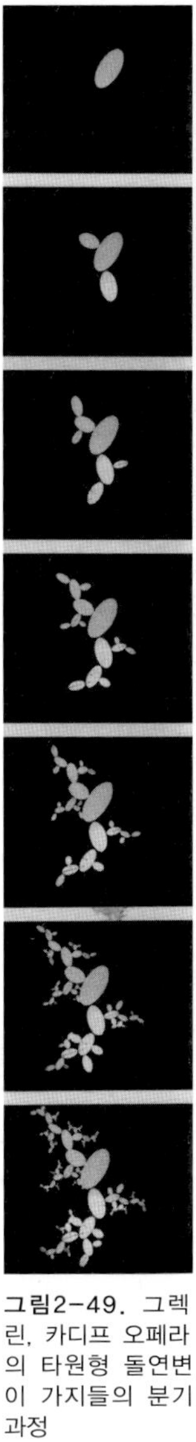

그림2-49. 그렉 린, 카디프 오페라의 타원형 돌연변이 가지들의 분기 과정

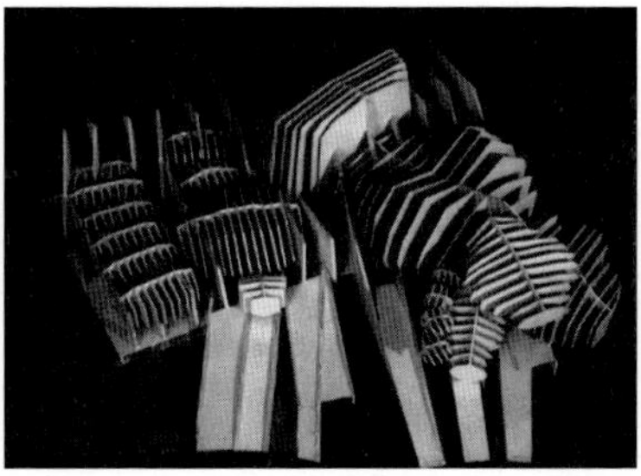

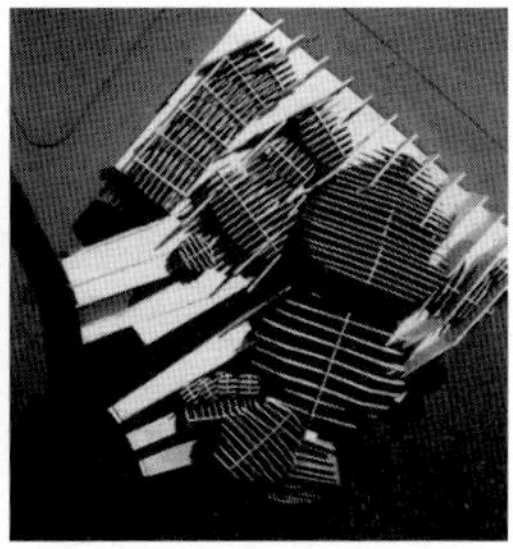

그림2-45, 46. 그렉 린, 카디프 오페라 계획, 1994

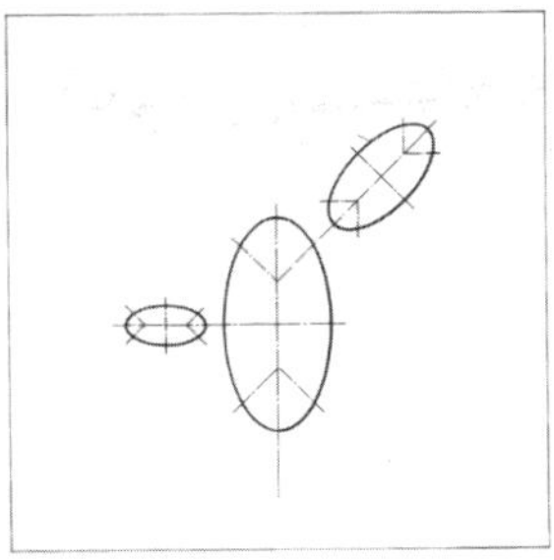

그림2-47. 그렉 린, 카디프 오페라의 1세대 타원형 가지

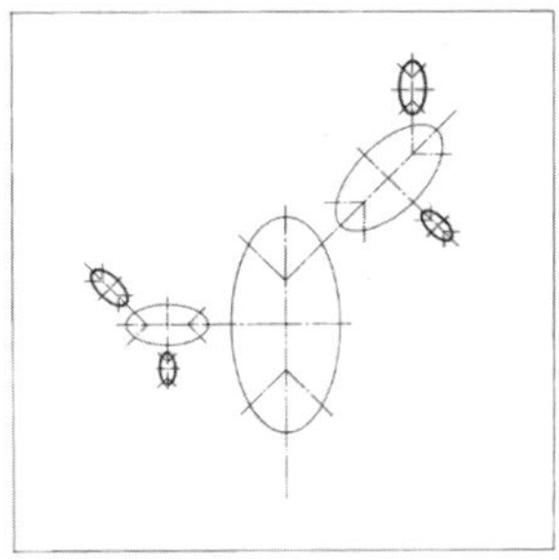

그림2-48. 그렉 린, 카디프 오페라의 2세대 타원형 분기 가지들

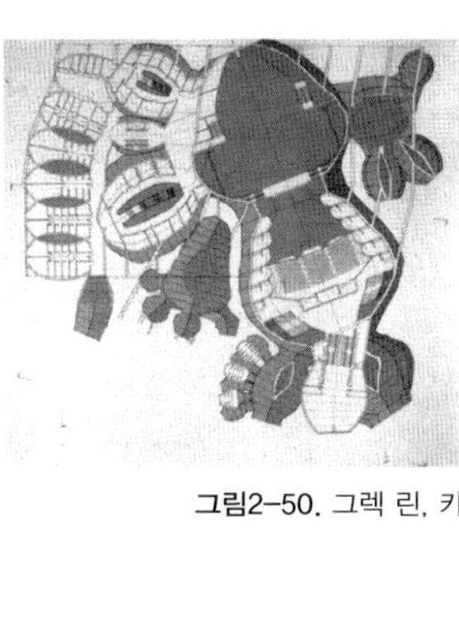

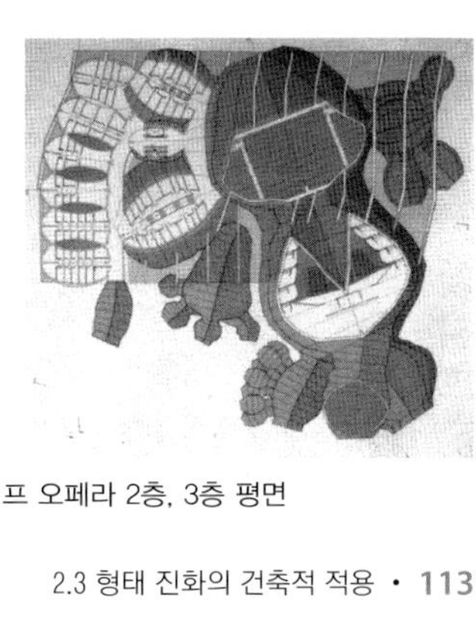

그림2-50. 그렉 린, 카디프 오페라 2층, 3층 평면

그의 배아 주택(1999, 그림 2-51) 역시 무한한 돌연변이의 모델들을 포괄적 외피의 기하학적 제한과 결합하여 생활주기, 부지, 기후, 건설방법, 재료, 공간 효과, 기능, 미적 효과 등에 대한 적응을 통해 진화시킨 방식이다. 이것은 처음에 6개의 원형적 모델이 개발된 후 각각의 돌연변이들에 의해 어느 것도 동일하지 않은 패널들을 가지게 되는 다양한 변양태들로 되지만, 2,048개의 패널, 9개의 철골, 72개의 알루미늄 버팀목, 외판 일체식 고정구조 쉘이라는 외적 제한[71] 에 의해 일정한 큰 틀을 유지하게 되는 방식이라 할 수 있다.

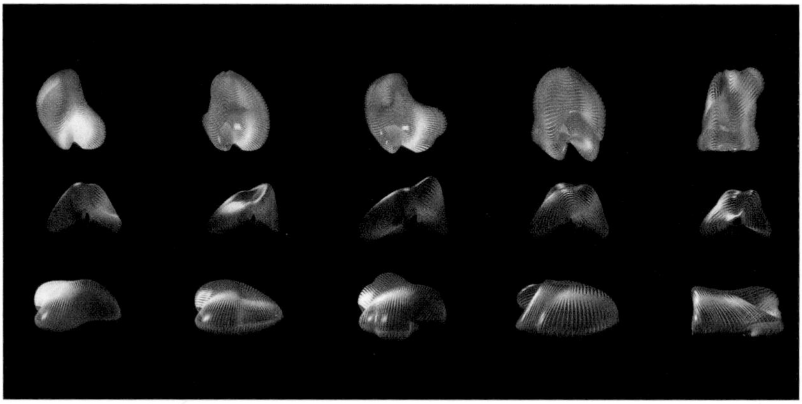

그림2-51. 그렉 린, 배아주택, 1999

6) 발생 알고리즘 + 진화 알고리즘

건축에서 진화적 형태의 궁극적 적용은 발생 알고리즘과 진화 알고리즘을 결합한 형태인 '발생적 형태 모델링과 제작'(Generative Form Modelling and

71) Greg Lynn, "Embryonic Houses", *AD.,* 6, 2000, p. 32.

Manufacturing: Genr8)[72]의 사용으로부터 나온다. Genr8은 진화적 연산과 발생적 연산, 물리 환경 모델링 모두를 통합한 것으로, 개체군에 의한 문법적 진화(진화적 알고리즘)와 확장된 Map L-시스템(발생 알고리즘)을 조합한 것이라 할 수 있다.

이 모델은 많은 세대 내에서 다양한 표피들의 개체군을 만들어내는 진화적 모듈에 의해 가능하게 되는데, 이것의 성장 과정은 초기의 유전자형인 HEMLS (Hemberg-Extended-Map- Lindenmayer-System)에 의해 제공되어 발생 알고리즘으로서의 Map L-시스템이 3D 공간에서 표현형으로서의 표피의 성장을 허용하도록 확장시키는 것이다.[73] 이 모델에서 초기의 모든 표피는 등변의 다각형이지만 이후에 각각의 표피는 L-시스템에 의해 일련의 법칙을 따라 반복해서 수정되어 더 크고 복잡한 형태로 성장하게 된다.

여기서 표피는 일련의 가장자리, 정점, 영역들로 구성되는데, 모든 가장자리들은 성장 과정 중에 수정될 수 있으므로 표피의 모든 부분들은 계속해서 변화하게 된다. HEMLS의 해석은 비선형적이므로 성장 과정의 결과를 예측할 수 없으며, 표현형적 결과들은 유전자형의 특이성과 환경적 조건들 모두에게 영향을 받는다. 그러므로 성장 과정을 형태 발생과 결합할 때 그 시스템을 중력, 경계, 끌개들을 가지는 가상 환경의 맥락에 위치시키는 것이 필수적이라고 할 수 있다.

Genr8의 진화 알고리즘적 특성은 개별적 디자인의 개체군들 중 최적의 것을 발견하여 발생시키며, 이후 선호되는 조상의 형상들을 비선형적 방식

72) Genr8은 Map L-시스템을 사용하는 창발 시뮬레이션을 위한 소프트웨어로, 처음에 세포들 사이의 이웃관계를 설정하고, 다음에 결과적 도형에 대한 기하학적 매개변수들을 지정함으로써 연산하는 기하학적 해석을 가지는 L-시스템 종류이다. 문법에 기초한 법칙들은 모델의 위상 기하학을 명시하는데, 그것은 순서에 따라 자신의 기하학을 결정한다. 이것은 문법적 진화와 함께 추상적인 물리적 환경으로 확장되는 3D L-시스템을 조합한다. 또한 확률적이고 진화적이며 환경에 기초한 구조와 표면 기하학을 가능케 해주며, 특히 진화적 적응 동안 이용자가 작업을 자유롭게 중단하고 다시 개입하는 것을 허용해준다. Peter Testa, Devyn Weiser, *op. cit.*, p. 15 참조.

73) 자연에서 유전자형은 개체의 유전적 조직으로 구성되지만, 표현형은 유전자형과 환경 사이의 상호작용에 의한 산물이다.

으로 통합하는 디자인을 만들어 내도록 재결합하고 수정한다. 이것은 과정 중에 중단, 중재, 재개(IIR: Interruption, Intervention, Resumption) 기능의 수행을 통해 디자이너와 진화 과정 사이에 상호 작용의 가능성을 만들어 준다. 즉 중단은 디자이너에게 언제라도 진화적 탐색을 중단하도록 허용해주어 디자이너가 자유롭게 개체나 개체군을 보내고 분석할 수 있도록 해주며, 환경을 포함한 실행 시간 매개변수와 모든 설정치들을 조절하여 중재할 수 있으며, 궁극적으로 디자이너는 그것이 중단된 곳에서 진화적 탐색을 재개할 수 있는 것이다. 결과적으로 Genr8 내의 IIR 조건은 외적 분석과 평가가 형태 발생 과정으로 다시 피드백 될 수 있도록 허용하는 포괄적인 진화 과정을 추진한다고 할 수 있다.[74]

예를 들어 아힘 멩게스의 AA 스쿨에 세워지는 공기 구조식 딸기 바 실내 디자인(그림 2-52, 53)은 구조적 용량과 기하학적 특성을 유지한 채 생식,

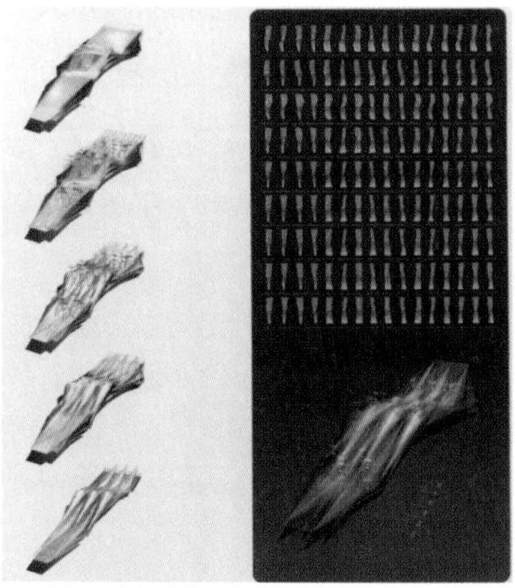

그림2-52. 아힘 멩게스, AA 딸기 바 디자인 과정

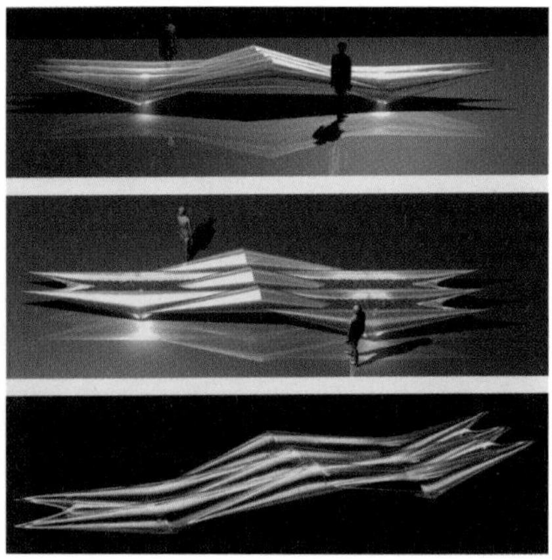

그림2-53. 아힘 멩게스, AA 딸기 바

74) Dr Una-May O'Reilly, Martin Hemberg, Achim Menges, "Evolutionary Computation and Artificial Life in Architecture: Exploring the Potential of Generative and Genetic Algorithms as Operative Design Tools", *AD,* 5/6, 2004, p. 51.

돌연변이, 경쟁, 선택의 진화적 방식을 채택한 것으로, 초기 개체로서 공기 구조적 요소가 잘려진 패턴의 기하학으로 설정되고, 성장의 스케일 인자, 분기 길이, 분기 각도 같은 매개 변수들에 의해 전체적 파동과 표면의 세분화가 발생하도록 된 것이다. 이것의 선택 연산자는 기하학이며, 평가 기준은 창발하는 종들 사이의 특별한 기하학에 어울리는 상대적 적합도라 할 수 있다.

결과적으로 생물체의 다양한 형태는 복잡계 속에서 환경과 상호 작용을 하는 가운데 형태 발생과 진화의 과정에 의해 창발한다고 할 수 있다. 건축 역시 환경의 한 부분이라는 점에서 이러한 생물체의 형태 발생과 진화의 방식을 적용할 수 있을 것이다. 물론 생물학의 영역을 건축 디자인에 응용하는 사례는 아직까지 주로 AA의 창발 디자인 그룹이나 그렉 린, 네덜란드의 소수 그룹들의 실험적 디자인에서만 나타나고 있다. 또한 디자인 과정에 생물학적 발생과 진화의 과정을 도입할지라도 일단 완공된 건물에 진화과정을 다시 적용하는 것은 무리라고도 할 수 있다. 사용자와 주변 환경과의 의사소통 및 상호 작용에 의한 건물의 형태는 한정적으로만 가변화될 수 있기 때문이다. 그러므로 이러한 2차적 진화의 방식에 관한 실험이 향후의 과제라 할 수 있을 것이다.

3 생물학적 자기 조직화의 건축적 적용

Architectural Application of Biological Self-Organization

3.1 창발과 자기 조직화

생물학은 20세기의 지도적인 과학 담론이었으며, 21세기 역시 생물학이 과학 담론의 중심적 위치에 있다고 해도 과언이 아니다. 독일의 건축가 프라이 오토는 이미 1970년대 초부터 생물학을 건축의 중심적 주제로 설정했으며,[1] 최근의 건축적 양상은 더 나아가 생물학을 앞으로 건축이 취해야 할 새로운 패러다임으로까지 설정하고 있다. 복잡한 형태와 기하학의 디자인과 제작, 하부 구조, 정보 네트워크의 다양한 위상 기하학을 가능하게 해주는 발전된 컴퓨터 기술과 인공 두뇌학적 연구들은 건축의 디자인 단계에서부터 재료의 선택, 시공 과정, 그리고 건축물의 유지에 이르기까지 전체의 과정을 하나의 유기적 생물체가 환경 속에서 발생되고, 최적화를 이루며 진화해가는 과정으로 보는 것을 가능하게 해주기 때문이다.

---

1) 프라이 오토는 "생물학이 건물에 필수적으로 된 것 뿐 아니라 건물 역시 생물학에 필수적인 것으로 되었다"고 주장했다. Frei Otto, *IL3 Biology and Building,* IL University of Stuttgart, 27, 1971, pp. 7–8, Michael Hensel, Achim Menges, Michael Weinstock, *Emergent Technologies and Design*, Routledge, 2010, p. 12 재인용.

다양한 생물학적 담론들 가운데에서도 최근의 건축에서 가장 빈번하게 응용되고 있는 것은 하나의 계가 미시적 수준에서 부분들 사이의 상호 행위로부터 역동적으로 발생하는 거시적 수준에서의 응집된 출현들로서의 속성과 행태, 구조 등을 보여주는 '창발'(emergence) 현상이며, 이 가운데에서도 창발의 중심적 요소, 즉 '계가 외적 제어 없이 자체적으로 구조를 얻고 유지하게 되는, 동역학적이고 적응적 과정'[2] 인 생물체의 자기조직화(self-organization) 현상이라고 할 수 있다. 이것은 복잡한 형태와 구조, 스마트 재료와 시스템들을 요구하는 현대의 건축이 필요로 하는 종합적 메커니즘이기도 하다.

창발은 새로운 과학이며, 건축 문화 내의 중요한 변화를 주도한 새로운 영역으로, 복잡계의 행태에 대한 이해와 그런 지식들을 건축의 디자인과 생산으로 전이시키기 위한 방식들 모두를 포함하기 때문이다. 창발은 또한 자연계가 자신을 진화시키고 유지하는 방법에 대한 설명이자, 최근에 복잡한 행태와 실제적인 지능까지도 보여주는 건축적 형태의 디자인과 제작을 위한 일련의 모델과 과정들에 대한 설명을 제공해주기 때문이기도 하다.

창발과 자기 조직화 모두는 시간과 공간 속에서 환경과 구성 요소들의 다양한 상호 행위를 통해 형태와 행태의 복잡성을 발전시키는데, 이러한 비선형적인 과정을 통해 얻는 복잡한 형태와 행태는 건축의 형태와 행태에 그대로 적용될 수 있다는 점에서 특별한 의미를 가진다. 건축에서 스스로 구조와 형태의 최적의 상태를 이루게 하며, 특별한 형태와 행태를 만들어 내는 자기 조직화의 메커니즘은 증가하는 복잡성 속에서 창발되는 것으로,

2) Tom de Wolf, Tom Holvoet,, "Emergence versus Self-organisation: Different Concepts but Promising when Combined", *Engineering Self-Organising Systems: Methodologies and Applications,* Lecture Notes in Computer Science/ Lecture Notes in Artificial Intelligence, New York: Springer, 1-15, 2005, *Ibid.*, 재인용.

그러한 의미에서 인공 지능과 동역학계, 시스템 이론[3] 등과 공통의 개념적 기초를 가진다고 볼 수 있다.[4] 그러므로 복잡성을 증가시키는 다양성의 증가, 즉 분화(differentiation)와 종속성의 증가, 통합 모두는 자기 조직화에서 중심적 과정이라고 할 수 있다.

3.2 자기 조직화의 개념과 건축적 행태

1) 자기 조직화의 용어적 배경

자기 조직화는 생물계의 자발적 질서 구축원리로 폭넓게 사용되고 있지만, '자기 조직화'라는 구체적 용어의 최초의 사용은 이마누엘 칸트가 「판단력 비판」(Critique of Judgement, 1790)에서 "기관들의 시스템이 조직화되고, 자기 조직화된다"[5] 고 언급함으로써 시작되었다고 할 수 있다. 이 용어는 1947년에 심리학자이자 공학자인 애쉬비(W. Ross Ashby)에 의해 다시 현대 과학의 영역으로 도입되었고, 1961년부터 노르베르트 비너(Norbert Wiener) 등의 인공 두뇌학자들에 의해 인공두뇌학의 영역에서 사용되기 시작했다. 이후 이 용어는 1960년대에 걸쳐 일반 시스템 이론 영역에서 넓게 사용되었으나, 일반적인 과학적 용어로 자리잡은 것은 1970년대 말 이후 일리야 프리고진(Ilya Prigogine)이 복잡성 이론(Complexity theory)을 주장하면서부터라고 할 수 있다.[6]

3) 일반 시스템 이론은 베르탈란피(Karl Ludwig von Bertalanfy)가 거의 전적으로 정립한 이론으로, '유기체, 조직된 전체를 형성하는 모든 이념, 모든 원리들의 부합'으로서, 시스템은 '부분들이 단순히 모여 만들어진 집합이 아니라 전체는 부분과, 부분은 부분끼리 서로 유기적 관계를 가지는 조직적 구성'을 의미한다. 그러므로 시스템 이론은 세계를 모든 현상의 상호 연관성과 상호 의존성으로 파악하며, 구성 요소들로서의 부분으로 환원될 수 없는 통합된 전체를 시스템으로 본다. 김자경, 「자연과 함께하는 건축: 환경 친화적 건축개념에서 기법까지」, 시공문화사, 2004, p. 46; 유명희, "자기 조직화 이론과 현대 건축 공간구성의 상관성 연구", 「홍익대학교 박사학위논문」, 2004, p. 15 재인용.

4) 현대의 인공두뇌학에서는 계들이 복잡성 속에서 증가하고, 자연적 진화 속에서는 계들이 세포에서부터 다중세포적 유기체들에 이르기까지, 그리고 인간으로부터 사회와 문화에 이르기까지 증가하는 복잡성 속에서 창발된다는 것이 하나의 공리이다.

5) 유명희, *op. cit.*, p. 31.

6) http://en.wikipedia.org/wiki/Self-organization, *Ibid.*, p. 23 재인용.

복잡성 이론은 1990년대 중반에 이르러 이론 생물학자 스튜어트 카우프만(Stuart Kauffman)의 저서 「우주 속의 안식처: 자기 조직화와 복잡성의 법칙을 찾아서 (한국어 번역서 제목: 「혼돈의 가장자리」, *At Home in the Universe: The Search for the Laws of Self-Organization and Complexity*, 1995)에 의해 대중적으로도 유명해진 이론으로, "소위 조직화된 복잡성의 탁월한 예로서의 유기체는 사물들의 질서 속에 충분히 안거하며, 천문학적으로 희귀한 사건이 아니라는 것"[7]을 전제로 한다. 카우프만에 의하면 여기서 '자기 조직화'는 외적 자극이 없이 진화하는 계의 능력으로 정의된다.

카우프만은 "혼돈의 가장자리"(the edge of chaos), 즉 "조직화된 복잡성의 본거지"(the home of organized complexity)가 시장 경제의 철저히 자연화된 형태를 연관시킴으로써 어떤 확실한 민주주의의 근원적인 갈등적 차원을 길들이는 데에 누적적인 효과를 가질 수 있다고 주장한다.

그는 나아가 "복잡성의 과학이야말로 질서가 우연한 것이 아니고, 자발적 질서를 도출하는 위대한 기질들이 가까이에 존재하며, 복잡성의 법칙은 자연에 존재하는 질서의 대부분을 자발적으로 만들어낸다는 것, 그리고 다윈이 말한 자연 선택은 단지 그 다음 단계에서야 더 가꾸고 세공할 뿐"[8] 이라고 역설한다. 그러므로 "자발적인 질서의 영역이 훨씬 더 광대하고, 심오한 질서는 거대하고 복잡하고 외관상 무작위적인 계에서 창발되는 것으로, 이 창발되는 질서, 즉 자기 조직화가 생명의 기원 자체 뿐 아니라, 오늘날 생물들에서 볼 수 있는 대부분의 질서의 기초"[9] 임을 주장한다.

---

7) Reinhold Martin, "Naturalization, in Circles: Architecture, Science, Architecture", Philip Beesley, Sarah Bonnemaison eds., *On Growth and Form, Organic Architecture and Beyond,* Tuns Press and Riverside Architectural Press, 2008, p. 102.

8) Stuart Kauffman, *At Home in the Universe: The Search for the Laws of Self-Organization and Complexity,* 국형태 역, 「혼돈의 가장자리」, 사이언스 북스, 2002, p. 22.

9) *Ibid.,* p. 23.

2) 자기 조직화의 건축적 배경

건축에서 자기 조직화의 과학적 개념을 최초로 시도한 자는 크리스토퍼 알렉산더(Christopher Alexander)라고 할 수 있다. 그는 자신의 저서 「형태의 합성에 관한 기록」(Notes on the Synthesis of Form, 1964)에서 "자신을 의식하지 않는"버나큘라 디자인을 "자기 조직화하는"디자인이라 설명하고, 후에 스튜어트 카우프만이 주장하듯, "자기 조직화가 탈정치화되고 완전히 '자연적인'사회적 구조"[10] 를 의미한다고 주장하며 이러한 생명 계를 디지털 모델화하고, 아직 컴퓨터 모델링의 도구화는 아니지만 자연스럽게 생태학으로 진화해가는 다이어그램들을 책에 실으려 했기 때문이다. 실제로 카우프만과 알렉산더는 동일한 주제에 대해 서로 상보적으로 접근한 것으로, 알렉산더가 자기 조직화를 건축의 새로운 배경으로 보았다면, 카우프만은 안식처의 건축적 형상을 복잡성 이론을 위한 목적인으로 보았다고 할 수 있다.[11]

자기 조직화 이론이 건축적으로 실현된 더욱 극적인 사례는 1985년 저널 「네이처」(Nature) 지의 표지에 실린 새로운 건축적 구조에서 찾아볼 수 있다. 그것은 해롤드 크로토(Harold W. Kroto)와 릭 스몰리(Rick Smalley), 로버트 컬(Robert F. Curl) 등의 화학자 팀이 우연히 발견한 새로운 탄소 형태, 즉 탄소

그림3-1. 해롤드 크로토,
릭 스몰리, 로버트 컬, 버키볼의 발견 C_{60} 의 이미지

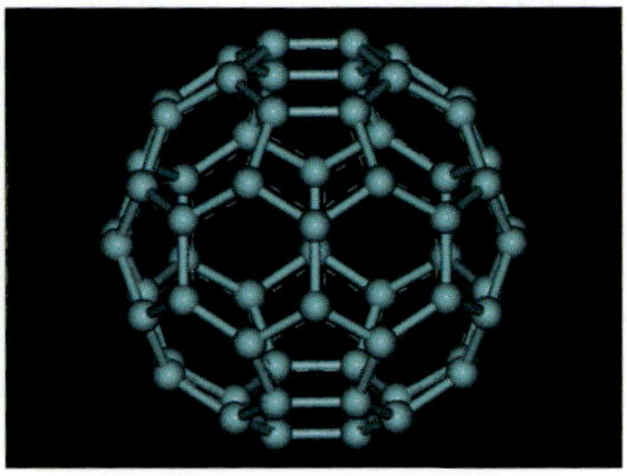

그림3-2. 벅민스터풀러린
(Buckminster Fullerene)의 구조

10) Reinhold Martin, *op. cit.*, p. 103.

11) *Ibid.*

원자 60개로 안정되는 새로운 탄소 분자, C_{60} 의 이미지(그림 3-1, 2)로, 그것의 다이어그램 이미지는 벅민스터 풀러가 이미 1950-60년대 구상하고 실천했던 지오데식 돔의 기하학적 이미지에 기초했기 때문이다.

이들은 처음에 레이저 아래에서 흑연이 증발했을 때 우연히 나타난 분자의 구조를 설명하기 위한 기하학적 난관에 접한 후, 풀러의 돔(해롤드 크로토가 보았던 풀러의 엑스포 67 지오데식 돔, 그림 3-3, 4)을 연상하여 풀러가 기존에 유니

그림3-3. 벅민스터 풀러, 엑스포 67 미국관

그림3-4. 엑스포 67 미국관의 수많은 육각형들과 소수의 오각형으로 이루어진 돔의 표면

언 탱크 자동차 회사를 위해 지었던 지오데식 돔의 사진을 참조해 종이 모델로 계속 실험한 끝에 이 모델을 만들어낸 것이다. 결정적으로 이들은 풀러의 돔 모델을 통해, 60개의 정점을 가지는 회전 타원체를 만들기 위해서는 수많은 육각형들에 12개의 오각형을 더 첨가해야 한다는 사실을 밝혀냈으며, 탄소원자 60개가 육각형들과 12개의 오각형 형상으로 결합된 새로운 분자, 즉 풀러를 기리기 위해 새롭게 명명된 탄소 분자인 벅민스터풀러린(buckminsterfullerene)을 고안해냈다고 할 수 있다.[12)]

이들의 다이어그램은 이후 또 다른 팀인 도널드 허프맨(Donald R. Huffman)과 볼프강 크래츠머(Wolfgang Krätschmer)로 하여금 이들의 아티클이 실린 「네이처」지를 보고 실제로 5년 후인 1990년 C_{60}을 결정 형태로 합성하는데 성공하도록 만들었으며, 나아가 1990년 9월 「네이처」지에 '분자의 우아한 구

12) 이후 라이스 대학교 수학과에서 행한 실험은 어떤 경우에라도 이것은 육각형들과 12개의 오각형들로 결합된 축구공, 즉 버키볼(bucky ball)이라고 결론을 내렸다.

조'란 제목으로 결과가 실리도록 했다. 이 벅민스터풀러린은 건축 이미지를 통해 자연 속에서 자기 조직화를 통해 완벽한 대칭의 아름다움으로 구축된 새로운 형태라고 할 수 있다. 풀러가 지오데식 돔을 통해 항상 주장했던 경제 원리의 주제, 구에서와 같이 "최소의 재료로 최대의 면적을 얻는 방식"이야말로 자연 속의 자기 조직화 과정이 항상 향하는 방향이기 때문이다.

3) 자기 조직화와 창발의 개념

자기 조직화는 복잡계 속에서 창발과 함께 나타나는 과정이다. 여기서 복잡계란 "수많은 구성 요소들이 비선형적 상호 작용을 통해 얽혀 있어서 거시적으로 창발 현상이 일어나는 계"[13] 를 의미하는 것으로, 자연의 생태계,[14] 인간, 사회 환경, 도시 등의 모든 계들은 이런 복잡계에 속한다고 볼 수 있다. 모든 계들은 복잡성 속에서 증가하고, 자연적 진화 속에서는 계들이 세포로부터 다중 세포적 유기체까지, 그리고 인간으로부터 모든 사회와 문화에 이르기까지, 증가하는 복잡성 속에서 창발한다.

(1)창발

창발은 복잡계에서 나타나는 현상으로, 이전에는 보이지 않던 것이 갑작스레 나타나는 것을 의미하며, 하위 수준에서 예측될 수 없는 새로운 속성

13) 윤영수, 채승병, 「복잡계 개론」, 삼성경제연구소, 2005, p. 164, 이승재, "도시-건축연구의 복잡계 연구방법론 적용에 관한 고찰", 「대한건축학회 논문집」, 2009, 8, p. 136, 재인용.

14) 생태계는 다음과 같이 5가지의 특성들로 설명될 수 있다: 첫째, 생태계는 수많은 종들로 구성된다. 둘째, 에너지의 통풍과 전이, 자신들의 임의적 경계들을 가로 지르는 유기체들과 물질의 교환에 의해 열역학적 평형으로부터 멀리 유지시키는 열린 계이다. 셋째, 적응적이며, 개체들의 행태적 조절과 개체군들의 속성 내의 다윈식 유전자 변화 모두에 의해 변화하는 환경에 대응한다. 넷째, 부분적으로는 모든 유기체들이 서로의 공통의 조상으로부터 전해 내려가는 위계적 패턴 내에서 유전자적으로 연관되기 때문에 비가역적이다. 다섯째, 복잡하고 비선형적인 동역학들의 풍부한 변양태를 보여준다. James H. Brown, "Complex Ecological Systems", G.A. Cowan, A Pines, S. Meltzer eds., *Complexity: Metaphors, Models, and Reality*, Santafe Institute: Studies in the Science of Complexity, Addison-Wesley, 1994, pp. 419-43, Michael Hensel, Achim Menges, Michael Weinstock, *op. cit.*, 재인용.

이 상위 수준에서 나타나는 것을 의미한다. 이것은 "전체가 부분들의 합보다 더 큼"[15] 을 의미하는데, 생명체의 형태 발생 같은 것이 이것의 대표적 예이다.[16] 그러므로 과학적 관점으로 볼 때 창발은 "환원될 수 없는 복잡성을 가지는 계에 의한 형태와 그것들의 행태의 생산"[17] 을 의미한다. 즉 전체는 다른 수준의 조직과 통합 사이의 연속적인 상호 작용의 과정을 통해 창발되는, 구별되는 자질들을 가지게 되는 것이다.

복잡계의 과정은 자연계와 문화계의 모든 형태들을 창발시키고, 다듬고, 유지시키는데, 그런 과정들은 에너지와 물질, 정보들의 환경과의 교환에 의해 유지된다. 나아가 살아있는 형태들은 그들의 행태와 기하학의 변화하는 양상들, 그리고 많은 세대에 걸친 반복에 의해 또한 그들의 연속성과 통합을 유지시킨다. 이러한 형태들은 다양한 개체군들 속에서 존재하며, 형태들 사이의 소통이 효율적인 곳에서 집합적 행태와 지능, 문화들이 창발한다. 여기서 전체의 형태는 더 높은 수준의 조직과 복잡성을 가진 계의 구성 요소로 통합될 수 있으며, 하나의 과정을 위한 계는 또 다른 과정을 위한 환경으로 될 수 있다.[18]

이런 창발 과정은 일련의 물리학 법칙으로 설명될 수 있는데, "박테리아의 군집(그림 3-5)으로부터 도시나 국가의 창발(그림 3-6)에 이르기까지 모든 자연의 현상들은 아무리 길고 완곡한 과정을 가지더라도 궁극적으로 물리

15) 이 개념은 아리스토텔레스로까지 거슬러 올라갈 수 있다. 그는 "전체는 그 부분들 이상과 그것을 넘어선 어떤 것으로, 그것들 모두의 단순한 합만이 아니다"라고 말했다. Aristotle, *Metaphysics,* 350 BC.

16) Ernst Mayr, *This is Biology,* 최재천 외 역, 「이것이 생물학이다」, 몸과 마음, 2002, p. 48.

17) Michael Weinstock, *The Architecture of Emergence,* Wiley, 2010, p. 31.

18) 예를 들어 인간의 신체를 구성하는 물질들은 그 자체로 뒤얽힌 건축을 가지는데, 분자들의 뒤얽힌 구조 속으로 원자들을 기하학적으로 배치하고 결합하는 것, 그 분자들을 더 복잡한 단백질의 건축으로 배치하는 것 등은 점점 증가하는 복잡성 속으로의 위계적 구조들의 시작이라 할 수 있다. 즉 인간의 생명은 우리의 모든 구성 부분들의 과정에 종속되지만 우리의 부분들이 전적으로 인간의 행태를 결정하거나 유기체의 행태를 결정하는 것은 아니다. 다시 말해 복잡계의 과정은 원자와 분자 수준에서 수행하는 기저의 물리학 법칙들과 일치하지만, 그것들이 원자와 분자의 자질들로 궁극적으로 환원될 수는 없다. *Ibid.,* pp. 32, 33.

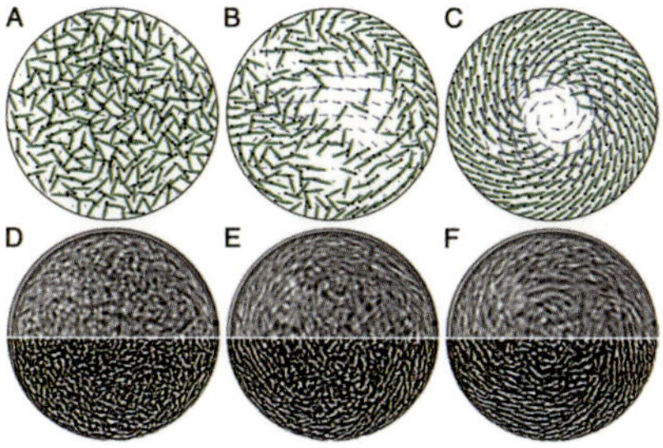

그림3-5. 박테리아의 군집이 보여주는 자기 조직화

그림3-6. 홍콩 주룽 지역 도시의 자기 조직화

학의 법칙으로 환원 가능한 물질적 과정에 의해 만들어지는 것이다".[19] 그런데 환경과 그것이 구성되는 계 사이의 물질적 교환과 에너지는 개체적 계가 만들어지는 초기 조건과 시간에 걸친 발전의 동역학을 결정하는 것으로, 환경은 그 내부의 모든 계들에 대해 작용하며, 거꾸로 각각의 계들의 경계를 가로지르는 에너지와 물질의 흐름은 그 환경을 수정한다.

여기서 각각의 교환은 많은 다른 스케일의 차원과 시간에서 일어나는데, 그러므로 계들 사이의 상호 작용은 복잡하며, 다양한 요동과 변양태들에 종속된다. 결과적으로 볼 때 복잡계 내의 자기 조직화와 창발은 서로 다른 행태적 특성을 지닌다. 즉 "개미나 반딧불 같은 군집 개체군들의 동조 현상이나 사회에서의 집단행동, 뇌세포들이 만들어내는 기억이나 인지, 개별 행위자와 단위 공간이 만들어내는 거대 도시"[20] 같은 창발 현상은 외적 힘들을 배제하지 않지만, 자기 조직화는 외부적 제어 없이 시스템들이 구조를 얻고 유지하게 되는 역동적이고 적용적인 과정을 의미한다.

(2) 자기 조직화

복잡계 내의 창발과정인 자기 조직화는 아세포(subcellular)에서부터 생태계에 이르기까지 생물 조직의 성장의 기초를 이루는 과정으로, 환경 속에

19) E.O. Wilson, *Consilience: The Unity of Knowledge*, Alfred Knof, 1998, pp. 55, 226.

20) 이승재, *op. cit.*, p. 137.

서 자신의 행태에 영향을 미치며 자기 조직 자체를 일종의 에너지 교환 체계로 간주해 열역학적 개방계에서 자신의 계와 환경 사이의 에너지를 교환하는 자발적 발현 과정이다. 이것은 "수많은 단순 개체들이나 행위자들이 환경 속에서 협동하며 집합체로서 더욱 복잡한 행태를 형성할 때 나타나는 창발 과정"[21]이다.

이것은 또한 복잡계 내의 많은 개체들 사이의 되먹임(feedback)의 결과라고 할 수 있다. 즉 "계 전체와 개체들 사이의 경쟁과 협력에서 통제 없이 규칙이 형성되고, 내적 변화와 외부 환경에 대한 항상성을 가지기 위한 되먹임과 복수의 자기 조절 수준을 가지게 되며, 다층의 수준에서 창발 현상이 나타나는 것"[22] 을 의미한다.

자기 조직화는 무엇보다 계의 내적 조직이 외부로부터 어떤 압력도 없이 특별한 기능을 추진하기 위해 환경에 적응되는 과정이다. 발생 생물학적 관점에서 이것은 유기체의 발생과 성장, 세포의 수와 크기가 증가하는 세포 성장의 제어와 세포들이 유형을 획득하게 되는 분화, 조직과 기관, 전체 유기체의 형태, 특화된 세포 유형의 위치 등을 포함하는 형태 발생 등의 모든 과정을 의미한다.

형태의 발생시에 나타나는 세포의 다양한 패턴 형성 역시 이러한 자기 조직화의 결과이다. 예를 들어 솔방울의 잎차례에서 나타나는 피보나치 수열(그림 3-7)[23] 같이 개체 발생시 저절로 나타나는 자발적 질서, 앵무조개의 단면에서 나타나는 자기 유사적 패턴들(그림 3-8), 수많은 자연의 유기체들에서 나타나는 다양한 스케일의 기하학적 패턴들- 삼각형, 오각형, 나선 등의- 은 모두 자기 조직화의 결과이다. 생명체 뿐 아니라 "시간의 흐

21) Michael Hensel, "(Synthetic) Life Architectures: Ramifications and Potentials of a Literal Biological Paradigm for Architectural design", *AD.*, 3/4, 2006, p. 19.

22) 강가애, 윤재은, "디지털 공간에서의 보로노이 다이어그램 적용에 관한 연구", 「한국 실내디자인학회 논문집」, 2008, 6, p. 159.

23) 1,1,2,3,5,8,13, 21 같이 이전 두 항들의 합으로 이루어지는 수열.

름에 따라 형성되는 진흙 바닥의 갈라짐의 일정한 패턴(그림 3-9), 가열된 액체에서 나타나는 육각형 모양의 격자들인 베나르 대류(Bénard convection, 그림 3-10)"[24], 바위 속의 무늬, 화학 물질의 진동패턴(그림 3-11) 등 비평형의 상태에서 나타나는 물리적 패턴 형성들 역시 자기 조직화의 결과이다.

그림3-7. 솔방울의 피보나치 수열

그림3-8. 앵무조개 단면의 자기유사적 패턴

그림3-9. 진흙 바닥의 갈라짐 패턴

그림3-10. 베나르 대류

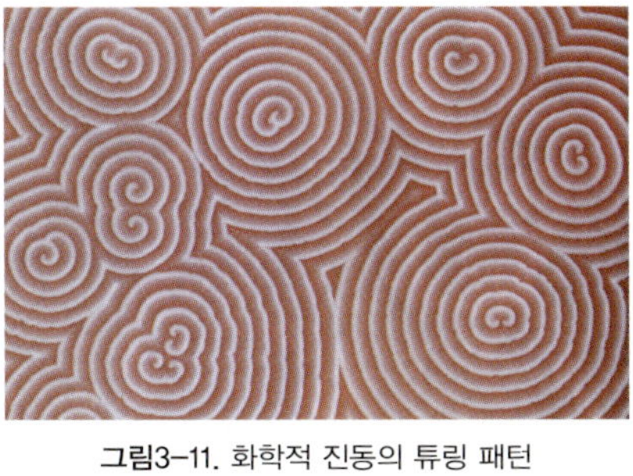

그림3-11. 화학적 진동의 튜링 패턴

생물학적 물질계의 자기 조직화는 시간에 걸쳐 일어나는 과정으로, 계의 질서와 구조에 대한 변화와 그 계의 행태를 수정하기 위한 변화의 능력을 만들어내는 동역학이다. 그러므로 유기체의 더 낮거나 국부적인 수준, 분

24) 유명희, *op. cit.*, pp. 24–27.

자적, 세포적 수준과 전체로서의 구조나 조직의 더 높고 전체적인 수준들 사이의 상호 작용에 의해 만들어지는 구별되는 조직적 스케일들의 자발적 창발이라 볼 수 있다. 다시 말해 "계들의 생물학적 자기 조직화의 진화와 발전은 창발적 자질들과 행태를 가지는 더 큰 구조들을 형성하기 위해 함께 조합되고, 또한 거꾸로 더욱 복잡한 구조들 속으로 자기 조합되는 작고 단순한 구성 요소들로부터 진행된다".[25)]

이러한 자기 조직화의 특성은 그러므로 3-D 공간 구조, 잉여, 분화, 위계, 모듈라리티 등으로 나타난다.[26)] 그런데 이 자기 조직화는 계속해서 엔트로피를 생산하고, 생산된 엔트로피를 환경과 지속적으로 교환함으로써 비평형적 상태를 유지하는 소산 구조(dissipative structure) 내에서만 가능한 것으로, 시스템 내에서 증가하는 에너지와 물질을 외부 환경과 교환하는 과정에서 발생한다.

여기서 비평형 상태를 유지하는 소산 구조는 태양의 빛을 계속 받는 지구, 그리고 이 지구 내의 식물들이 태양 빛을 흡수해 광합성을 하고, 다른 생물들이 신진대사를 위해 이 식물들을 흡수하는 것과 같이 끊임없이 가용 에너지를 공급받음으로써 지속적인 에너지 다발이 열역학 제2 법칙에서 엔트로피 최대치 상태의 열적 평형에 도달하는 것을 막는 구조를 의미한다. 닫힌 계에서는 어쨌든 엔트로피가 최대로 증가해 최종적 평형 상태-완전히 균등한 우주, 클라우지우스(Clausius)의 열 소멸, 즉 열적 사망 -에 이르겠지만, 이러한 열린 계(자연, 생태계)에서는 지속적으로 이러한 에너지들이 유입되기 때문에 비평형 상태가 유지되고 생명이 유지되기 때문이다.

25) Francis Heylighen, "Self-Organization, Emergence and the Architecture of Complexity", *Proceedings of the 1st European Conference on System Science,* 1989, Michael Weinstock, "Self-Organisation and Material Constructions", *AD.*, 3/4, 2006, p. 35, 재인용.

26) Tom De Wolf, Tom Holvoet, *op. cit.*, *Ibid.*, 재인용.

생태학자이자 수학자인 알프레드 로트카(Alfred James Lotka)는 "평형에서 벗어난 화학계가 일종의 패턴(자기 조직화의 패턴)을 만들 수 있다"[27] 고 말한다. 다시 말해 "자기 조직화는 복잡계가 진화하는 원리로 기능하며, 소산구조는 이러한 자기 조직화하는 시스템 환경의 전제 조건으로 되는 것이다. 그리고 창발은 시스템이 자기 조직화를 통해 이행하게 되는 다음 수준의 특성을 의미한다".[28]

4) 자기 조직화의 행태와 건축적 가능성

자기 조직화 체계는 역동적 환경으로부터의 자극에 대한 대응, 즉 변화에 대한 적응 능력을 보여준다. 그러므로 자기 조직화의 다양한 행태들은 변화하는 환경에 대한 반응과 적응 능력을 보여준다. 자기 조직화의 이런 능력들은 생물계의 행태에 대한 연구로부터 분석이 가능하다. 행태는 하나의 유기체나 종, 개체군, 종들의 집단, 생태계의 환경적 인자들에 대한 관찰 가능한 행동이나 대응을 의미하기 때문이다.

이것은 유기체 내에서 반응이나 변화를 만들어내는 내적, 외적 동인인 자극과 자극을 수용하는 능력인 감각력, 자극에 대응하기 위한 능력인 감수성, 생물체의 일반적 능력인 민감성들로 이루어진다. 형태와 행태는 본질적으로 연결되어 있는데, 유기체의 형태는 환경 속에서 자신의 행태에 영향을 주며, 특별한 행태는 환경 속에서 다른 형태들에 의해 수행될 때 다

27) 1910년에 오스트리아 계 미국인인 생태학자 알프레드 로트카는 특정한 화학 혼합액의 경우에 바로 평형에 도달하지 않고 주기적으로 진동의 반응을 보이는 화학 반응이 어떻게 무한히 지속될 수 있을 지에 대해 "열역학의 두 가지 법칙이 어떤 일이 일어날 수 없는지는 설명하지만, 무엇이 일어나는지는 설명 못한다... 끊임없이 가용 에너지를 공급받는 계와 진짜 평형 상태가 아닌 어떤 불변의 상태를 향해 변화해 가는 계에서 열역학 법칙은 그 계의 최종 상태를 결정하기에 더 이상 충분하지 않다"라고 통찰력 있게 말했다. 이것은 러시아의 생화학자인 보리스 벨로우소프(Boris Pavlovitch Belousov)가 인공 당분해를 하는 화학 혼합액에서 노란색의 반응과 투명의 반응이 진동하듯이 반복되는 현상에서 입증한 벨로우소프-자보틴스키 반응(BZ 반응)의 진동이, 혼합 용액이 지속적으로 일정하게 흐르는 통(연속 젓기-통 반응 장치)을 통해 거듭되는 물질의 유입이 있을 때, 화학적 계가 평형에 도달할 수 없어 지속되는 것과 마찬가지의 원리라고 할 수 있다. Philip Ball, *Shapes: Nature's Patterns-A Tapestry in Three Parts,* 2009, 조민웅 역, 「모양」, 사이언스 북스, 2014, pp. 155-160.

28) 유명희, *op. cit.,* p. 22.

른 결과를 만들어내기 때문이다. 그러므로 기본적으로 형태를 만들어내는 담론으로서의 건축은 행태에 대한 연구로부터 형태적 결과가 나올 수 있을 것이다. 생물계의 자기 조직화는 다음의 행태들을 보여주며, 그것으로부터 환경에 적응하는 다양한 건축적 가능성들이 제기될 수 있다.

(1) 약한 물질들의 사용

모든 살아있는 형태들은 국부적 스트레스들 내의 변화들에 대한 대응 속에서 변화할 수 있는 미묘한 자질들을 가진 물질들로 만들어지는 위계적 구조인데, 생물체들은 강한 구조를 만들기 위해 매우 적은 양의 부드럽고 약한 물질들을 사용해 자기 조합하며, 이것들의 동역학적 대응과 자질들은 전통적인 인공적 구조의 고전적 공학과는 매우 다르다.

생물체는 자신의 구조를 구축하기 위해 소수의 물질들만을 이용하며, 이것들은 대부분 섬유질적 요소들로 조직된다. 이러한 생물학적 물질들은 기본적으로 네 가지의 중합체 섬유질로 구성된다. 즉 식물들 내의 섬유소(**셀룰로스, 그림 3-12**)와 동물들 내의 콜라겐(**그림 3-13**), 곤충과 갑각류의 키틴(**그림 3-14**), 거미줄의 실크(**그림 3-15**) 등이다. 이들은 생물학의 기본 물질로, 인공적 물질보다 매우 낮은 밀도를 지닌다. 이러한 섬유질적 건축의 구조적 능

그림3-12. 식물의 섬유소

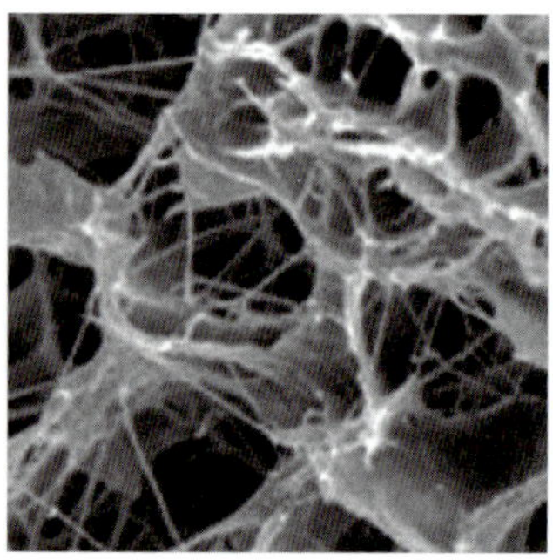

그림3-13. 동물의 콜라겐

그림3-14. 곤충의 키틴질 껍질

그림3-15. 거미줄의 실크

력에서 결정적 요인은 기하학적, 위계적 조직으로, 이러한 능력은 이들이 함께 배치되는 방식으로부터 창발된다.[29]

(2) 스트레스 아래의 성장

식물들은 연속적인 위계 속에서 자신들의 물질 조직과 줄기 단면들의 변양태들을 통해 중력과 풍력에 저항한다. 그리고 섬유질 구성요소들은 부하가 적용되는 방향과 규모에 의해 단단하고 강하게 된다. 여기서 이방성의 자질들은 등방성의 동질적 물질들에 비해 우월한 구조적 행태를 보인다. 이것은 이러한 물질적 조직들을 만들어내는 스트레스와 부하들의 결과이다. 이 과정은 스트레스와 부하 속에서 변화가 일어날 때 생물체의 성장 기간 동안 계속된다.[30] 모든 생물체의 자기 조직화, 즉 약한 물질 속의 강한 조직은 스트레스를 받은 결과 생겨난 것들이다. 결과적으로 생물학은 부하가 실린 섬유질 건축의 수많은 패턴을 만들어낼 수 있는데, 이 각각은 일련의 부하 조건들에 대한 특별한 대응의 결과라고 할 수 있다.

29) 혈관같이 낮은 계수로 높게 확장될 수 있는 구조와 힘줄같이 중간 정도의 섬유질, 뼈와 같이 높은 계수의 단단한 재료에서는 동일한 콜라겐 섬유들이 사용된다. *Emergent Technologies and Design*, p. 15.

30) 나무들에서 기울어진 성장을 경험한 장소에서 수직적 성장을 위한 메커니즘, 강한 바람으로부터 부하를 상쇄시키기 위해 필요한 응력재의 형성, 뼈 리모델링의 메커니즘들은 대표적 예들이다. 뼈에서 스트레스를 받지 않는 부분에서는 물질이 제거되어 더욱 많은 스트레스를 받는 부분으로 재배치되며, 보통의 나무와 다른 섬유질 방향과 세포 구조를 가진 특별한 종류의 나무는 특별한 환경이 요구하는 대로 폭과 밀도가 다른 다양한 연속적 나이테들 속에서 만들어진다. *Ibid.*

(3) 잉여와 분화

기존의 인공적 공학이 물질들의 정확한 경제성과 효율성으로 운용되었다면, 생물체의 자기 조직화는 변화하는 환경적 스트레스에 대응하고 적응하는 수단으로 잉여(redundancy)의 메커니즘을 이용한다. 생물체는 스트레스에 대한 적응 방식으로 충분한 잉여를 만들어내는 세포와 조직들의 배치를 전략적으로 사용한다. 즉 생물계의 강한 디자인은 최적화와 표준화로부터가 아니라 잉여와 분화로부터 만들어진다.[31]

세포 분화와 내부에서 세포들의 군집이 더욱 고도의 유기적 수준에서 기본 구성으로 되는 세포들의 다중 위계적 배열은 더 많은 복잡성과 증가된 기능성을 부여하는데, "생물학적 구조 내의 잉여는 그 계가 어떤 단일의 업무가 요구하는 것보다 많은 가능한 세포들을 각각의 조직 내에 가진다는 것을 의미할 뿐 아니라, 세포들의 위계적 조직이 배열됨으로써 조직이 환경적 스트레스를 변화시키기 위한 적응을 위해 충분한 초과 능력을 지님을 의미하기도 한다".[32]

환경에 너무 완벽하게 부합되는 효율적 유기체들은 환경이 불안정성을 가중시킬 때 살아남지 못하지만, 초과되는 능력이나 잉여를 가지는 유기체는 환경적 불안정성에서 생존한다. 이것은 "고전적 공학에서 고려되지 않던 적응의 법칙으로, 시간에 걸쳐 반복되는, 디자인에서의 작은 무작위적 변양태이며, 시간에 걸쳐 지속되는 강한 계를 만들어내는 것은 이러한 확

---

31) Michael Weinstock, "Self-Organisation and the Structural Dynamics of Plants", *AD.*, 3/4, 2006, p. 27.

32) 인간의 피부를 당길 때 그 저항은 스트레스가 증가할수록 증가하며, 그럴수록 피부의 구성 요소들은 스트레스의 방향으로 눕는다. 생물학적 형태들은 계 내의 계로, 반자율적 유기체들의 위계적 배열을 보인다. 각각의 낮은 수준의 유기체는 전체 유기체의 대응을 위해 분화와 잉여를 요구한다. H.A. Simon, "The architecture of complexity", *Proceedings of the American Philosophical Society* 106, in *The Sciences of the Artificial*, 3rd ed., MIT Press, 1996; Michael Weinstock, "Self-Organisation and the Structural Dynamics of Plants", *op. cit.*, pp. 27, 28 참조.

률적(stochastic) 과정이다".[33]

이러한 확률적 과정에 의한 무작위적 변양태들의 양산은 '분화'[34] 로 설명될 수 있는데, 이것은 수많은 반복에 따른 작은 무작위적 돌연변이를 포함하는 발전 과정이라 할 수 있다.[35] 즉 분화 역시 생물계의 강한 디자인일 뿐 아니라 건축에서도 구성 요소와 부분들의 획일적 표준화를 배제하기 위한 진화적 전략으로 될 수 있을 것이다.

여기서 식물들의 구조적 행태는 인공의 공학적 구조에도 새로운 모델을 제시할 수 있다. 생물계가 환경적 스트레스와 역학적 부하에 대응하고 적응하는 방식은 매우 비선형적이고 다중의 재료적 위계를 통한 상호 작용에서 나오는 것으로, 식물 결절점에서의 형상 적용과 생물학적 구조 내의 재료들의 연속성이 만들어내는 높은 수행은 기존 공학적 구조들의 기계적 접합 방식이 전면적으로 잉여와 분화의 방식으로 수정되어야 함을 보여주기 때문이다.

예를 들어 대나무에서의 세포와 섬유질, 다발들의 분화된 분배는 그것들의 높이와 가는 정도에 따라 매우 흥미로운 모델을 제공하는데, 단면상의

---

33) 진화의 가능성은 유전되는 표현형적 변양태를 생성하는 유기체의 능력으로, 진화적 변화의 다양한 제어 과정은 잉여를 포함한다. 이것은 개체의 배아 성장 동안 과정의 강함과 유연성에 기여하며, 변화에서의 제한을 감소시키고, 이익이 되는 변양태들의 축적을 허용함으로써 유기체에게 진화 가능성을 가져다 준다. Marc Kirschner and John Gerhart, "Evolvability", *Proceedings of the National Academy of Science USA,* vol 95, Issue 15, 1998, pp. 8420–8427, *Ibid.*, p. 27 재인용.

34) 대나무의 경우 줄기 내 세포들의 분배 속에서 수평적, 수직적 모두의 분화를 보여준다. 섬유질과 다발의 분배는 높이와 가는 정도에 따라 분화되는데, 줄기의 상부는 더 많은 비율의 섬유질을 가진 많은 더 작은 관들의 다발로 구성된다. 그것은 가는 정도가 증가할수록 물질적 강도도 식물의 더 높은 부분의 증가하는 풍압과 수압의 스트레스에 따라 적절하게 증가하도록 만든다. 섬유질과 다발의 분화는 섬유 구성 재료체계의 생산을 위한 모델을 제공하는데, 탄소 섬유재료와 유리 섬유 보강 재료들은 이런 방식으로 생산된다. 분화는 이런 식으로 동일한 재료 내에 다양한 경도와 탄성을 위한 잠재력을 제공한다. *Ibid.*, p. 30.

35) 생물계의 강함은 유전자 수준에서 만들어지는데, 긴 시간에 걸쳐 꾸준하지만 매 순간 아미노산을 만들어내기 위해 정보가 전사되며, 그 다음에 아미노산은 더 높은 단계의 집합과 분화로 자기 조직화하고, 복사의 작은 실수는 개체군 내의 변양태를 확보하기에 충분한 돌연변이를 만들어낸다. 개체군 내의 각각의 개체는 위상학적으로 동일하지만 개체적으로 분화되는 가운데 주요 디자인 매개 변수들에 상응할 것이다. 나아가 개체의 형태 발생에서의 자기 집합 과정 동안 세포 조직의 위계적 단계의 상호 의존은 각각의 개체 내에 잉여가 존재함을 말해준다. David C Krakauer, "Robustness in biological systems: a provisional taxonomy", *Santafe Institute paper* 03-02-008, 2003, *Ibid.*

변양태들은 주변 환경의 동역학적이며 예측 불가능한 환경적 부하들에 저항하는, 특히 유용한 줄기 길이를 따르는 경도와 탄성도 사이의 수치들의 점진적 변화와 이방성을 만들어낸다(그림 3-16).[36]

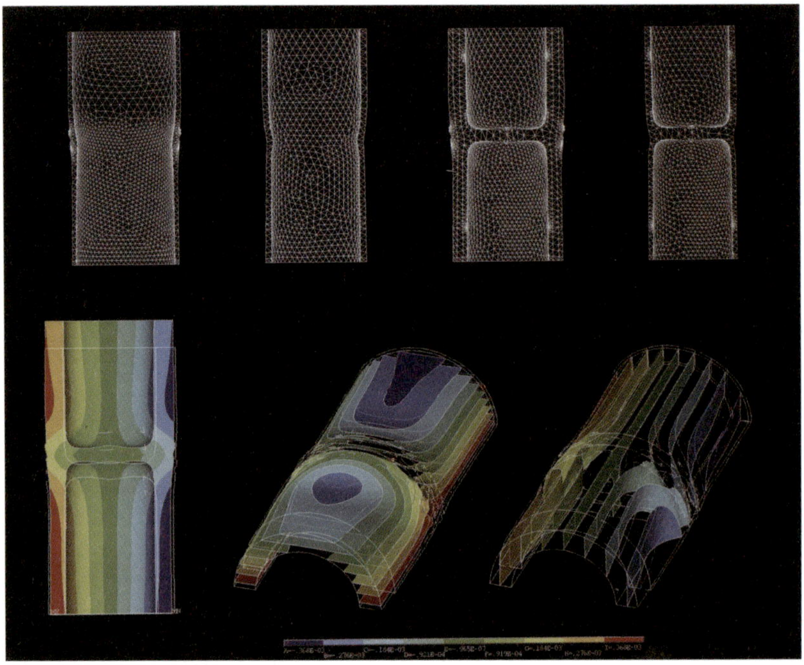

그림3-16. 대나무 줄기의 장력 부하 동안 나타나는 변형의 등위면

결과적으로 대나무의 구조적 형태와 행태에 대한 분석을 통해 세포들의 차별화된 분배, 이방성이며 창발적인 구조적 단면을 만들어내는 대나무 단

36) 대나무는 30m 정도까지 자라며, 매우 가는 단면을 가질지라도 바람에 흔들리듯 좌굴되지 않고 최소의 재료로 협상을 한다. 대나무는 극도로 강한 섬유질로, 압축 강도는 콘크리트의 2배이고, 인장 강도 역시 철의 2배 정도이다. AA에서 조지 제로니미디스(George Jeronimidis)와 니콜라스 스트라토풀로스(Nicholaos Strathopoulos)가 Emtech 매스터스 프로그램에서 행한 디지털 실험 결과는 대나무와 같이 빈 원통형 형상이 보로 사용될 때 동등한 고체보다 1.9배의 강도를 보여주는데, 이것은 보에서 상부의 압축력과 하부의 인장력만이 부하를 담당하고 중앙부의 재료는 의미 없이 단지 무게만을 더할 뿐이라는 것을 말해준다. 또한 내부의 격막은 단면에 연관되는 대나무의 효과적 길이를 감소시킴으로써 각각의 마디 사이의 길이는 직경에 비해 짧은 길이를 통해 매우 단단한 반면, 또한 마디 직경에 비해 매우 긴 전체의 기하학은 유연성을 만들어낸다. 마디의 길이를 따르게 되는 마디 사이의 수치들의 변양태들, 혹은 분화들은 역학적 부하에 대한 점증하는 대응력과 휘어짐에 견디는 능력을 만들어낸다. *Ibid*., p. 31.

면 내의 다발과 섬유질들, 결절점에서의 형상적 적용, 구성 요소의 길이에 따른 다양하고 서로 다른 요소와 치수들(격막들) 등의 다양한 요소들이 건축 구조에 응용될 수 있을 것이다.

(4) 기하학적 패턴

생물체가 스트레스와 부하에 대응하도록 허용해주는 세포 조직은 기하학적인 형태 발생을 보여주는데, 모든 자연계에서는 이러한 패턴들이 나타나며, 수많은 다른 유기체들과 스케일들을 가로 지르는 삼각형과 오각형, 나선들의 일련의 기하학적 패턴들(그림 3-17)로 나타난다. 생물학적 자기 조직화는 근본적으로 기하학적이며, 동일한 작은 세트의 물질들로 이루어진다. 자기 조직화는 작고 단순한 구성 요소들이 더 큰 유기체를 형성하기 위해 3차원적 패턴 속에서 함께 조합되며, 그 유기체는 이후에 창발적 자질과 행태를 가지는 더 복잡한 구조로 자기 조합된다.

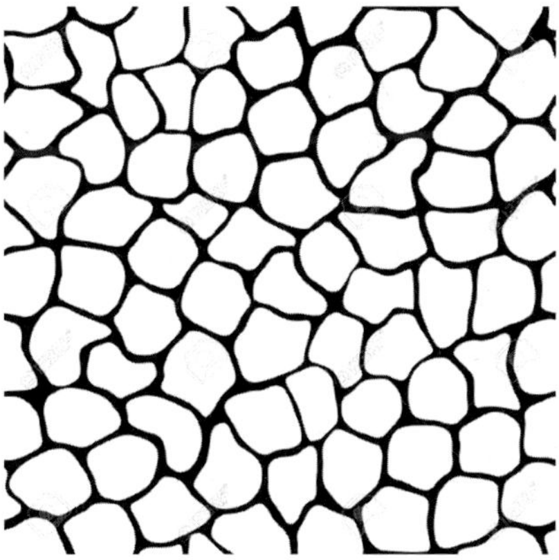

그림3-17. 세포들의 패턴

(5) 억제

하나의 계는 본질적으로 생물학적 막들에 의해 하나의 개별적 개체로 억제되어야 한다. 세포들과 세포들 내의 주요 구조들의 외적 경계를 이루는 생물학적 막은 지방질 이중막(그림 3-18)으로, 이러한 세포막은 외부와 내부를 구분하고, 막을 통해 물질을 지적으로 여과해준다. 물이나 탄소, 산소 같은 소수의 물질들은 막을 통해 유포되는 반면, 세포 기능들을 위해 필수적인 대부분의 분자들은 수송 메커니즘을 통해 막을 통과한다.

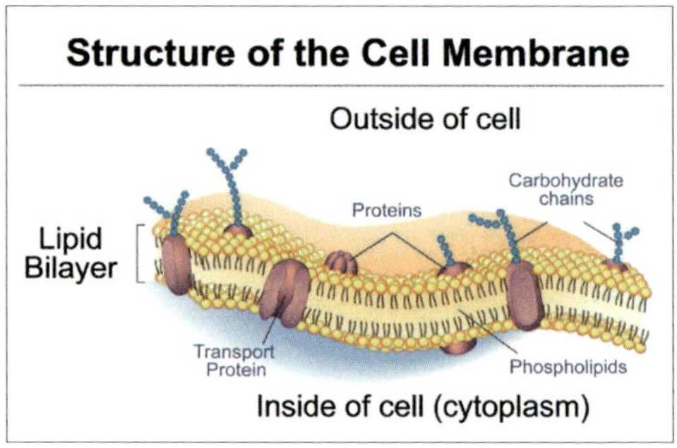

그림3-18. 세포의 이중막 구조

정보들 역시 막을 통해 전달되는데, 수용 단백질들은 호르몬이나 다른 정보 분자들을 결합시켜 결과적으로 세포의 내부로 신호를 전달한다. 건축적으로는 세포막이 자신의 다공도를 바꿈으로써 특별한 신호의 선택적 인식이 가능하고, 다른 분자들이 막을 침투하는 것이 가능한 생물학적 분자들을 포함하는 막물질을 고려해 볼 수 있다. 이 경우에 막을 통한 흐름은 중앙적 제어 대신 국부적 수준의 제어로 가능할 것이다. 이것은 나아가 분자 수준에서 프로그램 가능한 지적 여과와 분포를 통해 외부와 내부 환경들 사이의 새로운 상호 작용과 교환을 가능하게 할 것이다.

(6) 신진대사

신진대사는 생명의 유지에 필요한 유기체 내의 물리적, 생화학적 과정들을 의미한다. 이것의 생물학적 목적은 사용 가능한 에너지의 생산과 저장으로, 광합성(그림 3-19)은 가장 중요한

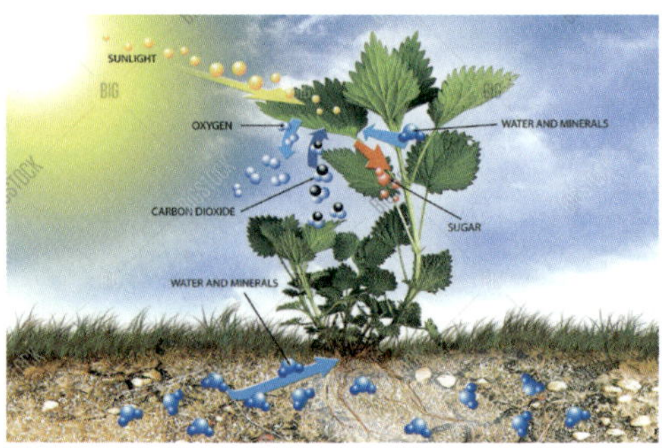

그림3-19. 광합성의 구조

생화학 과정이다. 이 과정은 태양광 내의 에너지를 생물계에서 사용할 수 있는 화학적 에너지로 바꾸어주며, 식물과 해조류, 세균 등이 빛으로부터 에너지를 동력화한다.

예를 들어 탄수화물은 빛을 이용해 물과 이산화탄소로부터 만들어지며, 광합성의 대부분의 형식은 부산물로 산소를 만들어낸다. 광합성의 자연적 과정을 복제함으로써 빛과 이산화탄소를 탄수화물과 산소로 바꾸는 인공적 광합성은 순수 연료의 생산과 산소의 인공적 생산을 통해 무공해 건축을 가능하게 할 수도 있다. 실리콘에 기초한 태양전지 세포들과 시간대별 태양 경로에 최적 방향으로 맞추어주는 기계 장치들, 경량의 광합성 기능 세포막 등은 인공적 광합성으로 연료를 제공받는 합성 생명 건축에 이용될 수 있을 것이다.

(7) 항상성

항상성(homeostasis) 역시 "유전자 회로 내에서 자기 조직화에 의해 저절로 생긴 질서"[37] 로, 안정적 조건들을 유지하기 위해 내적 환경을 조절하는 개방된 계의 특질이다. 살아 있는 유기체의 일정한 신체 온도와 같이 건축에서는 양적, 혹은 부적 제어가 변수들의 설정 수치에 더해지도록 외피 재료에 내재되는 자동 온도 조절 장치나 조절되는 매개 변수들을 측정하기 위한 센서들이 개발될 수 있다.

---

37) Stuart Kauffman, *op. cit.*, p. 52.

3.3 자기 조직화의 건축적 기술들

자기 조직화를 이용한 건축적 기술들은 기존의 모더니즘적 건축 담론이었던 단일의 목표나 단일적 기능의 최적화 보다는 환경에 보다 유연하게 적응할 수 있도록 다중의 목표와 다중의 형태를 위한 건축을 생성하는 것을 목표로 한다. 단일 목표의 최적화를 통해서는 특정한 제약적 조건 속에서 최적화될 수 있지만, 환경의 지속적이며, 급격한 변화에 대해서는 한계가 있을 수밖에 없기 때문이다.

생물체의 잉여는 바로 이러한 한계를 극복할 수 있는 자기 조직화의 방식이라 할 수 있다. 환경 속의 유기체들이 다양한 상호 작용을 통해 다중적 목표의 최적화를 이루듯이, 건축 역시 다양한 매개 변수를 통해 환경과의 상호 작용 속에서 다중적 형태와 기능 등의 다중 목표를 수행하는 가운데, 이러한 잉여를 통해 환경적으로 특별한 조건들에 대해 보다 유연하게 적응할 수 있을 것이다. 생물체의 자기 조직화가 환경에 대한 자발적 최적화를 가능하게 하듯이, 건축 역시 생물체의 최적화 과정을 응용함으로써 형태와 구조, 재료적 기능 등에서 다양한 환경에 대해 유연하게 최적화될 수 있기 때문이다.

이것을 위한 형태 생태학적 접근은 기존의 단일 목표적 최적화 대신, 재료 시스템과 공간적, 구조적, 환경적 요구를 동시에 만족시키는 다중 목표적 최적화를 위해 형태 발견(form-finding)을 이용한다. 여기서 형태 발견은 건축적 수행 능력의 최적화를 위해 외력의 영향 하에 있는 재료 체계의 자기 조직화를 활용한다. 비록 자기 조직화가 외적 제어 없이 구조를 얻고 유지하는 동역학적, 적응적 과정이지만 모든 물리적 계들은 물리학의 맥락 내에 존재한다는 점에서 이것이 계에 작용하는 외력의 존재를 차단하는 것은 아니기 때문이다.[38]

38) Michael Hensel, Achim Menges, *Morpho-Ecologies*, AA Publications, 2006, p. 28.

이러한 형태 발견의 목표는 최적화된 구조적 형태를 위해 중력과 수평하중에 저항하기 위해 필요한 물질과 에너지의 양을 최소화하려는 것이다. 그러므로 이 방식은 구축될 형태의 발생과 바라는 형태로 건물을 실현하는 것 모두를 목표로 한다.

다중 형태를 얻기 위한 방식은 형태화와 물질화를 종합하는 방식으로, 물질적 구성 요소들로부터 형태적 복잡성과 수행적 능력을 펼치는 것을 수반한다. 중요한 것은 "디자인 과정에서의 생성적 운전자로서의 물질적 특성을 내재시켜 물질 시스템 개념을 확장해 기하학적 행태와 제작 논리가 외부 환경의 영향과 힘들의 상호 작용으로부터 계의 본질적 수행 능력을 통해 디자인을 도출하도록 하는 것"[39] 이다.

형태 발견 방식 중 자기 조직화의 방식을 위해 가장 많이 사용되는 것은 굴곡 기하학이다. 이것은 "공기 부풀림 구조, 인장력의 당김식 구조(**선형 요소-현수선, 평면적 요소-현수 그물**), 압축력을 받는 역부재(**선형 요소-입식 고리, 추력선, 평면적 요소-쓰러스트 표면, 그리드쉘**), 막을 형성하는 인장력 구조, 압축력을 받는 재료, 파도나 진동, 소용돌이, 난류 등의 공간과 시간 속의 구조들"[40] 모두에 공통적으로 적용될 수 있다. 다양한 입력과 환경적 영향에 대한 대응, 제작 논리와 제한 조건 등으로부터 다음의 방식들이 가능하다.

1) 다중적 목표

(1) 식물성장 방식의 디지털식 진화: L-시스템

자기 조직화는 근본적으로 유기체의 발생과 성장을 관장하는 메커니즘으로, 발생 생물학적 관점에 초점을 둔다. 그러므로 자기 조직화 메커니즘

39) Achim Menges, "Polymorphism", *op. cit.*, p. 79.

40) *Ibid.*, p. 31.

의 건축적 적용 방식은 무엇보다 유기체의 발생과 성장을 모델링하여 그것의 기하학과 성장 방식을 건축 디자인에 적용하는 방식이라 할 수 있다. 이 방식은 컴퓨터상에서 환경적 입력에 따라 성장한 식물을 디지털 방식으로 진화시켜 다양하게 분화된 형태를 건축적으로 적용하는 방식이다.

여기서 입력시의 모든 변화는 상이한 성장 결과를 가져온다. 이것은 모델화된 종들의 상이한 분절로, 환경적으로 민감한 성장의 모델링이라 할 수 있다. 이 방식은 선호되는 디자인 요소가 매개 변수적 설정 내에서 선택되고, 특별한 환경적, 재료적 맥락에 의해 동시에 정보가 주어지는 방법을 보여준다.

이것의 대표적 예는 L-시스템, 즉 헝가리의 생물학자 린덴마이어(Astrid Lindenmayer)가 1968년에 서로 다른 단순한 다중세포 유기체들의 성장 패턴을 연구한 유기체 발생의 형태적 기술[41]로, 컴퓨터 과학의 형태 문법, 즉 문자열(string)들로 알려진 다양한 단순 개체들의 과정을 통해 형태 언어를 설명하는 추상적 구조이다. 이 시스템은 일련의 문법에 따라 특성들을 순환적으로 교체하는 것에 기초를 둔 것으로, 동일한 규칙을 반복적으로 적용하는 과정에서 구성 요소들을 고쳐 쓰고(string-rewriting), 대체함으로써 복잡성이 증가하는 체제이다.[42]

여기서 각각의 문자열은 식물의 각 부위별 구성 요소[43]로 입력되어 고쳐 써지는 가운데 실제 식물과 동일한 디지털 식물이 성장하게 되는 것이다(그림 3-20, 21). 디지털 식물은 "L-시스템이 제공하는 명령에 따라 디지털 나무

---

41) Astrid Lindenmayer, "Mathematical models for cellular interaction in development", *Journal of Theoretical Biology* 18, 1968.

42) 형태 문법은 문자열이 문법에 맞는 언어 요소인지를 결정하는 분석 문법과 한정된 언어 내에서 문자열들을 생산하는 알고리즘을 형태화해 반복 적용하고 고쳐 쓰는 생산 문법으로 이루어진다. Michael Hensel, "Computing Self-Organisation: Environmentally Sensitive Growth Modelling", *AD.*, 3/4, 2006, p. 13.

43) 구성 요소들은 식물 세포들의 요소, 마디나 싹, 끝부분들, 잎 등의 국부적 스케일부터 전체적인 생태적 모델에 이르기까지 다양하다. *Ibid.*, p. 14.

줄기. 가지, 잎, 꽃들로 창조되고 배열된다".[44] 이러한 과정 속에서 결과적으로 성장에 영향을 주는 많은 변수들이 교대되고, 이전 단계에 대한 변화들로 성장이 이루어짐으로써 형태가 발생하게 된다.

그림3-20. L-시스템으로 성장한 디지털 선옹초(Rose campion)

그림3-21. L-시스템으로 성장한 디지털 식물

(2) 다중 수행: 분화와 증식

자기 조직화는 분화를 통해 다양한 모델들을 발생시킨다. 분화는 유기체의 형태 발생 과정에서 위치에 따라 각기 다른 단백질 화합물의 영향 속에서 서로 다른 유전자의 발현에 의해 다양한 표현형의 증가를 수반하는 과정으로, 건축의 다양한 형태 발생을 위한 필수적 메커니즘이라 할 수 있다. 분화는 레이너 밴험(Reyner Banham)이 「평균율적 환경의 건축」(*The Architecture of the Well-Tempered Environment*, 1973)에서 외부와 내부, 따뜻함과 차가움이 확실히 구분되는 실질적 구조의 경계를 가지는 공간 보다는 "외적 경계가 모호하고 조정 가능하며, 거의 규칙적이지 않은 공간"[45] 의 구배적 경계를 가

---

44) Peter Bentley, *Digital Biology*, 김한영역, 「디지털 생물학」, 김영사, 2003, p. 194.

45) Reyner Banham, *The Architecture of the Well-Tempered Environment*, University of Chicago Press, 1973, p. 20, Michael Hensel, Achim Menges, "Differentiation and Performance: Multi-Performance Architectures and Modulated Environments", *AD.*, 3/4, 2006, p. 61 재인용.

지는 공간을 선호했듯이, 확실한 경계보다는 점진적인 경계들 속에서 표현되고 있다.

이것은 근대적 개념의 균등질적 공간과 단기능적인 재료 체계로부터 이질적이고 다중 수행적인 시스템으로의 전이를 보여준다고 할 수 있다. 이는 건축이 유기체와 마찬가지로 기존의 분절과 불연속적 연결 대신 물질성과 환경적 조건 내의 구배적 경계의 배치를 통해 물질계의 복잡한 수행 능력을 위한 잠재력을 지닐 수 있음을 의미한다.[46]

근대의 보편적 공간과 획일성으로부터 나온 단일 기능을 위한 최적화 개념은 단일 목표를 만족시키기 위해 재료와 에너지 사용의 최소화와 함께 경량 구조의 개념을 낳았지만, 이것은 이제 생물학적 개념으로부터 출발한 최근의 건축적 담론, 즉 재료 시스템과 거시, 미시 환경 조건, 생태학적 건축을 고려한 개념, 그리고 재료 체계와 조합들의 정교한 분화, 그것들을 차별화시키고 정도를 다르게 구분하는 방식으로 이동하고 있다. 다양한 스케일의 환경 내의 행태적 특성과 능력의 관점에서 시너지적, 통합적 방식으로 재료와 시스템을 이해하는 다중 수행적 건축은 다양한 분화를 통해 가능하게 된다고 볼 수 있다. 그리고 분화가 잉여를 통해 나오듯이, 다중 수행을 위한 건축을 위해서는 일련의 다른 업무들을 수행할 잠재적 능력으로서의 잉여가 활용될 필요가 있음을 의미한다.

46) 힘줄과 뼈는 광물화의 부드러운 전이를 가로질러 동일한 섬유질 요소를 배치하는 연결 방식을 보인다. *Ibid.*, p. 63.

2) 다중적 형태

(1) 매개 변수적 기하학

자기 조직화는 열역학적 개방계에서 에너지의 교환에 의해 일어나지만 그 영역은 혼돈과 질서의 경계로 한정된다. 계와 환경 사이의 에너지 교환이 평형을 이루면 더 이상 교환이 이루어지지 않고, 혼돈이 지나치면 자기 질서 대신 완전한 무작위만 나타나기 때문이다. 그러므로 자기 조직화가 건축적으로 적용되기 위해서도 혼돈과 질서 사이의 일종의 경계가 필요한데, 이러한 경계 제한 도구로서 기하학은 중요한 요소라고 할 수 있다.

기하학은 물론 고대로부터 건축 디자인의 중심적 역할을 해왔지만, 자기 조직화의 비선형적 과정을 형태화하기 위해서는 "특별한 변수들, 표현들, 조건 언급과 스크립트들에 대한 대응으로서의 특별한 디자인 사례를 유도할 수 있는 매개 변수적 방정식을 통해 기술되는 법칙들과 기하학적 관계"[47]를 위한 매개 변수적 기하학이 필요하게 된다.

스마트 기하학 그룹(SmartGeometry Group)의 벤틀리 시스템 팀장인 로버트 아이쉬(Robert Aish)는 다양한 매개 변수들을 이용한 매개 변수적 기하학의 대표적 소프트웨어인 제너라티브 콤포넌츠(Generative Components)의 개념을 "함축, 조건적 모델링, 확장 가능성, 구성 요소, 복제, 프로그램적 디자인, 다중 재현, 교류 디자인 모델"[48] 등의 8가지 요소로 설명한다. 제너

47) Achim Menges, "Instrumental Geometry", *AD.,* 3/4, 2006, p. 43.

48) 로버트 아이쉬는 제너라티브 콤포넌츠의 8 가지 개념을 다음과 같이 설명한다: 1) 함축: 자동 변화적 증식을 통해 탐구되는 변화의 함축을 허용하며, 기하학적 구축의 "긴 연쇄식"결합 능력을 정의할 수 있는 능력, 2)조건적 모델링: 행태의 변화, 혹은 기하학적 구축의 형상화를 허용하며 대안적 함축을 코드화하고 수행하는 능력, 3) 확장 가능성: 원래의 모델에 의해 구성요소의 행태가 정의되는 곳에서 매개 변수적 모델을 새롭게 재사용 가능한 구성요소들로 바꾸는 능력, 4) 구성요소: 별개의 물리적 실체를 재현하는 디지털 구성요소로부터 지각적 구조화를 위한 장치로 전이시키는 것, 5) 복제: 잠재적으로 각각의 세트 멤버가 그 맥락 속에서 변양태들에 독보적으로 대응할 수 있는 곳에서 일련의 디지털 구성요소들의 세트 상에서 수행하는 능력, 6) 프로그램적 디자인: 함축 구조의 형태 내의 선언적 재현과 절차상 재현을 결합하는 능력, 7) 다중 재현: 서로 다른, 보충적, 연결된 재현들에 대해 동시에 창조하고 수행하는 사용자의 능력, 8) 교류 디자인 모델: 재현들은 편집 가능하고 재수행 가능한 디자인 역사이다. *Ibid.,* p. 45.

라티브 콤포넌츠는 기하학의 일반적 재현 대신 기하학과 다른 비그래픽적 요소들- 변수, 표현, 조건의 언급, 스크립트 -사이의 관계를 종합적으로 모델링하여 다양한 대안적 결정들의 과정을 허용해주는 일종의 '교류적(transactional) 모델'[49] 이라 할 수 있다.

(2) 보로노이 다이어그램

자기 조직화의 메커니즘을 건축적으로 활용할 수 있는 또 하나의 유용한 방식은 보로노이 다이어그램(그림3-22)의 적용 방식이다. 보로노이 다이어그램은 1850년 독일의 수학자 페터 디리흘레트(Peter G. L. Dirichlet)가 처음 제안하고, 우크라이나의 게오르기 보로노이(Georgy Voronoy)가 만든 기하학적 구조이다. 이것은 세포(소자)와 정점, 공간, 발포체 등으로 이루어진 다각형 구성체계(그림 3-23)[50] 로, 일련의 알고리즘[51]에 의해 공간을 자기 조직적으로 발생시켜 나가는 다이어그램이다.

그림3-22. 보로노이 다이어그램

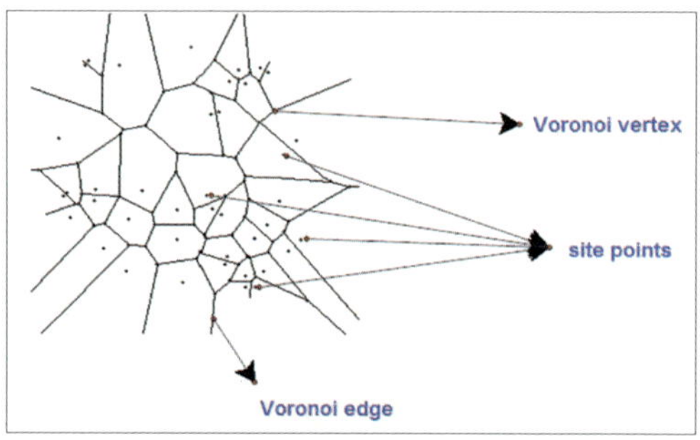

그림3-23. 보로노이 다이어그램의 구조

49) *Ibid.*

50) 다각형의 보로노이 발포체로 이루어진 각각의 공간은 하나의 보로노이 소자를 가지며, 보로노이 정점은 임의의 정점을 포함한 영역이 다른 두 개 이상의 영역들과 만나는 점이다. Paul Coates, Christian Derix, "Generating architectural spatial configurations: Two approaches using Voronoi tessellatios and particle systems", 8th Generative Art Conference GA 2005, 강가애, 윤재은, *op. cit.*, p. 158 참조.

51) 다양한 정보들로서의 일련의 점 데이터를 기준으로 보로노이 세포들이 분할되고, 임의의 점들을 포함하는 세포들 내의 점들은 다른 영역의 기준점에서의 거리보다 자신이 속한 영역의 기준점까지의 거리가 가깝도록 최단 영역을 찾아내는 알고리즘을 다이어그램으로 표현한 것이 보로노이 다이어그램이다. *Ibid.*

이것은 기하학적 구조를 통해 공간을 생성시키는 다이어그램으로, 수학적으로 공간을 효율적으로 분할하고 공간 내 입자들 간의 영역을 분할하는 방식을 취하여 다각형과 곡선 등으로 된 모델을 만들 수 있다. 이 다이어그램은 컴퓨터 프로그램과의 결합을 통해 일종의 발생적, 진화적 알고리즘으로 될 수 있는데, 이것에 의해 만들어진 공간은 그 자체가 패턴이 형성되고, 분화하고, 형태 발생이 이루어져 진화하는 생물체의 발생과 진화 과정을 그대로 따르게 된다. 생물체의 형태 발생은 패턴을 형성하는 공간 조직화, 세포들이 서로 다른 특징을 지니게 되는 세포 분화, 형태 변화가 이루어지는 형태 발생을 통해 세포가 증식하고 확장되는 성장의 단계를 거치며, 진화하기 때문이다.[52)]

보로노이 다이어그램은 최소의 규칙으로 구성 요소들 간의 상호 작용을 통해 일련의 패턴을 창발시켜 반복적 증식을 하며 공간을 진화시켜 나가는데, 이는 생물학적인 자기 조직화의 특성과도 일치한다. 이와 같은 보로노이 다이어그램에 의한 자기 조직화 과정[53)]은 "분열을 하는 개체군이 성장하여 좌표, 혹은 매개 변수를 이용해 개체 고유의 패턴을 형성하고, 이후에 개체의 유형들은 분화를 통해 또 다른 개체군을 형성하는"[54)] 형식이다. 즉 이러한 반복적 증식 과정은 분화된 개체들이 조합과 분열을 이루고, 분열된 개체가 다시 성장해 패턴을 갖추고, 이 개체들이 더 큰 형태를 갖추어 증식해 인접한 다른 개체들에 영향을 미치는 자기 조직화의 과정을 따르는 것이다.

---

52) Peter Bentley, *op. cit.*, pp. 265–272.

53) 정보들을 점 데이터화 하는 것에서 출발해 이 점 데이터들이 서로의 생성을 자극하며 선으로 연결되고, 이 선들이 다각형의 형태로 면을 이룬다. 이 면들의 집합은 세포질을 이루어 고유의 매개 변수로 인해 구성 체계를 가지게 되며, 이것은 거꾸로 점 데이터 사상의 촉매 역할을 하고, 이러한 관계는 일련의 적절한 형태가 나오도록 연속적 반복을 거듭하게 된다. 강가애, 윤재은, *op. cit.*, p. 160.

54) *Ibid.*

(3) 동적 이완(Dynamic Relaxation)에 의한 형태 발견(Form-Finding)

동적 이완 방식(그림 3-24)은 환경 속에서 다중적 형태의 구조물이 원하는 형상대로 자기 조직화되어 안정을 찾도록 수학적으로 제어하는 방식이다. 이것 역시 형태와 구조, 물질의 논리를 통합한 방식으로, 단일 매개 변수적 평가 기준에 의한 물질적 형태의 구조적 행태 대신 다중 매개 변수적으로 접근하며, 기존의 최대 양의 점들에 대한 기하학적 제어 대신, 전략적 점들에 대한 힘들의 국부적 행사에 기초한다.[55]

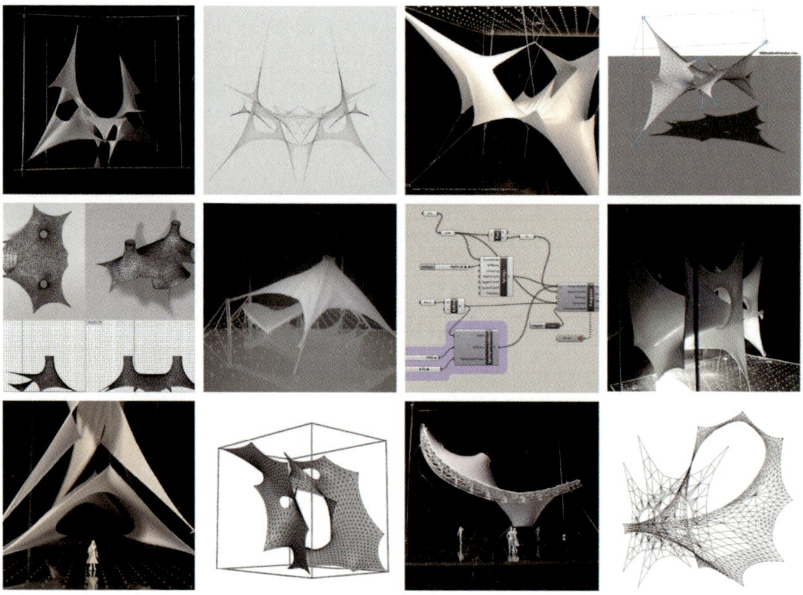

그림3-24. 동적 이완에 의한 형태 발견의 다양한 예들

이 방식은 과거에 가우디가 사슬과 무게 추로 공간 속에서 늘어지는 형상을 실험했듯이, 중력 속에서 균형을 잡아가는 다중 형태를 구하기 위한 형태 발견 방식이다. 이것은 막구조에 가장 적합한 방식으로, 각각의 절점

55) Achim Menges, "Polymorphism", *op. cit.*, p. 79.

에 대해 가력으로서의 중력을 가정하고, 원하는 삼각형 그리드 상의 각각의 매개 변수적 수치들- 그리드 길이, 그리드의 개수, 경계 조건 등-을 대입하여 지속적인 반복 과정을 거쳐 최대한 그 수치에 근접하도록 수학적으로 프로그래밍한 방식이다.

여기서 막구조의 형태 발견 과정은 물리적으로 모델화하여 디지털 동적 이완 방식으로 시뮬레이션될 수 있는데, 이 방식은 경계점들과 연관된 힘들의 명시에 의해 조합되는 막(등방성의 박, 혹은 이방성의 직물 같은)의 물질적 구성과 특별한 탄성도에 기초한 반복적 계산을 통해 평형 상태로 되는 디지털 그물망을 산출해내는 것을 의미한다(그림 3-25).

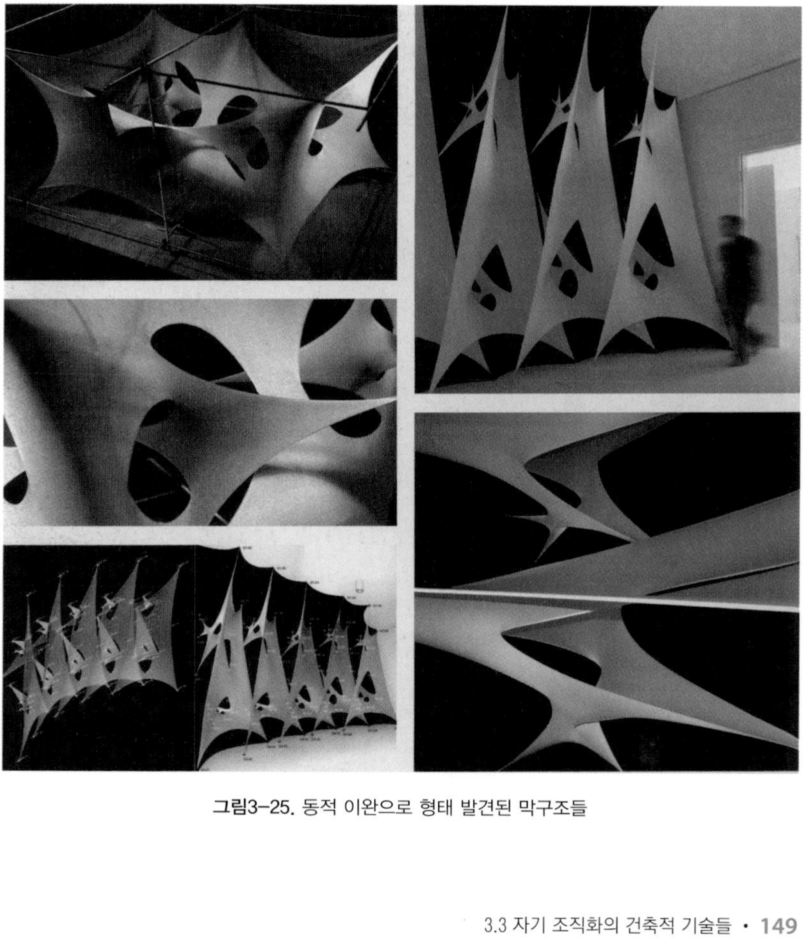

그림3-25. 동적 이완으로 형태 발견된 막구조들

나아가 동일한 소프트웨어를 적용함으로써 막이 상대적으로 비탄성 재료로 구축될 때에는 결합된 절단 패턴으로 만들어질 수도 있다. 그러므로 이 실험에서 사용되는 막구조의 재료는 날실과 씨실의 방향에서 서로 다른 탄성을 가지는 나일론 직물을 사용할 수 있으며, 막의 행태들을 바꾸어 주어 시각적 투과성을 분화된 전시 스크린으로 변조시켜주는 천공된 구멍들을 가지는 막들로 이루어지게 된다. 이 구멍들은 막 구조 시스템의 수행 범위를 확장시키는 다중 매개 변수적 역할을 한다고 할 수 있다.[56)]

(4) 미분적 표면 발동(Differential Surface Actuation)

물질계의 자기 조직화 능력은 전체적인 형태 발견으로 한정되지 않고, 전략적 지점들에 대한 힘들의 국부적 행사를 통해 전체 계의 전체적 조작으로 이끈다는 사실로부터 또 하나의 다중 형태 생성 방식이 나올 수 있다. 이것은 미분적(국부적) 표면 발동 방식으로, "통일적 요소들로 구성된 계의 물질적 능력이 국부적 발동의 광범위한 배치를 통해 복잡한 굴곡을 가진, 가변적이지만 안정된 형태들을 얻도록 하는 방식"[57)] 이다.

3) 생물학적 신재료

자기 조직화는 유기체의 물질적 구성을 최적의 배치로 구축하도록 한다. 건축에서는 자연의 물질적 형태들이 만들어지는 자기 조직화 과정의 생물학적 모델을 응용하여 새로운 재료들을 만들어내는 것이 가능한데, 여기서 중요한 것은 형태와 구조, 재료 세 가지 모두가 서로 분리될 수 없으며, 단일의 과정으로 통합되어야 한다는 점이다. 생물학적 물질계의 자기 조직화

56) *Ibid.*, p. 80.

57) *Ibid.*, p. 81.

는 시간에 걸쳐 일어나는 과정으로, 계의 질서와 구조에 대한 변화, 그리고 그 계의 행태를 수정하려는 변화를 위한 능력을 만들어내는 역학적 과정이라 할 수 있다.[58] 나아가 자연적 물질들은 스트레스와 부하 아래에서 안정된 배열로 자기 조직화하는데, 여기서 '조직화'는 "구조적 안정성을 만들어내기 위해 재료나 재료 시스템의 구성 요소들을 재질서화하는 것"[59]을 의미한다.

모든 스케일에서 자연계의 일반적 물질은 세포 재료로, 세포 재료의 내적 구조는 기본적으로 "오각형이나 육각형 포말(foam) 구조의 무작위적 배열"[60]로 구성되며, 빈 공간이건 공기나 유동체로 채워진 공간이건, 각각 유동적 상태, 혹은 고체의 면과 모서리를 감싸는 상태로 존재한다.[61] 또한 세포들은 다면체이며, 3-D 패턴 내에 모든 가능한 정렬된 공간을 감싼다.

그리고 포말은 공간 속에 서로 다르게 조직된 세포들을 가지며, 벌집 모양은 평행한 열들로 조직되고, 더욱 정형적인 프리즘 모양의 세포들을 가지려는 경향을 가진다.[62] 여기서 공학적인 벌집 형태와 포말들(그림 3-26), 나무, 해면(그림 3-27) 모양의 다공질의 뼈(그림 3-28) 와 코르크 같은 세포형

그림3-26. 폴리우레탄 포말의 형상

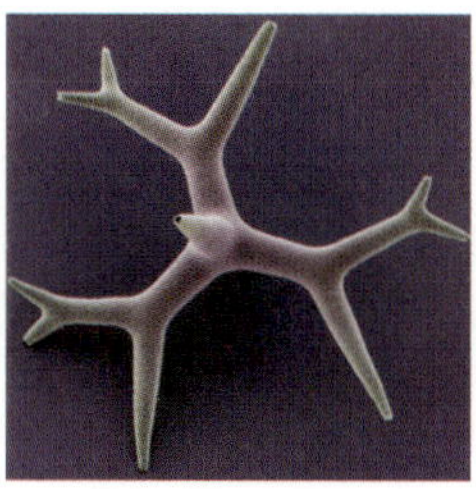

그림3-27. 칼슘 탄산염으로 만든 해면 침상체의 모습

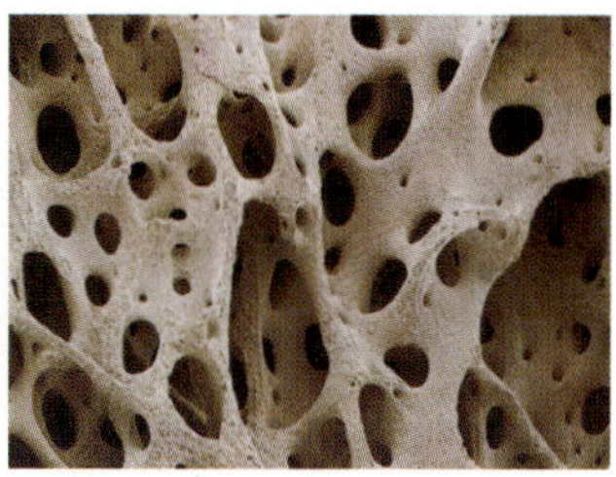

그림3-28. 해면의 다공성 뼈 조직

58) Stuart Kauffman, *The Origins of Order: Self-Organization and Selection in Evolution,* Oxford University Press, 1993, Michael Weinstock, "Self-Organisation and Material Constructions", *op. cit.,* p. 35 재인용.

59) Michael Weinstock, "Self-Organisation and Material Constructions", p. 35.

60) D Weaire, R Phelan, "A counterexample to Kelvin's conjecture on minimal surfaces", *Philosophical Magazine Letters,* vol 69, 1994; D Weaire, "Froths, foams and heady geometry", *New Scientist,* 21, May 1994, *Ibid.,* 재인용.

61) *Ibid.*

62) *Ibid.*

고체들의 구조와 특질들은 행태적 유사성을 지니므로 건축에서도 공학적 디자인을 위해 응용될 수 있다. 그러므로 건축에 응용되는 신재료의 물질적 특성에서 포말은 매우 중요한 역할을 한다고 할 수 있다.

건축에서의 신재료의 개발은 생물 동역학(Biodynamics)을 참조할 때 새로운 가능성을 얻게 된다. 기하학과 물질적 위계가 하나의 동역학을 만들어 낸다는 관점에서 볼 때 생물 동역학은 다른 종류의 운동들을 만들어내기 위해 분화된 기하학적 배치들 속에서 선인장(pre-tensioning) 체계와 팽압의 변양태들에 의해 얻어지기 때문이다.[63] 이러한 관점에서 생물학적 모델의 기본적 구성 재료는 섬유질이라 할 수 있다.

예를 들어 유연한 피부를 가진 많은 동물들은 선인장된 섬유 조직이 흐름 속의 압력에 의해 평형을 이루게 되는 유체 정역학적 뼈대를 이용하며, 비목질화된 식물들 역시 구조적 안정성을 얻기 위해 흐름 속의 압력을 이용해 세포벽 내의 셀룰로스 섬유질을 선하중하고, 세포 내의 팽압의 제어에 전적으로 의존하기 때문이다. 즉 섬유질은 생물체의 기본 물질이며, 생물학적 모델은 거의 모든 하중을 셀룰로스와 콜라겐, 키틴, 실크 같은 섬유질 혼성물을 통해 전달한다.

이러한 섬유질은 공학적 물질 보다 훨씬 낮은 밀도를 지니지만, 이들 자체 보다는 이들이 배치되는 방식에서 매우 성공적인 역할을 하므로, 무엇보다도 섬유질 건축 재료의 기하학적, 위계적 조직이 매우 중요하다고 할 수 있을 것이다. 왜냐하면 섬유질 혼성물은 이방성으로, 분화된 기하학적 배치와 위계 속에서 동종의 등방성 물질에 비해 더 높은 수준으로 최적화될 수 있기 때문이다. 다시 말해 스트레스 하의 성장이 보여주듯, 강직도와

63) 식물 세포들이 삼투압에 의해 물을 흡수할 때 그것들은 팽창하지만 세포벽은 세포들이 파열하는 것을 막아준다. 식물 세포들은 부풀기 시작하는데, 그것은 팽창과 단단함을 의미한다. 팽창 압력은 액상이거나 유체 정역학적 압력(정수압)이며, 팽창은 식물의 녹색 부분을 일어서도록 만든다. George Jeronimidis, "Biodynamics", *AD.,* 5/6, 2004, p. 92.

강도는 적용된 하중의 방향과 크기에 대응되므로 유기체가 성장하는 동안 경험하게 되는 힘들은 그것이 필요한 위치와 방향으로 새로운 물질의 선택적 침착을 만들어 내기 때문이다.

한편 섬유질은 순수한 장력을 전달할 때는 매우 효율적이지만[64] 좌굴에 의한 압력에는 가장 취약한 면을 보이기도 한다. 그러므로 건축 구조에 이러한 섬유질을 응용할 때에는 선인장력을 주어 압축 하중을 막아주고, 압축력을 전달하기 위해 즉시 섬유질로 연결될 수 있는 높은 계수의 미네랄 단계를 도입하며, 측방향 안정성을 위해 섬유질들의 네트워크를 강하게 교차 연결하거나, 압축력이 섬유질을 따라 작용하지 않도록 섬유질 방향을 바꾸는 것들이 하나의 대안으로 될 수 있을 것이다.[65]

생물학적 모델에 기초한 신재료는 자연의 유기체를 참조하지만, 자연의 유기적 물질이 아닌 인공의 비유기적 물질들로부터 분자적 수준에서 물질 자체에 대해 내적 구조를 조절하는 방식으로 만들어진다. 자연에는 존재하지 않는 독특한 조합의 이러한 신재료들은 기본적으로 경도와 투과성, 강도와 낮은 중량 등의 동시적 최적화를 위해 개발된다.

대표적인 신재료들로는 중합체(polymer, 그림 3-29)류, 포말 금속(foamed metal, 그림 3-30), 케블라(kevlar, 그림 3-31)로 대표되는 유기 섬유(organic fibre), 액정(liquid crystals, 그림 3-32), 세라믹(ceramics, 그림 3-33) 등의 자기 조직적 재료들

그림3-29.
중합체로 제작한 의자

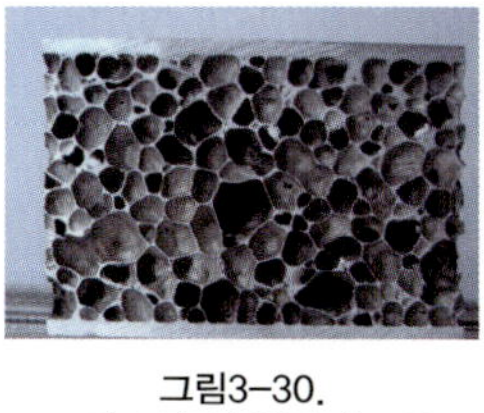

그림3-30.
포말 금속인 알루미늄 폼

그림3-31.
케블라 시트

64) M. Elices, ed., *Structural Biomaterials,* Princeton University Press, 2000, *Ibid.,* p. 94 재인용.
65) *Ibid.*

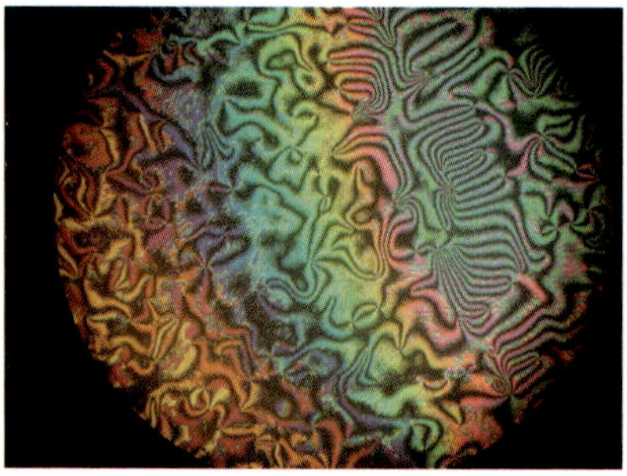

그림3-32. 액정

그림3-33. 세라믹 꽃

을 들 수 있다. 독일의 건축가이자 AA의 건축과 교수인 미하일 바인스톡은 다음과 같이 건축에 응용될 수 있는 자기 조직적 신재료들의 물질적 특성을 설명하고 있다:

> 예를 들어 중합체는 DuPont's Corian 같이 모든 방향에서 밀도와 강도가 유사한 동질적 재료로 구성되는 단순 중합체와 이질적 재료로 구성되어 차별화된 다중의 켜를 가진 필름과 표면들에 이용되는 복합 중합체 등이 있는데, 이것들은 자연 중합체들의 복잡한 기능과 자기 조직화하는 행태를 모방하고 적용해 매우 강한, 투명, 혹은 반투명의 필름들로 파사드 재료를 만들어 자체 정화되고 방수 기능을 가진 표면으로 생산될 수 있다. 이것들은 향후에 벌집 구조체로도 발전될 수 있다.
>
> 포말 금속으로서의 알루미늄 폼들은 복잡한 3-D 형태들로 주조될 수 있고, 중합체 폼보다 강하며, 상대적으로 높은 온도에 견디고, 시간이 지남에 따라 안정된다. 이것들은 매우 경량이며, 금속 밀도의 10% 정도이다. 또한 밀폐 기포식 알루미늄 벌집은 패널 구조의 코어 재료로 사용되며, 표피로도 사용되고, 유리와 공업용 탄소의 특성들을 결합한 유사 유리 탄소로 만들어진 새로운 개방 기포식 포말 재료는 생물학적 골격을 위해 사용된다.

나아가 높은 비율의 빈 공간들로 조합되는 넓은 표면과 화학적, 생물학적으로 불활성을 지닌 유리질 탄소, 세포질의 유리 구조들 역시 가능하다. 그러므로 개량되고 최적화된 기포 위상 기하학을 위해서는 포말 내 기포들의 위상 기하학과 기포식 재료의 결과적 수행들이 연구되어야 할 것이다.

케블라는 가장 잘 알려진 유기 섬유로, 재료적 특성의 독특한 조합으로 인해 널리 사용되는 재료인데, 철의 5배에 해당하는 높은 인장력을 가지며, 경량성, 훌륭한 수치적 안정성으로 인해 주로 해저에서 경량의 케이블과 로프 등으로 사용된다. 나아가 케블라는 높은 충돌 저항으로 인해 군사용이나 항공기의 복합 패널 용도로도 사용되므로 건축에서의 응용 가능성은 더욱 크다고 할 수 있을 것이다.

또한 액정은 액체의 유동성과 고체의 분자적 구조를 동시에 가지며, 결정체 상태와 등방성의 액체 상태 사이에서 생기는 단계 변화라고 할 수 있다. 여기서 케블라 역시 중합체에서 액정의 액체와 결정체 사이의 단계를 조정함으로써 만들어지는 결과물이라 할 수 있다.[66] 결과적으로 액정과 자연적 중합체, 혼성 중합체 같은 자기 조직적 재료들은 생체 기술, 센서, 스마트 의학 표면, 나아가 선박, 자동차, 비행기들에 널리 적용되었지만 앞으로 건축의 새로운 구조와 시스템을 위한 훌륭한 신재료로서의 무한한 가능성을 지닌다고 할 수 있을 것이다.

마지막으로 세라믹 역시 높은 압축 강도와 경량, 화학적 불활성, 고온에 견디는 구조재이지만 약한 긴장 강도를 가지며, 이 문제의 해결책은 생물학적 모델로부터 가능할 것이다. 예를 들어 구멍이 많은 다공성 세라믹은

66) 예를 들어 거미는 그들의 실을 만들기 위해 액체적 결정체 상태에서 낮은 점성을 이용하는데, 거미줄은 케블라와 같이 강하며, 그러므로 그것이 대부분의 합성 섬유들 보다 우월하고 부하 속에서 40% 까지 당겨질 수 있음을 의미한다.

벌집 형상과 섬유, 막대, 빈 구체로부터 만들어지는 구조의 포말 등 다양한 형태와 위상 기하학으로 생산될 수 있을 것이다.[67]

다중적 목표	식물성장방식의 디지털식 진화 : L시스템
	다중수행 : 분화와 증식
다중적 형태	매개변수적 기하학
	보로노이 다이어그램
	동적이완
	미분적 표면발생
생물학적 신재료	중합체, 포말금속, 유기섬유, 액정, 세라믹

표1. 자기조직화의 건축적 기술들

3.4 자기 조직화의 건축적 적용 사례

1) L-시스템

캘거리 대학의 프루진키에비치(P. Prusinkiewicz)교수팀이 사용한 L-시스템의 방식은 식물 성장에 외부로부터의 물리적, 생물학적, 환경적 입력을 해서 중력, 향성, 식물 구조의 다양한 요소들 사이의 결합된 영향을 통합시키는 것으로, 이러한 식으로 전체의 건물 시스템과 외피는 다중 변수적 입력으로 채워질 수 있으며, 다중 수행적 대상을 만족시키기 위해 최적화될 수 있다. 이것은 외부적 자극이 건축의 발생 과정의 부분으로 된 것으로, 예를 들어 중력의 입력은 태양광이나 빗물 수합 등의 환경적 입력과 협상하게 되는 구조적 행태를 채울 수 있게 된다.

67) Michael Weinstock, "Self-Organisation and Material Constructions", pp. 36-38.

이것은 또한 다양한 식물 특성들을 모델화하도록 만들어주는데, 예를 들어 나선형 잎차례는 씨앗이나 깍지들의 포장, 태양광 등의 환경적 입력을 향한 잎들의 방향과 노출을 최적화시키는 데에 사용될 수 있다. 이러한 식물 시뮬레이션을 통해 건축적 요소들이 태양 궤적이나 바람의 주방향 등의 다중적 입력 소스들에 관련되어 건물 외피를 배치하게 되는 다중적 목표의 최적화를 이룰 수 있다. 이것을 통해 또한 건물 외피에서 에너지 발생적 광전지나 광합성 요소 같은 특별 수행적 건축 양상들의 정보화된 배치를 가능하게 할 수도 있다.

캘거리 팀의 또 다른 실험은 L-시스템을 이용해 특별한 기능을 가지는 식물들의 엽공 주변의 작은 털들의 골격(그림 3-34)을 발생시키고, 3-D 스튜디오와 시네마 4-D 같은 소프트웨어로 털의 특별한 자질과 공기의 흐름과 관련된 털의 시뮬레이션을 통합하는 방식을 보여준다. 이것은 개체적 행태로부터 더 나아가 개체군들과 환경적 인자들과의 상호 행위를 포함하는 개체군 생태학을 적용함으로써 개체들의 기하학적 분절 및 특별한 형태 뿐 아니라 종들 사이, 특정 환경과의 상호 작용, 국부에서 전체로, 그리고 전체에서 국부적 방향으로의 생태계 내의 공간적 분포까지 다루게 되는데, 이런 유형의 모델링은 환경과의 상호 작용에 따라 분포되고 군집되는 건물군의 행태, 건축적 요소들이 더 큰 건축 외피를 가로 질러 분포되는 방식들로까지 확대될 수 있다.

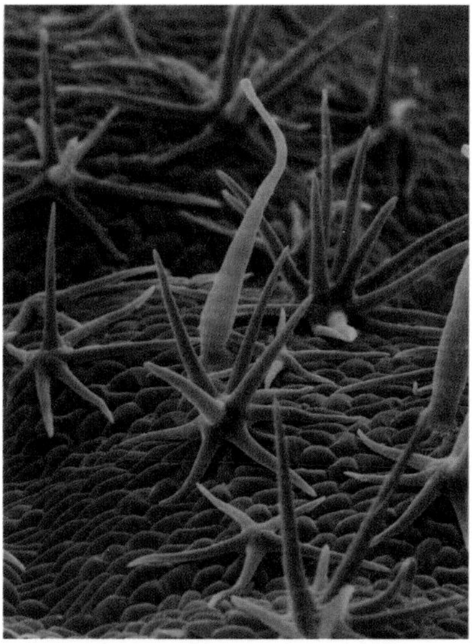
그림3-34. 식물들의 엽공 주변의 작은 털들

아힘 멩게스의 '디지털 성장과 개체 발생적 흐름 계획(그림 3-35)'은 L-시스템을 이용해 발생된 표면 기하학이 매개 변수적 요소들의 알고리즘적 분배에 제공되고, 그것이 자기 결합적 직선 부재들의 복합적 네트워크를 만들어내는 방식을 보여준다. 여기서 L-시스템에 의해 발생된 표면은 일련의 모서리와 꼭짓점, 영역들에 의해 구성되는 그래프 자료 구조로 재현되며, 모든 모서리들은 디지털 성장 과정 동안 연속적으로 정정되므로 표면의 모든 부분은 개체 발생적 흐름이 안정된 형상으로 될 때까지 지속적으로 변화하게 된다.

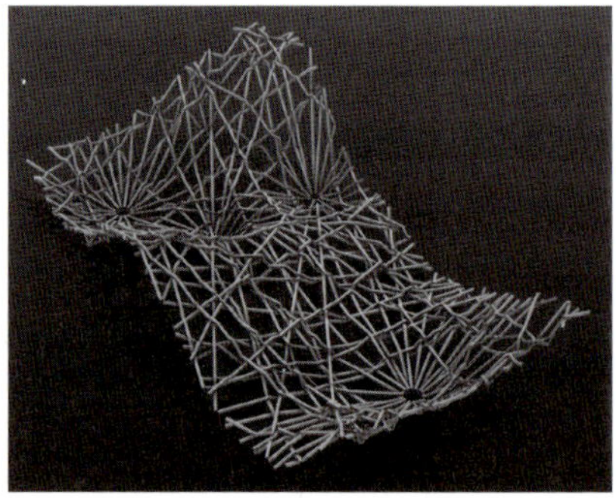

그림3-35. 아힘 멩게스, 디지털 성장과 개체 발생적 흐름 계획

이 모델은 성장하는 표면에 기초해 물질적 요소들을 구현하기 위해, 전체적 파동이나 굴곡 같은 기하학적 표면 형상에 대응하며, 다양한 알고리즘이 연관된 마디 유형과 각각의 요소를 따라 표면 위에서 선들의 네트워크를 설정하는데, 그러면 디지털 구성 요소들이 적절하게 시스템에 배치되어 가상의 견고한 모델을 구축하게 된다. 결과적으로 식물들의 자기 조직적 최적화 과정을 이러한 시뮬레이션에 의해 건축의 형태와 외피적 특성들에 적용해 다중 수행적으로 만드는 것은 건물의 환경에 대해 다중 목표적으로 유연한 최적화와 안정된 구조를 가능하게 해주는 새로운 방식으로서 의미를 지닐 수 있다.

2) 분화와 증식에 의한 다중 수행 방식

아힘 멩게스의 지도하에 AA에서 앤드류 쿠들리스(Andrew Kudless), 라니디아 레만(Ranidia Leeman) 등이 행한, 비틀리고 휘어지는 종이 띠들의 형태학 실험(2004, 그림 3-36)은 구성 요소들을 기하학적 연관 관계에 의해 결정된 매개 변수적 구성 요소들에 기초해 분화와 증식을 만드는 방식이다. 이것은 매개 변수적 구성요소를 서로 다르게 예시함으로써 다양하게 분화되는 하부 위치의 재료체계를 만드는 실험으로, 휘어진 종이 띠들의 물리적 행태를 분석해 굴곡점, 표면과 접촉 정렬선 등의 기하학적 형상들을 매개 변수적 구성 요소로 설정해 다중 형태적인 개체군 속으로 증식시키는 과정을 보여준다.

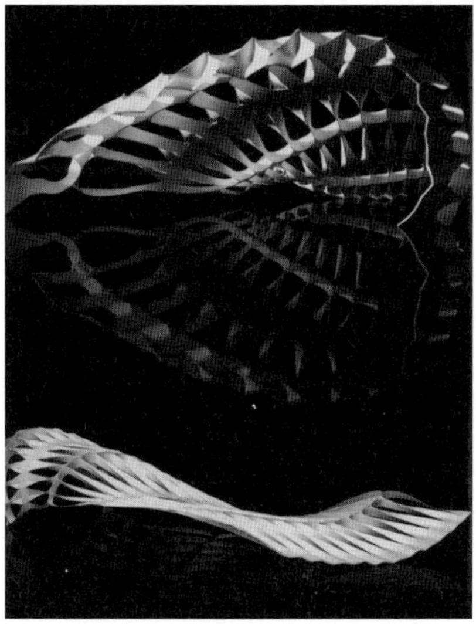

그림3-36. 아힘 멩게스, 앤드류 쿠들리스, 라니디아 레만, 종이띠 실험의 분화와 증식

여기서 가변적인 증식 환경은 구성 요소들의 증가에 대한 일종의 제한 조건으로 작용하며, 환경의 경계에 도달할 때까지 증가하는 개체군 속으로의 외향적 증식과 초기 계 설정 내에서의 내향적 증식, 환경과 입력에 기초한 위계적 증식의, 세 가지 증식 모드의 알고리즘이 작동된다.

결과적인 시스템은 개체적 구성 요소들의 국부적 조작과 구성 요소 개체군의 지역적 조작, 구성 요소 전체 시스템의 전체적 조작, 그리고 증식 환경과 분배 알고리즘들에 개방되어 디지털 시뮬레이션된 힘 분배 및 다양한 조도 같은 그것들의 매개 변수적 조합에 의해 다중적 시스템의 다중적 수행을 보여주게 된다. 외적 환경과의 지속적인 피드백 속에서 이 행태적 경향들은 매개 변수적 분화를 통해 특별한 시스템의 개체 발생적 발전에 정보를 줄 수 있을 것이다.[68)]

다니엘 콜 캅데빌라(Daniel Coll I Capdevila)가 AA에서 행한 '띠 형태학에 의한 환경적으로 차별화된 힐링 환경 실험'(2004, 그림 3-37, 38) 역시 회복 환자들을 위해 동질의 환경 대신 개별적 요구와 선호들에 맞게 빛과 소리, 온도, 공기의 흐름들을 다양하게 제공해주는 서로 다른 환경을 위한 것으로, 분화된 공간 배치와 환경의 조절 능력을 가지는 다중 수행적 물질 시스템의 개발을 목표로 하고 있다. 이것은 금속판에서 잘라낸 금속 띠들을 이용해 휘고 비틀어 형태 발견을 함으로써 기하학적 행태의 시스템적 분석을 하는 실험이다. 여기서 유도된 기하학적 논리는 물질적 특성과 제작적 제약, 연관된 조합 논리들을 통합하는 디지털 요소의 결정에 정보를 주며, 디지털 매개 변수 요소는 띠들의 어떤 배치도 직접적으로 제작되고 조합되도록 허용하고, 일정한 변형 정도 내에서 다양하게 변할 수 있는 기하학적 결합을 만들어낸다.

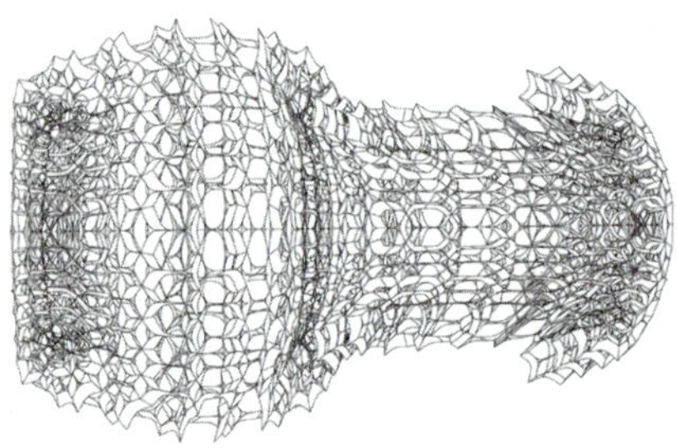

그림3-37. 다니엘 콜 캅데빌라, 띠 형태학에 의한 환경적으로 차별화된 힐링 환경 실험

그림3-38. 다니엘 콜 캅데빌라, 띠 형태학에 의한 환경적으로 차별화된 힐링 환경 실험 결과물

68) Achim Menges, "Polymorphism", *op. cit.*, p. 84.

그러므로 매개 변수적 모델링 속의 결합 기하학(associative geometry)의 설정을 통해 금속 띠들의 폭과 두께는 국부적 스케일에서 변화가 가능하며, 각각의 띠들의 방향도 바뀔 수 있게 된다. 나아가 지역적인 시스템 스케일에서 띠들의 밀도가 변할 수 있으며, 전체적인 시스템 스케일에서 전체 시스템의 기하학적, 위상기하학적 분절이 조작될 수 있다.[69]

이 실험은 결과적으로 물질 시스템의 행태를 통해 힐링 환경의 개발이 가능함을 보여주는 사례로, 구조와 빛, 음향들의 다중 수행 조건에 따라 분화되는, 매개 변수적으로 결정되는 띠 체계를 보여준다. 이러한 분화 방식에 의해 구조와 빛, 음향들의 다양한 목표에 다중적으로 수행이 가능한 구조와 형태가 만들어진다고 할 수 있다.

3) 매개 변수적 기하학

스마트 기하학 그룹(Smart Geometry Group)의 로버트 아이쉬(Robert Aish)는 벤틀리 시스템(Bentley Systems)의 제너라티브 콤포넌츠를 이용해 결합 기하학(associative geometry)의 복잡한 그래프를 표현한다. 이 프로그램은 굴곡진 자유 형태의 표면에 기초한 지붕의 기하학적 모델에 더해 이중 굴곡 표면의 매개 변수적 기하학의 상징적 모델을 첨가하고, 매개 변수적 표면 모델의 기하학적 입력을 제공하는 법칙 곡선 제어자(law curve controller)와 레이저 커팅을 할 준비가 된 패널들의 펼쳐진 패턴 레이아웃을 첨가하여 디자이너가 해결 공간 내에서 변양태들[70]을 실험할 수 있게 한다(그림 3-39, 40).

---

69) Michael Hensel, Achim Menges, "Differentiation and Performance: Multi-Performance Architectures and Modulated Environments", *op. cit.*, pp. 64, 65.

70) 변양태들은 다음의 조건들을 충족시킴으로써 가능하다: a) 척추 곡선(spine curve)의 정점은 데카르트 공간 내에서 이동 가능하다, b) 척추 곡선상의 평면들의 위치는 1-D 매개 변수 공간 내에서 이동 가능하다, c) 횡단면 곡선의 정점은 2-D 평면 공간 내에서 이동 가능하다, d) 표면 위 점들의 개수와 간격은 표면의 2-D 매개 변수 공간 내에서 정제될 수 있다, e) 평면적이거나 비평면적인 사변형, 혹은 삼각형 패널들을 위치시키기 위해 표면 위 점들을 이용하기 위한 다양한 대안적 선택들이 가능하다, f) 척추 곡선과 횡단면 곡선의 질서는 다양할 수 있다. Achim Menges, "Instrumental Geometry", p. 47.

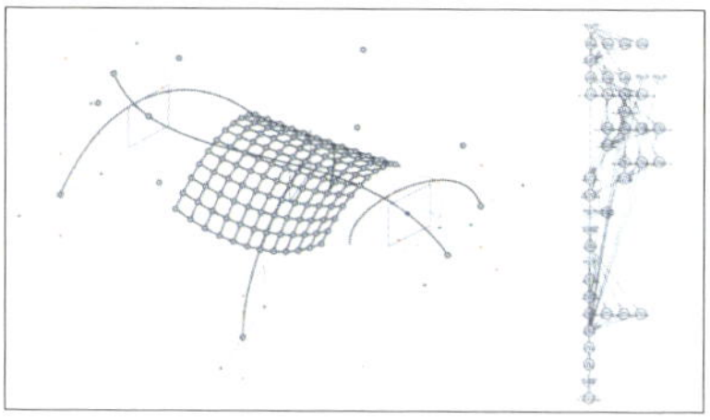

그림3-39.
결합 기하학의 기하학 모델과 이중 굴곡 표피의 동일한 매개 변수 기하학의 상징적 모델

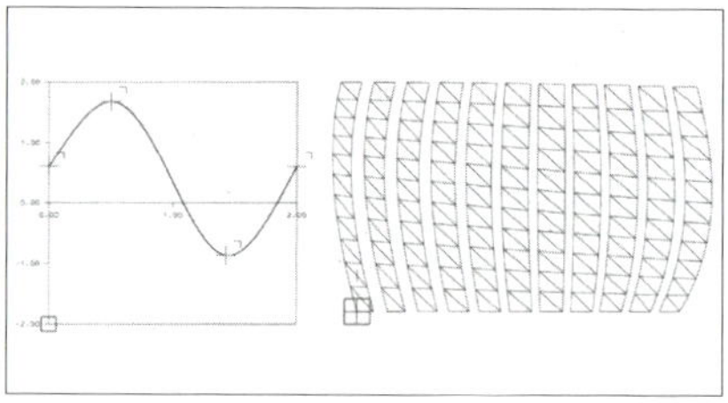

그림3-40.
결합 기하학의 매개 변수 표피 모델의 법칙 곡선 제어자와 그 표피들의 평평한 패턴 배치

휴 화이트헤드(Hugh Whitehead)와 스마트 기하학 그룹의 워싱턴 스미소니언 협회 중정 지붕(2004, 그림 3-41)은 노먼 포스터가 초기에 스케치한 세 개 돔 내의 8개 기둥 위의 부드럽게 흐르는 곡면으로부터 일련의 기하학, 매개 변수 수치들, 컴퓨터 스크립트를 통해 이루어진다. 여기서 형태 생성의 과정은 세 개의 표피와 기둥 표식들, 컴퓨터 스크립트가 전체의 지붕 기하학(그림 3-42, 43)[71] 을 제어하고, 단부 보의 위치와 돔 높이, 드레인 위치 같은 제한들이 디자인 표면에 의해 정보가 주어진 후, 일련의 단순한 제어선들로부터 형태가 만들어지는 형식을 취한다.

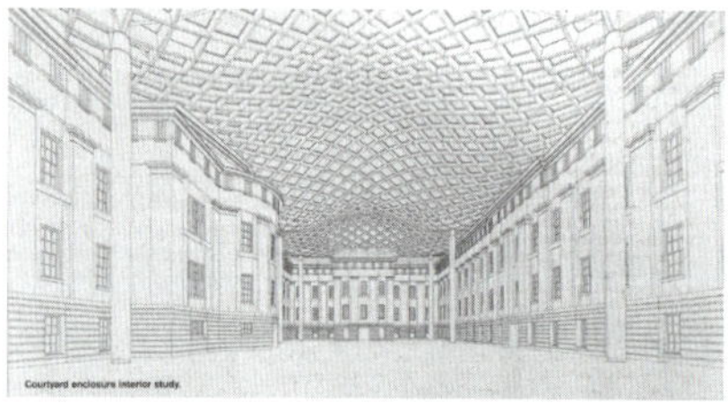

그림3-41. 휴 화이트헤드, 워싱턴 스미소니언 협회 중정 지붕 계획

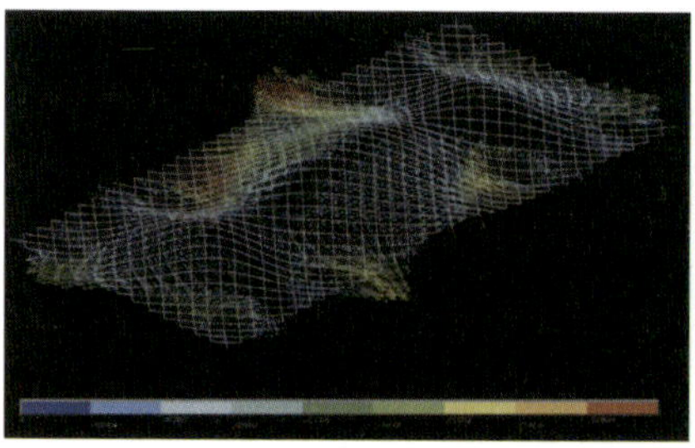

그림3-42. 자기하중을 받는 회전 굴절의 구조 분석

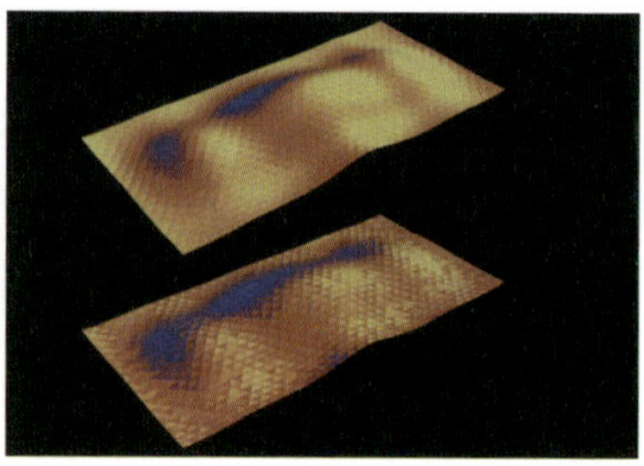

그림3-43.
차양이 없는 지붕패널들과 차양이 있는 지붕 패널들 위의 일일 평균 단열 분석

71) 그리드 표면의 매개 변수화는 디자인 결절점의 평면 배치를 결정하고, 높이 위치는 디자인 표면에 의해 주어진다. 이 표면들과 세 번째 표면 사이의 관계는 보의 휨을 제어하고, 설정된 기하학은 생성적 스크립트의 매개 변수들을 제어하기 위한 메커니즘을 수행한다. *Ibid.*, p. 48.

라스 헤셀그렌(Lars Hesselgren)의 런던 비숍게이트 타워(2005, 그림 3-44)는 선과 단순한 탄젠트 원호만으로 이루어진 단순한 기하학(그림 3-45)을 사용한다. 주요 기하학은 잘려진 원추형으로 모서리가 깎이는, 점점 가늘어지는 평면들의 연속이며, 각 평면의 가늘어짐은 잘려진 원추형의 가늘어짐을 제어하기 위해 기하학적 체계 내에서 단지 제어 메커니즘으로만 작용한다. 매개 변수적 모델링은 왕관 높이의 간단한 조절을 허용하며, 각 기둥들은 직선이지만 어떤 것도 수직이 아니라는 결과로 설정 기하학에 평행한 벡터 상에 자신의 중심선을 가지게 된다. 이 모두는 형태적 제한 요소로서의 특정한 기하학을 설정하고, 기하학 내의 다양한 매개 변수들을 도입하여 형태를 생성시킨 결과들로, 자기 조직화를 통해 다양한 다중적 형태를 생성시키는 방법이라고 할 수 있다.

그림3-44.
라스 헤셀그렌, 런던 비숍
게이트 타워, 2005

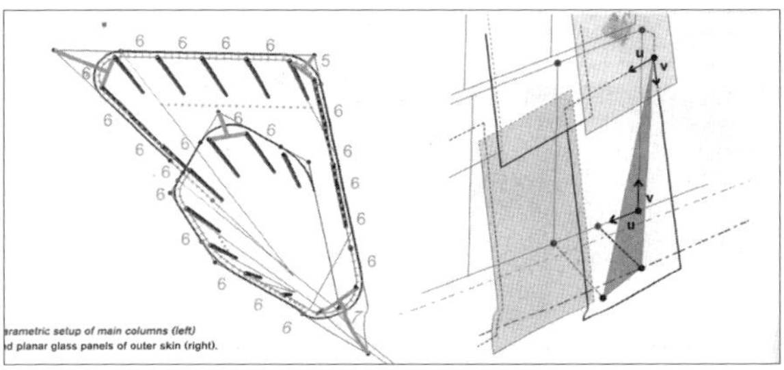

그림3-45.
주기둥의 매개 변수적 설정과 외피의 평면 유리 패널들

4) 보로노이 다이어그램

보로노이 다이어그램은 기본적으로 자기 조직화에 의한 반복적 증식을 통해 진화적 공간으로 만들어지는 과정을 거친다. 이는 각 세포가 환경에 대응해 다각형이나 다면체들의 군집을 이루면서 공간을 형성해가는 방식으로, 일종의 발생 알고리즘(Generative algorithm)이다. 이것의 적용 방식은 크게 "발생 방식의 적용, 환경 분석에 의한 매개 변수 추출, 정보의 되먹임을 통한 선택"[72] 등으로 구분될 수 있다.

앤드류 베이컨(Andrew Baccon)의 스무스 3-D(Smooth 3-D) 계획(2007, 그림 3-46, 47)은 보로노이 다이어그램을 이용해 "임의의 복잡한 표면과 경사진 그리드 패턴을 반복시켜 곡면과 물결무늬의 형태를 발생시키며, 자하 하디드의 국립 가오슝 행위예술센터(2007, 그림 3-48, 49)는 주변 환경과의 상호 작용을 통해, 앤드류 쿠들리스(Andrew Kudless)의 C-Wall(그림 3-50, 51)은 2-D와 3-D의 보로노이 세포 구조를 이용해 얇은 종이로 CNC 머신을 사용해 제

그림3-46, 47. 앤드류 베이컨, 스무스 3-D, 2007

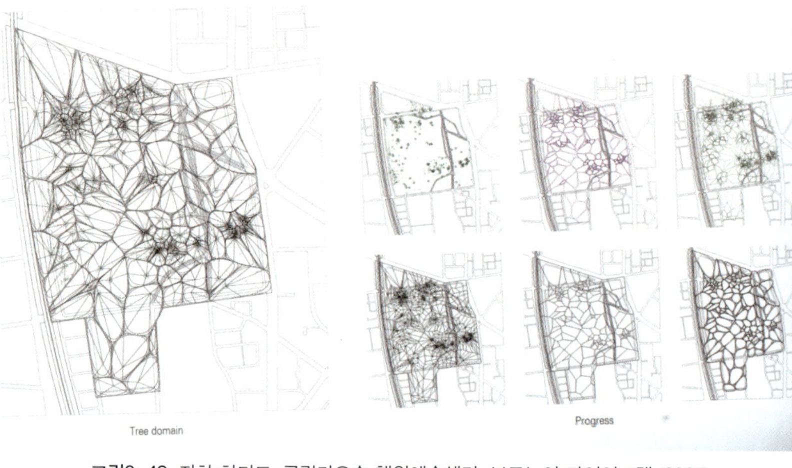

그림3-48. 자하 하디드, 국립가오슝 행위예술센터, 보로노이 다이어그램, 2007

72) 강가애, 윤재은, *op. cit.*, pp. 161-163.

그림3-49. 자하 하디드, 국립 가오슝 행위예술 센터, 2007

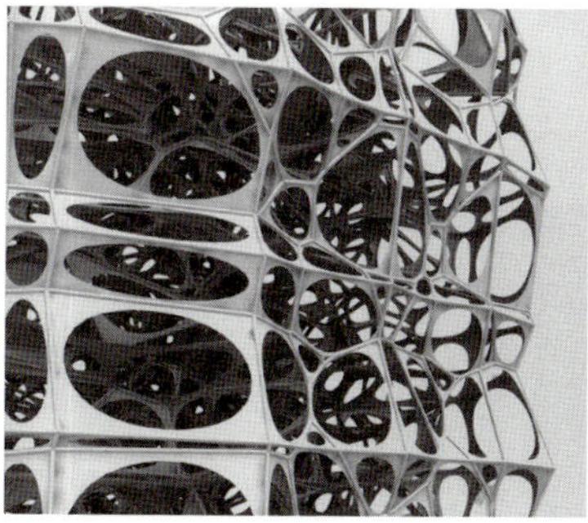
그림3-50. 앤드류 쿠들리스, C-Wall

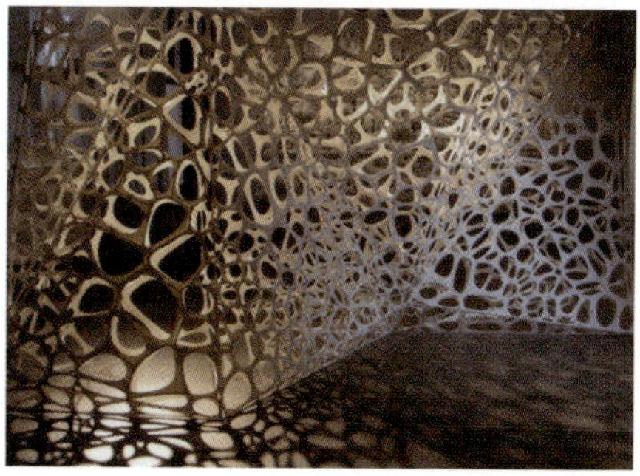
그림3-51. 앤드류 쿠들리스, C-Wall

작한 벽체 구조이며, 툴룸(Tulum) 유적지 박물관(2006, 그림 3-52, 53, 54)은 주변 및 동선의 흐름, 방문자들의 움직임, 지역적 공간 분포들을 세포 집합 구

그림3-52. 앤드류 쿠들리스, 툴룸 유적지 박물관, 2006

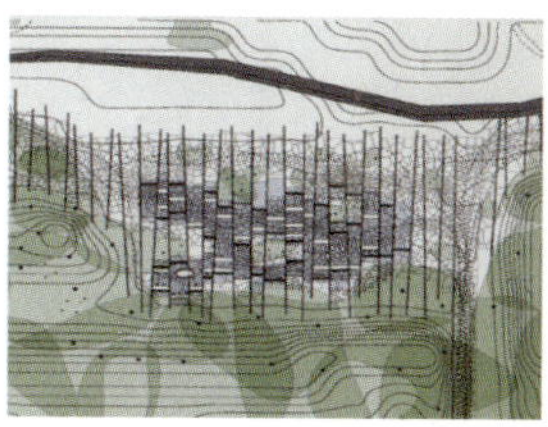
그림3-53. 앤드류 쿠들리스, 툴룸 유적지 박물관 평면, 2007

그림3-54. 앤드류 쿠들리스, 툴룸 유적지 박물관 실내, 2007

조체로 형태를 생성시켜 3차원 보로노이 골재 시스템을 적용한 예이다. 나아가 자하 하디드의 서펜타인 미술관 내 릴라(Lilas) 구조물(2007, 그림 3-55)은 자연 기하학의 외적 제한 조건을 적용하며, G-놈(G-Nome)의 넷랩(Net Lab, 2006, 그림 3-56)은 지역의 환경 수치에 따라 분화된 공간을 장소적 구성 요소별로 입력하여 형태 발생을 시도한다."[73]

그림3-55. 자하 하디드, 릴라 구조물, 2007

그림3-56. G-Nome, Net Lab, 2006

벤자민 아란다(Benjamin Aranda)와 크리스토퍼 라쉬(Christopher Lasch)는 뉴욕의 MoMA와 현대 미술센터가 주최한 젊은 건축가 프로그램(YAP)을 통해 보로노이 기하학을 이용해 다양한 형태의 인공적 돌(boulder)들을 보로노이 다이어그램 방식으로 서로 접합시켜 현대적인 인공적 암벽인 그로토(Grotto) 구조물(그림 3-57, 58)을 구축한다.

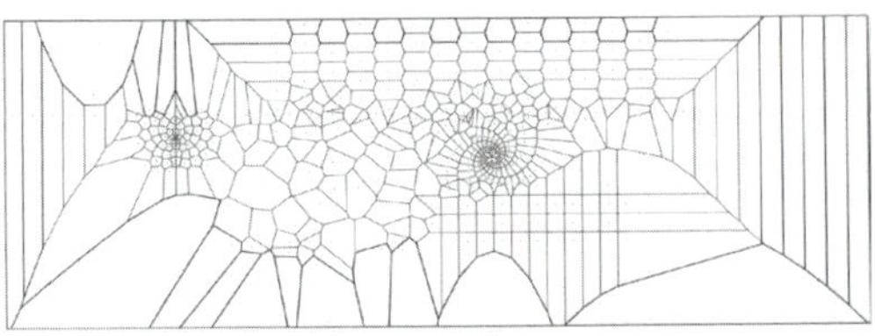

그림3-57. 벤자민 아란다, 크리스토퍼 라쉬,
그로토 2-D 보로노이 스터디

그림3-58. 벤자민 아란다,
크리스토퍼 라쉬, 그로토

73) *Ibid.*

쇼에이 마추카와(Shohei Matsukawa)와 OOO스튜디오가 공동 제작한 일본 토나미의 알고리즘 공간[헤어 살롱](AlgorithmicSpace[Hair Salon], 2005, 그림 3-59, 60, 61) 역시 보로노이 다이어그램을 알고리즘으로 이용해 "각각의 사용자가 서로 연결되는 독립된 실을 이용하면서도, 미용사의 움직임에 의해 방해받지 않는 공간을 가지게 되는"[74] 평면으로 계획된 건축물이다.

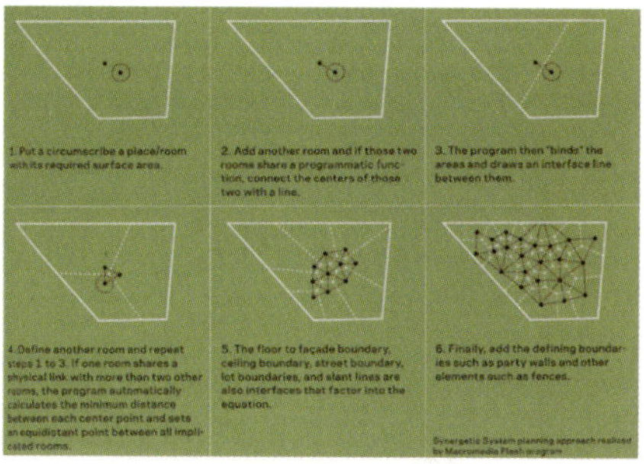

그림3-59. 쇼에이 마추카와,
토나미 알고리즘 공간 보로노이 형태생성 과정, 2005

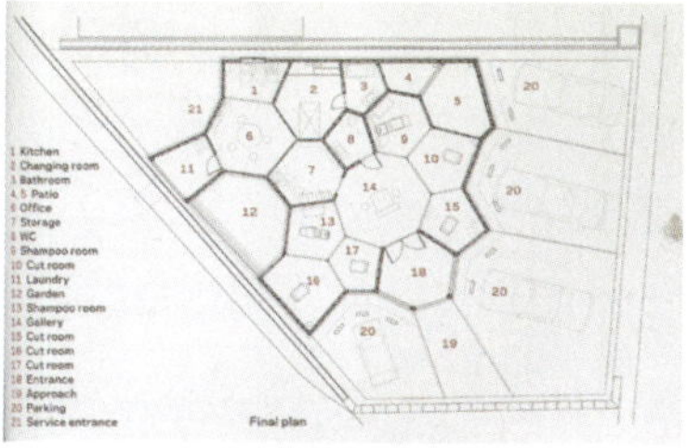

그림3-60. 쇼에이 마추카와,
토나미 알고리즘 공간 평면, 2005

그림3-61. 쇼에이 마추카와,
토나미 알고리즘 공간 모델, 2005

아힘 멩게스와 앤드류 쿠들리스의 벌집 구조(Honeycome morphology prototype, 2004, 그림 3-62)는 다양한 기하학적 외피들에 옮겨질 수 있는 벌집 체계를 보로노이 다이어그램에 의해 알고리즘적으로 발생시키는 계획이다. 사용되는 기하학으로서 발생된 모든 세포들은 옆의 세포벽과 육각형을 유지한 채 접선 방향을 유지하며, 벌

그림3-62. 아힘 멩게스,
앤드류 쿠들리스, 벌집 구조, 2004

74) *Verb Natures,* Architecture Boogazine, Actar, 2005, p. 32.

집형 띠들의 궁극적 정점들을 결정하기 위해 점들은 디자이너에 의해 결정되고 디지털적으로 매핑되는 과정을 거친다. 나아가 분배된 점들을 연결하는 알고리즘은 접혀진 띠 선들을 만들어내고, 모든 점들을 가로 지르는 이 알고리즘을 순환적으로 반복시켜 벌집형 그물을 형성하는 방식을 보여준다. 이것은 일종의 통합적인 형태 발생과 제작의 과정으로, 알고리즘을 통해 다중 형태를 생성시키는 방식이라 할 수 있다.

5) 동적 이완

동적 이완 방식은 외적 힘들의 영향 아래에 있는 물질계의 자기 조직화를 이용한 프라이 오토의 형태 발견 실험으로부터 비롯되는데, 그의 만하임 멀티홀(1975, 그림 6-63)은 막구조를 이용해 실험한 초기의 예로서, 특별한 경계점과 결과적인 선 인장력의 치환을 통해 구조 형태가 외력과 내부 저항력의 균형을 이루게 되어 그리드쉘 형태로 되는 방식을 보여준다. 이것은 일단 전체적인 굴곡 형태가 만족되었을 때 유연한 매달림식 그물 모델이 세워지고, 이 그물이 자체의 하중 아래에서 공간적으로 굴곡진 매달림식 형태로 되어 그것에 대해 작용하는 장력만 갖게 됨으로써 거꾸로 된 형태가 휨력을 받지 않고 축압축력만 받게 되는 형식이다.

그림3-63. 프라이 오토, 만하임 다목적홀, 1975

SBA의 상하이 엑스포 막구조(2010, 그림 3-64, 65)와 마시밀라노 푹사스, 황경주 박사의 프랑크푸르트 마이 차일 쇼핑센터(2008, 그림 3-66, 67)의 굴곡 유리 지붕 역시 동적 이완법을 이용해 기둥 없이 자기 조직화 되어 안정되는 자유 굴곡면을 만든 예이다. 이 역시 자기 조직화의 안정적 구조 실험을 통해 다중의 굴곡 형태를 발생시키는 방법이다.

그림3-64. SBA, 상하이 엑스포 막구조

그림3-65. SBA, 상하이 엑스포 막구조, 2010

그림3-66. 마시밀라노 푹사스, 황경주, 프랑크푸르트 마이차일 쇼핑센xj, 2008

그림3-67. 마이 차일 쇼핑센터 실내

6) 미분적 표면 발동

미하일 헨젤과 아힘 멩게스가 라이스 대학 발생적 프로토 건축 스튜디오에서 조셉 켈너(Joseph Kellner)와 데이빗 뉴튼(David Newton) 등과 함께 한 메타패치(Metapatch) 계획(2004, **그림** 3-68, 69)은 작은 장방형 목재 요소들을 큰 목재판에 모서리 볼트로 두 개는 영구 고정시키고, 두 개는 조절 가능한 상태로 부착시켜, 이 두 개의 볼트를 조이는 과정에서 요소들의 모서리들 사이 거리가 증가되고, 패치가 휘어지기 시작해 각각의 더 큰 패치가 7,680개의 발동 볼트로 서로 다르게 조인 요소들로 덮힘에 따라 국부적 발동이 전체적인 굴곡 변형을 일으키게 되는 방식이다. 이것은 크기, 두께, 섬유 방향, 발동자 위치, 회전력 등의 패치 변수와 요소들의 상관관계에 따라 기하학적 패턴과 발생된 행태가 결정되는 방식으로, 계의 물질적 능력과 국부적 발동에 기초한 형태 발생과 제조 기술의 통합적 예를 보여준다.

그림3-68. 조셉 켈너, 데이빗 뉴튼, 메타패치 계획, 2004

그림3-69. 조셉 켈너, 데이빗 뉴튼, 메타패치 계획 디테일, 2004

7) 생물학적 신재료

그림3-70. SMO, Arup, 버블 고층빌딩 베를린, 2002

유기체의 자기 조직화된 공간 구조로부터 응용된 공간 충전식 다면체와 포말 기하학에 기초한 디자인은 강하면서도 유연한 재료 체계를 제공한다. 여기서 세포 크기의 제어, 전체 구조 내의 크기들의 분배와 분화, 연결 각도와 개수들은 강도와 투과성에 있어서의 변수로 작용한다. SMO 아키텍투어와 Arup의 베를린 버블 고층 건물(2002, 그림 3-70)은 표면 교차점에서 잘리는 분화된 구체들을 가지는 개념적 고층 건물을 알고리즘으로 생성된 다양한 크기의 버블들이 감싸는 형상이다. 여기서 개념적 볼륨의 외부 평면과 버블들 사이의 교차점은 무주 공간의 실내로 된다.

이것으로부터 더욱 발전된 것은 PTW 아키텍트와 Arup이 디자인한 베이징 워터큐브 수영장(2007, 그림 3-71)이다. 이것은 양변이 177m인 정방형 평면과 30m 높이의 거대한 무주 공간에서 부여된 하중에 따라 다양한 결절점들에서 용접되는 철제 튜브들 사이를 반투명의 초강력 플라스틱 중합체인 4,000개의 ETFE(Ethylene Tetrafluoroethylene, 그림 3-72, 73) 쿠션들이 덮는 형상으로, 이 ETFE 쿠션들은 충분한 태양 에너지를 흡수해 고에너지 효율성을 보장해준다. 이 ETFE는 유리/㎡ 와 동일한 양의 단 1%의 중량을 지니는 초경량 재료이므로 이 건물에서 7.5m라는 불가능한 간격을 가능하게 하며, 이중 스킨의 포말 파사드를 이룸으로써 태양의 복사열을 흡수하고 열손실을 막는 훌륭한 기능적 수행을 하게 된다.

그림3-71. PTW 아키텍트, Arup, 베이징 워터큐브, 2007

그림3-72. 베이징 워터큐브의 ETFE 쿠션들

그림3-73. 베이징 워터큐브의 ETFE들

나아가 이 건물에서는 이중의 ETFE 켜를 통해 "외부와 내부 사이의 공동(cavity) 속에서 압력을 조절하기 위해 내부 쪽의 얇은 포일이 열리거나 닫힘으로써, 마치 나무 아래나 깊은 물속의 빛과 같이 빛의 구배적 얼룩 효과가 조절될 수도 있게 된다."[75] 유기체의 자기 조직화된 구조들로부터의 이러한 신재료의 응용은 자연계의 자기 조직화 특성인 유연하면서도 강한 구조체를 가능하게 해 줄 수 있을 것이다.

자기 조직화는 복잡계 내에서 형태와 행태, 구조들을 창발시키는 주요 메커니즘이다. 이것은 하나의 계로서의 유기체가 공간과 시간 속에서 자신들의 구성 요소들 사이에서, 그리고 그것들과 환경과의 사이에서 다양한 상호 작용을 통해 복잡한 형태와 행태를 얻는 과정이기도 하다. 유기체를 포함한 모든 자연계의 대상은 자기 조직화를 통해 일정한 패턴을 형성하며, 이러한 패턴은 환경과의 상호 작용 속에서 최적의 형태와 행태를 획득하게 된다.

건축 역시 기존의 기계적 공학 개념으로부터 벗어나 생물학의 자기 조직화 개념을 도입함으로써 변화하는 환경 속에서 지속 가능하게 되고, 다중의 목표와 다중의 수행을 하는 것이 가능하다고 볼 수 있다. 물론 자연계의 자기 조직화를 건축의 자기 조직화로 연결하는 것은 건축 특유의 제한적 요소를 알고리즘 및 특정 기하학 등으로 매개 변수화 할 필요가 있으며, 환경에 대한 더욱 구체적인 생태적 특성들을 매개 변수로 체계화할 필요가 있을 것이다. 또한 자연계의 자기 조직화는 환경 속에서 스스로 창발되는 현상이지만, 건축에 대한 응용은 건축가들이 다양한 환경적 요소들과 형태적, 신진대사적 요소들을 매개 변수들로 설정하여 인위적으로 대입시켜야 하는 한계가 있을 수밖에 없다. 그러므로 보다 실질적인 건축적 응용을 위

75) *Ibid.*, p. 80.

해서는 생태계의 다양한 환경적 요소들 및 가능한 다양한 매개 변수들의 동시적 적용에 대한 보다 구체적인 연구가 수반되어야 할 것이다.

4 생물학적 패턴의 건축적 적용

Architectural Application of Biological Patterns

4.1 건축과 생물학적 패턴

21세기의 새로운 건축 디자인의 다양한 양상들은 무엇보다도 발전된 기술들로 인해 가능하게 되었다고 할 수 있다. 그 가운데에서도 디지털 매체의 발전은 기존의 건축적 관습으로부터 혁신적인 변화를 가져왔는데, 그것은 과거의 건축적 패러다임, 즉 20세기 공간 결정 차원에서의 구조 개념이었던 텍토닉의 개념으로부터 물성의 새로운 변화, 장식의 부활 같은 개념으로의 이동을 의미한다.

이것은 프레데릭 제임슨(Frederic Jameson)이 후기 자본주의 사회의 특징을 "깊이가 표피, 혹은 다중의 표피들로 대체되는 것"[1] 이라고 말한 것과도 관계된다. 후기 자본주의 시대의 논리에서 건축은 발전된 전자 매체의 중요성과 함께 거대한 정보의 전시장으로 인식될 수 있기 때문이다.[2] 이것은

1) Frederic Jameson, "Postmodernism or the Cultural Logic of Late Capitalism", *in New Left Review,* 1/146, 7/8, 1984, pp. 53-92,

2) Stephen Perrella의 'Hypersurface'에 대한 논의는 하이퍼미디어와 같이 상상되는 사이버 공간과 주로 투영의 표피, 혹은 터미널 등으로 인식되는 건축 사이의 수렴을 보여주는 예이다. Stephen Perrella (ed.), "Hypersurface Architecture", *AD,* 1998.

표피들이 볼륨들 보다는 형태화 과정의 징후를 더욱 즉각적으로 산출하며, 볼륨들이 외적으로 결정되는 듯이 보임으로써 임의적이고, 어느 정도 불투명하고 불활성인 반면, 표피들은 매개 변수적인 변양태들의 더욱 순수한 표현으로 나타나기 때문이기도 하다.[3)]

텍토닉으로부터 표피로의 이동은 장식의 새로운 부활이라는 개념으로 연결될 수 있는데, 이것은 과거의 조각적 장식 개념이나 포스트 모던식의 상징적 장식들과는 달리, 물성과 재질의 중요성들과 연결되어, 발전된 디지털 기술에 의해 새로운 감각으로 연결되는 장식의 개념, 즉 장식의 새로운 기능[4)] 을 의미한다. 그리고 이러한 표피에 대한 새로운 장식적 기능 가운데에서 중요한 역할을 하는 것은 무엇보다도 '패턴'이라고 할 수 있을 것이다.[5)]

파시드 무사비(Farshid Moussavi)가 주장하듯, 현대 건축의 새로운 장식적 기능들 가운데에서 패턴은 그녀의 분류 항목들인 "구조, 스크린, 표피"모두에서 중요한 요소로 나타나기 때문이다.[6)]

이러한 패턴의 다양한 영역들 가운데에서도 21세기의 새로운 디지털 기술에 의해 새롭게 응용될 수 있는 영역들 중의 하나는 주변 환경과 상호 작용하며 최적의 형태로 자기 조직화(self-organization)되는 패턴들, 즉 생물학적 패턴의 응용이라고 할 수 있다. 건축 디자인의 다양한 패턴들 가운데에서도 동역학적이며, 주변 환경과 상호 작용하여 새롭게 발생되고 진화하는

3) Antoine Picon, *Digital Culture in Architecture,* Birkhäuser, 2010, p. 88.

4) 여기서 기능은 20세기의 기능주의가 의미하는 직설적 의미의 기능과는 다른 의미를 포함한다. Farshid Moussavi, Michael Kubo, *The Function of Ornament,* Actar, 2006.

5) 예를 들어 헤어조크와 드 뫼론의 독일 에베어스발데(Eberswalde) 기술학교 도서관과 같이, 장식적 요소가 실제적으로 이미지이거나 이미지들의 시리즈일 때에도 전체적 효과는 패턴이나 쪽맞춤의 효과를 보여준다. Antoine Picon, *op. cit.,* p. 138.

6) Farshid Moussavi, Michael Kubo, *op. cit.,* pp. 70–77, 104–115, 158–165.

생물학적 패턴이야말로 발전된 새로운 디지털 기술과 함께 앞으로의 정보 사회에서 가장 유용한 방식으로 될 수 있기 때문이다.

4.2 패턴의 건축적 의미

1) 패턴의 의미

패턴(pattern)의 어원은 아버지(father), 후원자(patron), 신, 주인 등을 의미하는 라틴어의 pater, 혹은 patronus에서 유래하며, 기본적으로 사건이나 사물들의 반복되는 주제 유형들, 혹은 대상물들의 일련의 요소들을 가리키는 것으로, 반복과 주기성에 기초한 '쪽맞춤'(tesselation)은 이것의 대표적 예라 할 수 있다. 그것으로부터 모델, 사례, 매트릭스, 주형 등으로서의 패턴의 개념이 유래하며, 패턴의 현대적 개념은 시퀀스, 분배, 구조, 혹은 진보, 반복되는 유니트들의 시리즈나 빈도, 동일하거나 유사한 요소들의 시스템이나 과정들을 의미하게 된다.[7)]

그러므로 패턴은 대상물의 특정한 형태를 가리키는 것이 아니며, "대상물들의 계층의 특징적 형상"[8)] 인 형태와는 구별될 필요가 있다. 나아가서 다르시 톰슨(D'Arcy Thompson)이 형태의 좌표적(coordinate) 변형을 통해 보여주었고, 프랙탈 형상이 스케일을 가로 질러 자기 유사성으로 반복해서 나타나듯이, 자연에서 패턴은 스케일이 없는 질서, 혹은 무수한 스케일이나 광대함 속에서 나타나는 질서이다.

---

7) Mark Garcia, "Prologue for a History, Theory and Future of Patterns of Architecture and Spatial Design", *AD.*, 11/12, 2009, p. 8.

8) Philip Ball은 패턴을 형태와 구별한다. Philip Ball, *The Self-Made Tapestry: Pattern Formation in Nature,* Oxford University Press, 1999, p. 9.

필립 볼(Philip Ball)이 말하듯, "패턴은 개별적인 특징이 인식 가능하며 규칙적으로- 꼭 동일하거나 대칭적이진 아닐지라도- 반복되는 어떤 형태이며, 때로는 심장 박동처럼 거의 규칙적으로 반복되는 사건으로서의 시간적 속성의 패턴 역시 존재한다".[9] 예를 들어 해변이나 사막의 모래에 파도와 바람에 의해 형성된 물결무늬(그림 4.1)가 서로 완벽히 동일하지도 않고 정확한 간격으로 반복되지 않을지라도 공간을 가로질러 반복되는 기초 단위로서의 물결무늬가 있듯이, 수학적으로 완벽하지 않더라도 우리는 패턴을 인식한다.

그림4-1. 사막의 모래 물결무늬 패턴

즉 패턴은 "특징이 모여 만들어지며, 형태는 보다 개별적인 것이다. 다시 말해 패턴은 전형적으로 공간에 끊임없이 펼쳐진 반면, 형태는 경계가 있고 유한하다".[10] 이것은 패턴이 건축의 형태에 적용될 때 구체적인 형상보다는 일련의 추상화된 반복적 형태 요소에 가까우며, 그러므로 패턴 디자인에서는 무엇보다도 대상물에 내재된 패턴들의 반복성과 규칙성을 인식하는 '패턴 인식'(pattern recognition, 그림 4.2)이 중요함을 알 수 있다.

그림4-2.
무질서 속에서 패턴을 찾아내는 패턴 인식

패턴은 또한 공간의 창조와 재생산, 진화와 과정들 내에서 다양한 역할을 하며, 이러한 패턴의 직관적이며 자기 발생적인 인식과 생산은 창조적

---

9) Philip Ball, *Shapes: Nature's Pattern– A Tapestry in Three Parts,* 2009, 조민웅 역, 「모양」, 사이언스 북스, 2014, p. 36.

10) *Ibid.,* pp. 37, 38.

과정의 중요한 부분이라 할 수 있다.[11] 패턴은 나아가 정보 건축가이자 디자이너인 리하르트 부어만(Richard Saul Wurman)이 주장하듯, "사물 이해의 중심적 요소로, 세계는 연결성의 시각적 패턴들이며, 패턴 인식은 창조적 정신의 기본적 부분이다."[12]

패턴은 그러므로 건축 같은 공간 디자인의 기본적 양상으로서, 과정과 생산물로서의 패턴들은 유형이나 프로그램들과 같이 반복되며, 인간이 부여한 공간적 디자인의 해결책이자 개념, 효과라고 할 수 있다. 기본적으로 건축에서 패턴의 질문은 인공적 장식에 대한 미학적 흥미, 그리고 자연계 내의 패턴 형성에 내재된 과정에 대한 흥미라는 두 가지 영역으로부터 나오는데, 생물학적 패턴은 후자의 내재된 패턴들의 발견인 '패턴 인식'으로부터 가능하게 된다고 할 수 있다.

패턴은 자연계의 중요한 특징으로 나타나는데, 이것은 '특별한 반복적 사건이나 반복적인 물질 형성'등으로도 설명될 수 있다. 이것의 의미는 패턴이 에너지에서 사물에 이르기까지 광범위한 범위를 가지며, 자연계에서 패턴은 에너지와 사물들 간의 상호 작용과 상호 조율로 발생한다는 것을 함축한다. 예를 들어 간단한 인공적 패턴은 반복과 주기성에 기초할 수 있지만, 대부분의 자연계에서는 그렇지 않으며, "유사하지만 필연적으로 동일하지는 않고, 반복되지만 필연적으로 정형적이거나 잘 결정된 대칭이 아닌 단위들의 배열"[13] 로 나타난다.

자연계에서 패턴은 개방된 계가 평형으로부터 멀리 떨어진 상태에서 환경과 에너지, 사물, 정보를 교환할 때, 계 내의 요소들 사이의 상호 작용과 피드백에 기초해 비선형 동역학계들 내에서 복잡성의 창발과 발전, 분화로

---

11) David Bohm 같은 창조성 연구자는 *On Creativity,* Routldge, 2004에서 창조성을 패턴의 관점으로 정의한다.

12) R. S. Wurman, "Seeing the World as Visual Patterns of Connectivity", in G. Schuller (ed.), *Designing Universal Knowledge,* Lars Muller, 2009, p. 105.

13) Philip Ball, *The Self-Made Tapestry: Pattern Formation in Nature,* p. 9.

이끄는 비가역적 과정인 자기 조직화를 통해 나타난다. 즉 비평형계에서 엔트로피의 증가는 무질서와 혼돈의 상태에서 주위의 에너지를 흡수하면서 엔트로피를 거꾸로 감소시킴으로써 새로운 질서를 만들어 내는데, 이러한 구조를 소산구조라 하며, 이러한 소산 구조로부터 패턴이 없던 곳에 새로운 질서로서의 규칙적 패턴이 만들어지는 것이다. 그러므로 패턴의 형성은 혼돈 상태에서 전체 무질서도(randomness)가 발생하는 완전한 대칭성을 깨뜨림으로써 나오는 결과라고 할 수 있다.

자연계에서의 패턴 형성은 나아가 화학 물질들 사이의 화학적 반응으로부터 나오는 것으로, 이것은 1950년대에 러시아의 생화학자 보리스 벨로우소프(Boris Pavlovitch Belousov)가 화학 혼합액에서 관찰한 화학적 반응(reaction)과 확산(diffusion)을 통해 발견한 화학적 진동(그림 4-3)[14] 을 통해서도 설명될 수 있다. 즉 이 화학 혼합액에 평형계에서 멀어지게 하고 비평형 계로 이끄는 외부의 에너지가 유입되면 정상 상태에서부터 화학적 농도가 오르내리

그림4-3. 반응과 확산을 통해 나타나는 다양한 화학적 패턴들

그림4-4. 벨로우소프-자보틴스키 반응의 화학적 파동 패턴들

14) 벨로우소프가 고안한 화학 혼합액은 뒤섞었을 때 처음에는 엔트로피의 증가와 함께 확산을 통해 평형 상태로 가며 투명해졌지만, 곧 반응이 다시 진행되며 노란 색으로 변하고, 다시 투명하게 변하는 화학적 진동을 보였다. 이것은 나중에 모스크바의 대학원생이던 아나톨리 자보틴스키(Anatoly Markovich Zhabotinsky)가 촉매작용을 하는 금속 원자들을 첨가하고 유기화합물인 말론산과 브롬산염을 반응시켜 푸른색에서 붉은 색으로 주기적으로 바뀌는 반응을 입증해 벨로우소프-자보틴스키 반응(BZ 반응)을 만들도록 이끌었다.

는 진동(동적인 정상 상태)을 하게 되고, 이 에너지의 유입량이 계속 증가하면 시간에 따라 주기적 패턴을 보이던 반응이 자기 촉매작용을 통해 양적 피드백으로 증폭되어 공간적으로 이동하게 되는 공간적 패턴(화학적 파동, 그림 4-4)을 가지게 되기 때문이다.

나아가 처음의 주기적 진동은 이중 리듬을 획득하고,- 처음의 한계 궤도(limit cycle)는 두 개의 한계 궤도로 바뀐다- 분기(bifurcation)를 하기 시작해 복잡성이 증가하고 마침내 혼돈으로 가게 되는 과정을 거치게 된다.[15] 그러므로 이런 상황에서는 여러 가지의 패턴이 창발하게 된다. 예를 들어 세포자동자(cellular automata) 실험을 통해 나오는 화학적 반응-확산 과정(그림 4-5)[16]의 화학적 파동 패턴은 화학적 성분에 관계없이 보편적인 동심 과녁 패턴과 나선형 패턴이 혼합된 양상(그림 4-6)으로 나타난다. 필립 볼이 말하듯, "모든 패턴들은 반응-확산의 특징인 동일한 기본 과정, 즉 임의의 확산이 결합을 일으키고, 불안정성을 가져오는 성분들 사이의 상호 작용과 경쟁하는 데에서 나온다. 즉 패턴은 경쟁하는 힘들 사이의 미묘하고 정교한 균형으로부터 나온다."[17]

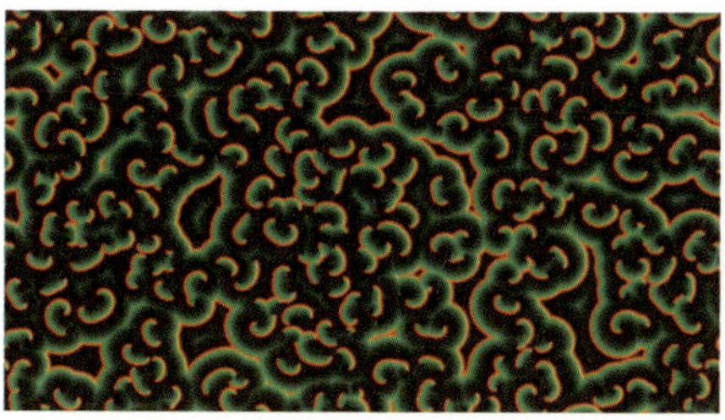

그림4-5. 세포 자동자 실험을 통해 나오는 반응-확산 모델

그림4-6. 동심 과녁 패턴과 나선형 패턴이 혼합된 화학적 파동 패턴

15) Philip Ball, *Shapes*, pp. 154–189.

16) 화학적 파동은 자가 촉매 과정의 반응과 분자 확산 간의 미묘한 균형에 의한 것으로, 이것을 반응-확산 현상이라 말한다. *Ibid.*, p. 169.

17) *Ibid.*, p. 203.

반응-확산의 과정은 일련의 생물체 개체군의 군집 형성 과정 행태에도 적용될 수 있는데, 예를 들어 동물학자 피에르-폴 그라세(Pierre-Paul Grassé)가 관찰했듯이, 흰개미가 군집 내에서 집을 지을 때 취하는 행동은 "그때까지 지어진 둥지의 구조에 의존해 결정되어 일단 어떤 단계에 도달하면 집의 특정 구조의 존재가 개미로 하여금 다음의 건축 활동을 하도록 양적 피드백을 주는 일종의 스티그머지(stigmergy: 집단 구성원들 사이의 의사소통 보다는 앞서 이룬 작업의 산물이 앞으로 하게 될 작업에 자극을 제공한다는 개념, 그림 4-7)의 형식"[18] 으로 나타난다. 즉 패턴은 스스로의 패턴을 만든다고 할 수 있다.

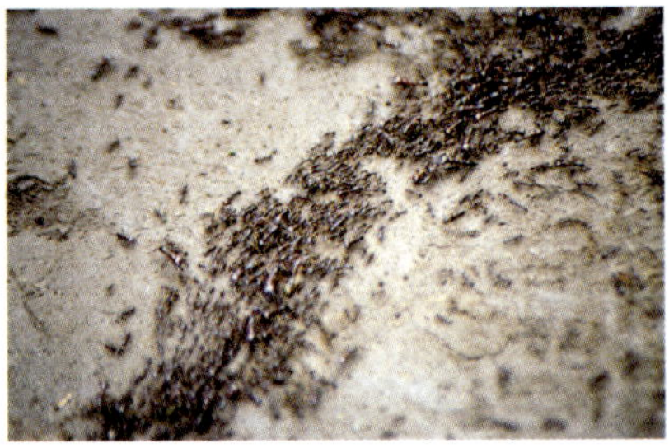
그림4-7. 스티그머지의 형식으로 나타나는 개미들의 행동 패턴

반응-확산 과정을 통해 발생하는 이러한 화학적 파동의 패턴은 수정란의 패턴 형성부터 우주의 은하계에 이르기까지 하나의 공통된 유형으로 나타나는데, 자연에서 가장 흔히 볼 수 있는 패턴들 중의 하나인 나선형의 패턴이 그것이다. 예를 들어 개구리의 알이 수정될 때 칼슘 나선파(그림 4-8)는 수정란의 표면을 가로질러 나선형의 패턴으로 나타나며, 이러한 나선형은 산양의 뿔, 앵무조개, 달팽이 같은 연체류의 껍질 등에 나타나는 로그 나선(logarithmic spiral: 자기 유사성을 가지는 나선, 그림 4-9, 10, 11), 식물의 잎차례(phyllotaxis, 그림 4-12)와 브로콜리, 해바라기의 씨 등에서 나타나는 피보나치 수열의 나선(그림 4-13, 14), DNA의 구조에서 나타나는 이중 나선(그림 4-15), 은하계의 거대한 나선(그림 4-16) 등 거의 모든 자연계에서 나타나는 대표적인 패턴이다.[19]

---

18) 이러한 스티그머지의 현상은 말벌들이 육각형의 집을 지을 때 육각형의 벽체들 중에서 단지 하나의 벽체만이 있는 경우보다는 두 개의 벽체가 있는 쪽에, 그리고 두 개의 벽체 보다는 세 개의 벽체가 있는 곳에 새로운 육각형의 방을 만든다는 실험을 통해서도 입증된다. *Ibid.*, p. 296.

19) 물리학적으로 나선형은 동역학계에서 자기 조직화를 통해 나타나는 가장 낮은 에너지 배치를 가지는 형상이기도 하다.

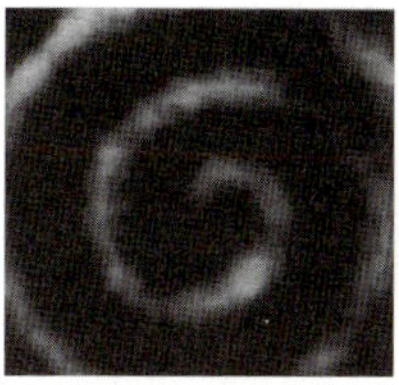
그림4-8. 개구리 수정란의 칼슘 나선파.

그림4-9. 산양의 나선형 뿔.

그림4-10. 앵무조개의 나선형 형상

그림4-11. 달팽이 껍질의 나선형 형상

그림4-12. 식물의 나선형 잎차례

그림4-13. 브로콜리의 피보나치 수열 나선

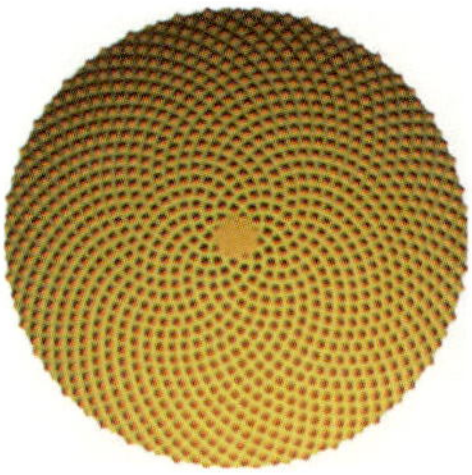
그림4-14. 해바라기 씨앗의 피보나치 수열 나선

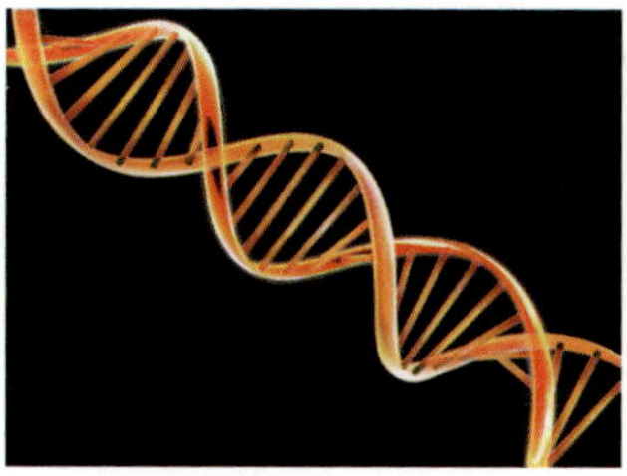
그림4-15. DNA의 이중 나선.

그림4-16. 은하계의 거대한 나선

그러므로 리 스몰린(Lee Smolin)이 주장하듯, "은하계 역시 반응-확산계로 간주할 수 있다"[20] 는 점에서 은하계의 나선형 패턴 역시 수정란의 나선 패턴이 거대한 스케일로 나타난 것이라고도 할 수 있을 것이다. 심지어 나선형 패턴은 생태계 내의 포식자와 피식자 개체군 사이의 군집 형성에서도 무작위적인 비선형 과정 속에서 조각 상태(patchness)의 공간적 패턴을 보이

20) Lee Smolin, "Galactic Disks as Reaction-Diffusion Mechanism", http://www.arxiv.org/abs/astro-ph/9612033, 1996, *Ibid.,* p. 206 재인용.

는 가운데, 벨로우소프-자보틴스키의 BZ반응과 같이 반응-확산의 과정을 통해 나타나는 일반적 패턴이기도 하다.[21)]

2) 건축에서의 패턴 디자인의 역사

초기 신석기 시대부터 주로 상징과 주술적 의미에서 추상화된 외양으로 사용되던 패턴이 건축과 공간의 디자인에서 최초로 이론적으로 언급된 것은 플라톤의 「티마에우스」*Timaeus*로, 거기서 그는 "세계가 밀접하게 채워진 원자 같은 고체와 기하학적 형태들의 패턴으로 이루어진다"고 언급하고 있다. 이것은 패턴이 건축에서 일종의 양식의 유전자이자 다이어그램, 디테일, 장식, 구조 등을 결정하는 요소로 되었음을 의미한다.

역사적으로 초기의 건축적 패턴들은 "사다리와 계단, 사슬, 나무, 소용돌이, 동심원, 궤도"[22)] 등으로 나타났으며, 이 외에도 비트루비우스가 언급했듯이, 기하학적인 시각적 유희(trompe l'oeil) 패턴들이 상징적, 신학적, 원근적 목적으로 사용되었다고 할 수 있다.[23)] 패턴 이론의 최초의 중요한 연구[24)] 로서 요소들의 단순한 유형으로부터 무한하고, 진화적이며, 생물학적인 패턴 유형들의 방식이 연구된 시기는 18, 19세기였는데, 이는 다윈과 린네의 영향을 받은 패턴 이론가들의 역할이 컸음을 의미한다. 이것은 또한 건축 디자인의 이론적 요소로서의 패턴 이론이 기본적으로 많은 부분을 생물학에 바탕을 두고 있음을 의미하기도 한다.

---

21) *Ibid.*, p. 281.

22) Paul Emmon, "Embodying networks: bubble diagrams and the image of modern organicism", *The Journal of Architecture*, vol. 11, no.4, 2006.

23) Ernest Gombrich, *The Sense of Order*, Phaidon, 2006, p. 34.

24) 예를 들어 P. Dominique Douat, *Méthode pour faire une infinitéde desseins différents avec des carreaux mi-partis de deux couleurs par une Ligne diagonale, ou observations,* Paris, 1722, 혹은 Wolfgang von Wersin의 후기 작품, Mark Garcia, *op. cit.*, p. 9 재인용.

20세기 모더니스트들 역시 패턴에 무조건 반대한 것은 아니며,[25] 기능주의와 패턴의 결합을 통해 다양한 패턴 유형들을 보여주었으나, 건축에서 패턴에 대해 새롭게 인식을 하게 된 계기는 무엇보다도 1950년대 당시 새롭게 부상하던 인공지능과 사이버네틱스 이론들과의 연관으로부터 시작되었다고 할 수 있다. 그리고 그것의 시작은 헝가리 출신의 시각 디자이너이자 MIT의 시각 디자인학과 교수인 게오르기 케페스(György Kepes)로부터 비롯되었다고 할 수 있다. 그는 자신의 저서 「시각 언어」(*Language of Vision*, 1944, 그림 4-17) 이래 사이버네틱스가 다루는 정보들의 처리 과정이 과학과 예술 분야 모두에서 사용될 수 있는 시각적 패턴을 가능하게 만들었다는 전제 하에 다양한 정보들을 시각화하려는 작업을 했고, 그것들을 동역학적인 시각적 균형으로 보여주려 했기 때문이다.

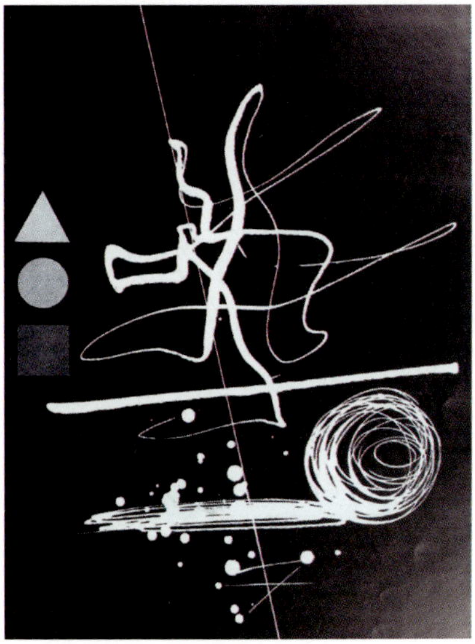

그림4-17.
게오르기 케페스, 「시각 언어」, 1944

1950년대 중반까지 그는 자연적 패턴들의 과학적 이미지들을 건축적 담론으로 전달하고 예술과 과학의 통합을 이루려는 작업을 했는데, 1951년 MIT의 헤이든 갤러리에서 순수 과학적 이미지들만으로 전시를 한 「새로운 풍경」(*The New Landscape*, 그림 4-18), 그리고 자연 속에서 나타나는 과학적 패턴들의 사진들과 유사한 흑백 추상 회화들을 섞어 당시 사이버네틱스의

25) 미스 반 데어 로에도 사치스런 패턴화된 재료들을 사용했으며, 르 꼬르뷔제도 Salubra(1931-32)를 위해 패턴화된 상업적 벽지를 사용했고, 프랭크 로이드 라이트 역시 많은 주택들에서 패턴화된 타일들을 사용했다.

창시자 노베르트 비너(Norbert Wiener)가 쓴 아티클 "자연 세계 내의 순수한 패턴들"을 시각적 패턴들로 전시한 「예술과 과학의 새로운 풍경」(*The New Landscape in Art and Science*, 1956, **그림 4-19**) 들은 모두 자연 속에서 나타나는 과학적 패턴들을 시각적 패턴으로 도해한 예들이다.

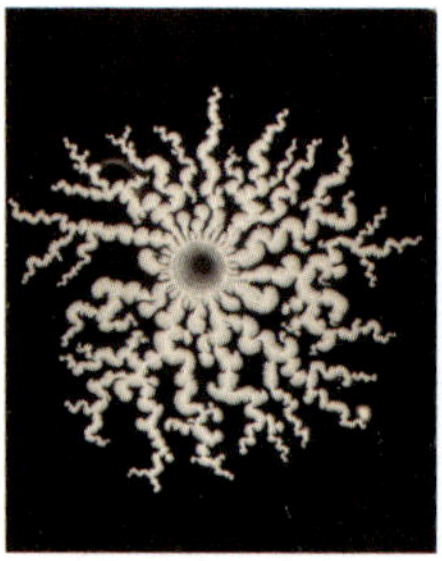

그림4-18.
게오르기 케페스, 「새로운 풍경」, 1951

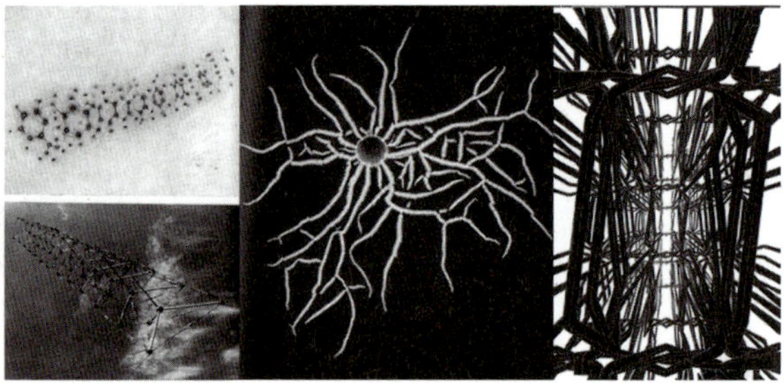

그림4-19.
게오르기 케페스, 「예술과 과학의 새로운 풍경」, 1956

이 전시회에는 많은 예술가와 건축가, 과학자들이 동참하여 예술과 과학 영역에서 시각화된 패턴들 사이의 평행을 이론화 했으며, 1956년부터 1960년대까지 MIT 건축학부를 중심으로 케페스의 주도 하에 「시각 +가치」(*Vision +Value*)시리즈를 출판해, 1965년 「시각 +가치」의 "예술과 과학의 구조"(**그림 4-20**)란 주제로 나온 판에서는 벅민스터 풀러의 과학적 이미지(**그림 4-21**)와 다이어그램들이 중점적으로 다루어지고 있다. 실제로 벅민스터 풀러의 도해들에 대한 케페스의 이러한 패턴화 작업 이후 풀러의 과학적 이미지들은 정보 교환의 우주적 시스템 내에서 예술과 과학의 통합을 이루는 계기가 되었다고 할 수 있다. 이러한 시스템 속에서 "건축은 역으로 자연과 같이 수행하고, 이미지들을 유기체와 같이 변화시켰으며, 유기체 또한 새롭게 하나의 이미지로 되는 과정을 거치며 담론들의 경계를 허물었기 때문이다".[26]

26) Reinhold Martin, "Naturalization, in Circles: Architecture, Science, Architecture", Philip Beesley, Sarah Bonnemaison eds., *On Growth and Form, Organic Architecture and Beyond,* Tuns Press and Riverside Architectural Press, 2008, p. 107.

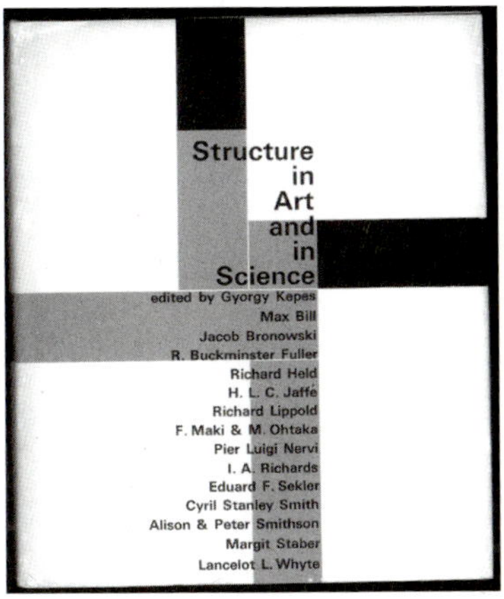

그림4-20. 게오르기 케페스,
예술과 과학의 구조, 1965

그림4-21.
예술과 과학의 구조에 실린 벅민스터 풀러의 이미지

예를 들어 케페스의「새로운 풍경」전시와 같은 해인 1951년에 영국의 리처드 해밀턴(Richard Hamilton)은 런던의 현대 미술협회(ICA)에서 다르시 톰슨의「성장과 형태에 관하여」를 주제로「성장과 형태」(*Growth and Form*)라는 제목의 전시(그림 4-22)를 열었는데, 이 전시가 "형태의 양상들"(*Aspects of Form*)이라는 심포지엄과 함께 열려, 과학과 예술이 함께 통섭되어 미학은 과학으로부터 독립될 수 없고, 또한 과학자들은 예술가로부터 영감을 얻어야 한다는 결론으로 도출되었다는 사실은 당시 예술과 과학 사이의 상호 영향적 관계를 보여준다.

그림4-22. 리처드 해밀튼,
다르시 톰슨을 주제로 한 ICA에서의 전시
'성장과 형태', 1951

나아가 영국의 이론 생물학자 콘라드 워딩턴(Conrad Waddington) 역시 이 심포지엄에 관여하며 복잡성의 형태 문제와 생물학적 관점에서 본 미학적 인식의 문제에 천착하게 되어, "유기적 형태는 발전한다. 시간의 흐름은 그들 전체 자연의 본질적 요소이다"[27] 라고 주장하며, 유기적 형태의 시간적 개념을 연속적 변형의 균형 잡히고 리드미컬한 조화의 개념으로 해석하기 시작했다는 사실, 그리고 그것을 통해 그가 단세포 유기체인 아울로니아 헥사고나(*Aulonia hexagona*, 그림 4-23)의 껍질이 일종의 축소판 지오데식 돔(그림 4-24)이며, 육각형의 패턴들 속에서 작은 리드믹한 변양태들을 보여준다고 생각했다는 사실[28] 등은 벅민스터 풀러의 과학적인 기하학 패턴이 당시 과학계에 준 영향을 짐작케 해준다.

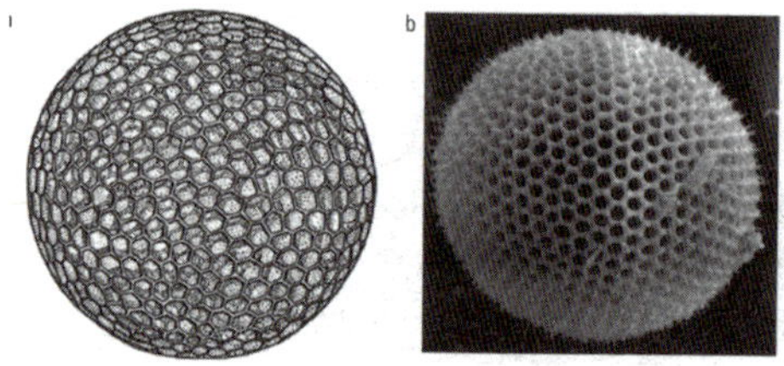

그림4-23. 헤켈이 그린 방산충 아울로니아 헥사고나와 전자현미경 사진

그림4-24. 벅민스터 풀러와 지오데식 돔

케페스의 영향으로 나온 이후의 건축에서의 패턴 이론들 중 가장 중요한 패턴 이론은 크리스토퍼 알렉산더가 패턴들의 조합에 관해 쓴「형태의 합성에 관한 기록」(*Notes on the Synthesis of Form*, 1964, 그림 4-25)과 건축의 요소들을 다이어그램으로 요약된 253개의 특별 패턴들[29] 로 구성한「패턴 랭귀지」

---

27) *Ibid.*, p. 108.

28) 실재로 콘라드 워딩턴의 다이어그램, "후성적 풍경"(epigenetic landscape)이 1990년대 초 건축 이론가 샌포드 퀸터(Sanford Kwinter)가 자신의 복잡계와 부드러운 시스템, 비선형적으로 창발되는 과정의 미묘한 불확정성을 설명하기 위해 이용되었다는 사실 역시 과학과 건축, 예술 사이의 상호 관계를 보여준다. 퀸터는 심지어 1992년에 쓴 이 아티클의 제목 역시 케페스, 혹은 워딩턴의 제목을 따라 "변화의 풍경"(Landscape of Change)이라 정하고 있다. 나아가 퀸터를 뒤따르는 건축가 그렉 린(Greg Lynn) 역시 "활성화(animate)된 건축 형태의 느슨하고, 리드미컬하고, 전산적으로 비선형적이고, 발전적인 모델"을 "풍경 모델"(Landscape Model)이라 명칭하고 있다.

29) 예를 들어 '카니발', '모든 장소의 노인', '거리 위의 댄스', '비어홀', '공공 속의 취침', '점진적 경화', '중간 속의 대략적인 어떤 것', '당신 삶으로부터의 것들','붉은 테이프가 없는 작은 서비스들'같은 특별한 이미지의 패턴들이 포함된다. Mark Garcia, *op. cit.*, 12.

(*A Pattern Language*, 1977)라고 할 수 있다. 이 이론은 1970년대와 80년대의 공간 구문론적 작품들 뿐 아니라 90년대 파울라 비가노의 도시계획에 이르기까지 폭넓게 영향을 주었기 때문이다.

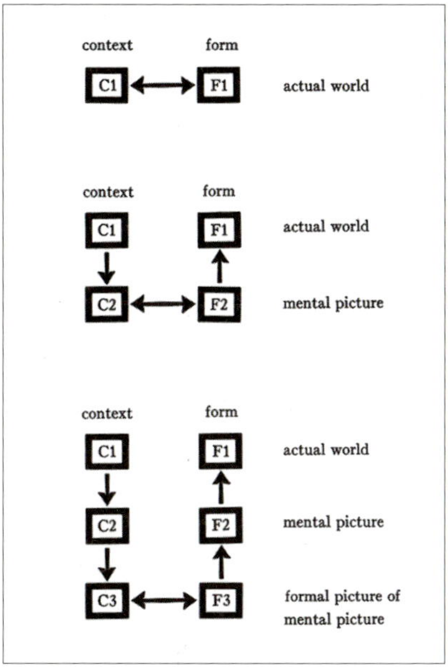

그림4-25. 크리스토퍼 알렉산더, 「형태의 합성에 관한 기록」, 1964

나아가 포스트 모더니스트들의 다양한 역사주의와 탈중심, 왜곡, 이질성 등의 패턴들과 앙리 르페브르가 리듬을 패턴과 동일시하여 쓴 책 「리듬분석: 공간, 시간, 일상생활」(*Rhythmanalysis: Space, Time and Everyday Life*, 1992) 등은 20세기 말까지의 건축 디자인에서의 패턴 이론의 중요한 적용 사례들이라 할 수 있다. 그리고 무엇보다도 1990년대 중반 이후 렘 콜하스 같은 건축가들에 의해 포스트 모던의 대립성을 대신해 포괄적(generic)인 것에 대한 새로운 추구와 함께 "포괄성의 새로운 형태들을 구체화하기에 적합한 물질적 조직으로서의 패턴"[30] 이 새롭게 이슈화되었다고 볼 수 있다.

3) 건축에서의 현대적 패턴의 방식과 기술

21세기 이래 현대의 건축 패턴의 특징은 새로운 디지털 기술과 다이어그램 기술에 의해 더욱 하이테크적, 개념적, 동역학적, 가상적, 비촉각적, 비물질적, 비가시적인 방향들로 이루어지고 있다. 이것들은 주로 "파도와 같

30) Alejandro Zaera-Polo, "Patterns, Fabrics, Prototypes, Tesselations", *AD.*, 11/12, 2009, p. 18.

은 고대적 패턴들의 디지털/매개변수적 패턴, 비눗방울 패턴(그림 4-26), 피보나치수열 패턴(그림 4-27), 수리와 도관 시스템 패턴, 단백질 접힘의 패턴(그림 4-28), 세포 자동자 패턴(그림 4-29), 끌개 패턴(그림 4-30), 힘장 패턴(그림 4-31), 시에르핀스키 큐브 패턴(그림 4-32), 물결무늬(moirés) 패턴(그림 4-33), 매듭 패턴(그림 4-34), 프랙탈 패턴(그림 4-35), 네트워크 패턴(그림 4-36), 벌떼/새떼 패턴(그림 4-37), 원자와 분자구조 패턴(그림 4-38), 유체의 동역학 패턴(그림 4-39), 아키텍스타일 패턴(그림 4-40), 그리고 무엇보다도 바이러스와 미생물 조직 패턴(그림 4-41), 보로노이 세포 패턴(그림 4-42), 섬유질 패턴(그림 4-43), DNA 패턴(그림 4-44), 리좀과 다양한 혼성물의 패턴들(그림 4-45)”[31] 같은 다양한 자연의 패턴들로 요약될 수 있다.

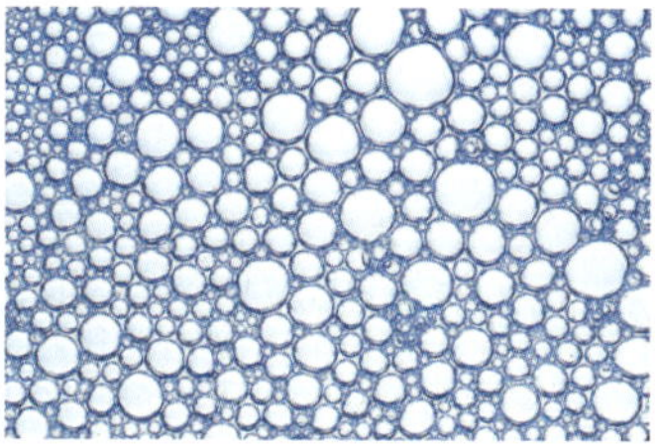
그림4-26. 비눗방울 패턴

그림4-27. 피보나치 수열 패턴

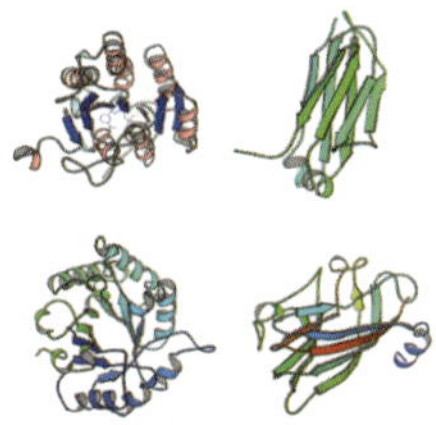
그림4-28. 단백질 접힘 패턴

그림4-29. 세포 자동자 패턴

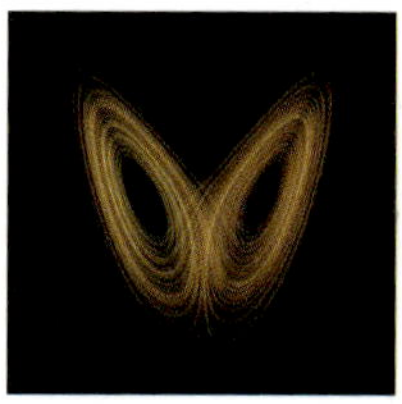
그림4-30. 끌개 패턴

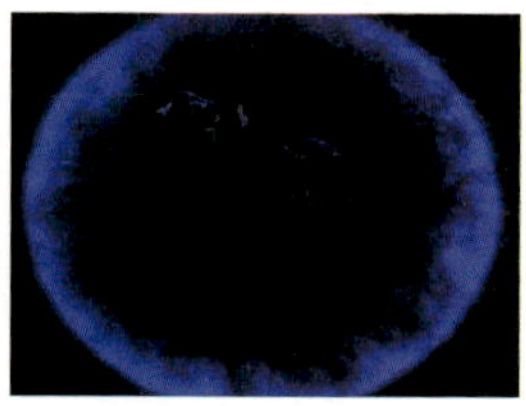
그림4-31. 힘장 패턴

그림4-32. 시에르핀스키 큐브 패턴

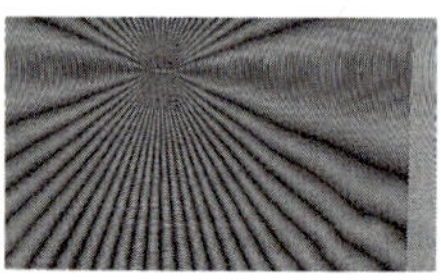
그림4-33. 물결무늬 패턴

그림4-34. 매듭 패턴

31) Mark Garcia, *op. cit.*, p. 14.

그림4-35. 프랙탈 패턴

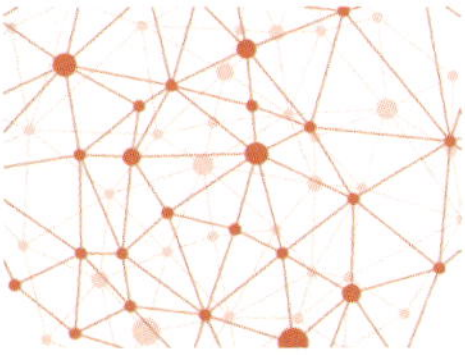

그림4-36. 네트워크 패턴

그림4-37. 벌떼, 새떼 패턴

그림4-38. 원자와 분자 구조 패턴

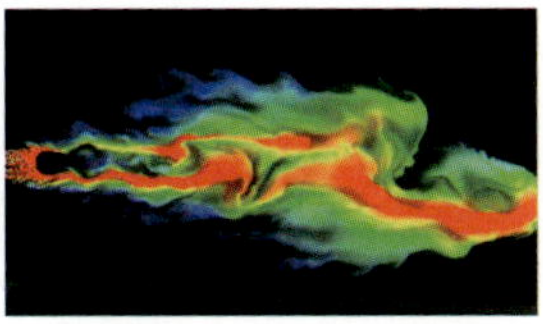

그림4-39. 유체의 동역학 패턴

그림4-40. 아키텍스타일 패턴

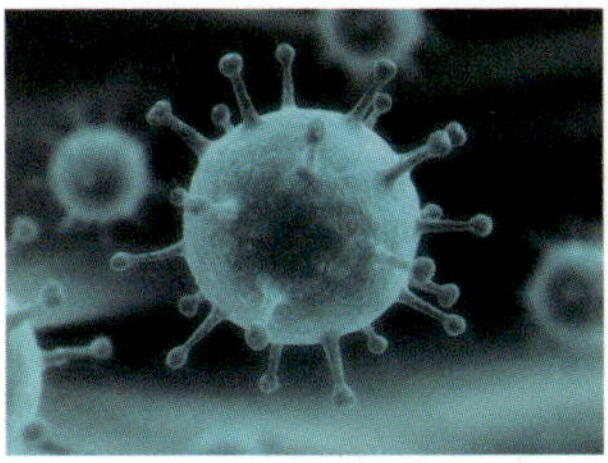

그림4-41. 바이러스와 미생물 조직 패턴

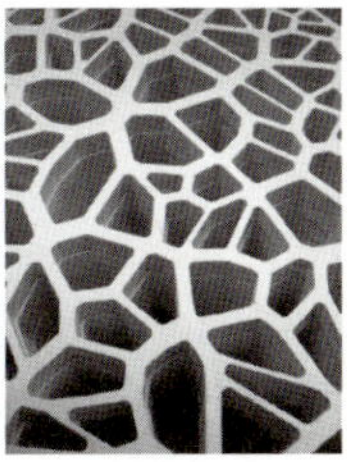

그림4-42. 보로노이 세포 패턴

그림4-43. 섬유질 패턴

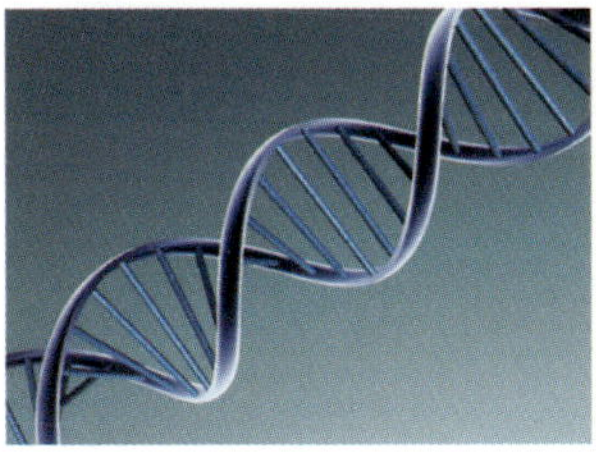

그림4-44. DNA 패턴

그림4-45. 리좀 패턴

이러한 패턴들은 크게 두 가지의 영역- 도시 조직의 패턴과 건물 외피의 패턴- 으로 적용되고 있다. 전자는 모더니스트의 백지상태와 포스트 모더니스트의 맥락주의 사이의 이분법, 그리고 지역과 세계 사이의 분절을 해결

할 방법으로 기존 도시의 물질 구조를 그대로 재생산하는 대신, 도시의 일관성을 새롭게 구축하는 방식으로 피터 아이젠만의 레프스톡 공원 계획(그림 4-46)에서부터 MVRDV의 데이터스케이프(그림 4-47)에 이르는 예들과 같이, 일정한 새로운 패턴을 도시 구조에 부여하여 도시적 일관성을 구축한다. 후자는 헤어조크와 드 뫼론(그림 4-48)[32] 이나 FOA(그림 4-49)의 작품들에서와 같이 건물 외피에 일정한 패턴으로 일관성을 부여하는 방식이다. 이것은 주로 다양한 기하학적 패턴들의 모자이크식 쪽맞춤을 통해 구현된다.

그림4-46. 피터 아이젠만, 레프스톡 공원 계획

그림4-47. MVRDV 데이터스케이프

그림4-48. 헤어조크 드 뫼론, 리콜라 창고

그림4-49. FOA, 런던 레이번스본 칼리지, 2010

현대 건축의 비정형 곡면 표피들을 생성시키는 디지털 기술은 형태 변이를 위한 모핑(Morphing)[33] 과 형태 생성을 위한 블롭(Blob)[34], 자유곡면 생

---

32) 헤어조크와 드 뫼론의 프랑스 리콜라 창고 건물(1993)은 표피에 인공적 유사 그래픽 기술로 표면을 일종의 패턴으로 만든 거의 최초의 예이다.

33) 모핑은 형태 생성을 위한 블롭과는 달리 형태변이를 위한 기법으로, 서로 유사성이 없는 원본 대상물과 목표 대상물의 형상적 속성들을 조합해 일정 범위 내에서 혼성적 형태를 만들어내는 기법이다. 박정대, "곡면형상의 구축을 위한 디지털 기술과 건축 디자인 프로세스", 「서울대학교 박사학위 논문」, 2005, p. 80.

34) 블롭은 상호 간섭에 의해 본질을 손상시키지 않는 범위 내에서 자연스럽게 변형되는 위상학적 변위 기법으로, 개개의 다각형 형태들이 각각 속성을 유지한 채 더 큰 하나의 표면에 쌓여 새로운 형태를 구성하는 기법을 통해 유연한 곡면 표피를 생성한다. 이효진, 조성용, 김동현, "디지털 기술 도입에 따른 건축표피의 구축적 의미에 관한 연구", 「대한건축학회 논문집」, 2010, 11, pp. 8–10.

성의 새로운 기법인 넙스(NURBS)[35] 등 다양한 기술들이 있지만, 패턴은 주로 다각형(polygon)들의 반복으로 이루어진다는 점에서 다각형 기하학에 의한 쪽맞춤 기법이 많이 사용되기 때문이다. 외피에서 다각형의 쪽맞춤 기법은 외피를 구조적, 환경적 제어 기능으로부터 해방함으로써 가능하게 되었으며, 사각형 그리드와 달리 표면 단위 당 더 짧은 접합 길이가 가능함으로써, 사각형의 쪽맞춤으로써는 할 수 없는 곡면 외피 패턴의 자유로운 구축이 가능하게 된다. 나아가 외피의 이러한 패턴들은 또한 가상의 3차원 대상물에 임의의 질감이나 재질을 입히는 기술로, 평면적 텍스추어를 이중굴곡의 표면 위에 매핑하면서 그것을 최소한으로 왜곡시키는 방식인 텍스추어 매핑(texture mapping)[36] 기술을 통해 건물 외피를 추상적 패턴이자 일종의 정보 전달 매체로 발전시킨다.

4.3 생물학적 패턴의 특징과 건축적 적용 방식

1) 생물학적 패턴의 발생 과정

생물학에서 패턴은 형태의 발생(morphogenesis) 과정에서 나타나는 현상이다. 형태의 발생은 초기의 배아 상태에서 개체적인 특성들로 나타나지 않던 새로운 특성과 특질들이 발현되는 일종의 창발(emergence) 과정으로, 최초의 생물학적 패턴은 개체 발생의 과정에서 수정란이 수정 직후 분열을 시작해 극성을 띠고 패턴을 형성하는 공간 조직화 과정에서 나타난

35) 넙스는 Non-Uniform Rational B-Spline의 약자로, 넙스 표피 모델링에서 사용되는 곡선이나 스플라인을 통제해 단순한 2차원의 선, 원, 호, 만곡에서 3차원의 유기적 곡면까지 그릴 수 있는 3차원 기하학이다. *Ibid.*, p. 8.

36) 텍스추어 매핑은 1990년대 말쯤부터 패턴화의 새로운 기술로서 휘어진 NURB 표피에 적용됨으로써 비디오 이미지들이 굴곡진 표면에 투영되거나 표피 내에 디지털 디스플레이 시스템들을 내재시키는 것이 가능하도록 만들었다. 이것은 후에 스크립트로 대체되었고 매핑만이 스크립트에 의해 보조적으로 남게 되었다. Patrik Schumacher, "Parametric Patterns", *AD.*, *op. cit.*, p. 33 참조.

다. 패턴형성의 과정은 단백질들이 뭉쳐서 형성된 작은 막대모양의 미소관(microtubule)이 공간적으로 위치를 결정하게 되고, 체축이 만들어진 후 이루어지는 것으로, 이 과정은 유전자와 세포 환경과의 다양한 상호 작용에 의한 확률적 과정으로서의 후성적(epigenetic) 경로를 따른다. 즉 이 과정은 앨런 튜링(Alan Turing)이 자신의 논문 「형태 발생의 화학적 기초」(*The Chemical Basis of Morphogenesis,* 1952)에서 식물들의 형태 발생 모델을 통해 밝혔듯이, 형태 발생을 제어하는 화학물질인 모르포겐 농도의 변화에 따라 비선형적으로 변화한다.[37]

이것은 초기의 구체로서의 완벽한 대칭성을 이루던 배아가 수정 후 패턴을 형성하는 과정에서 구별되는 발생 경로를 따라 분화되어 서로 다른 형태의 덩어리들로 될 수 있는지를 설명해준다(그림 4-50). 튜링은 생물체가 발생하는 동안 조직을 통해 확산되는 형태 발생 물질, 즉 화학 물질인 모르포겐이 서로 다른 세포 내의 유전자를 발현시키도록 하며, 이 모르포겐의 생성이 자기 촉매적이어서 미세한 불규칙적 요동이 증폭되어 불안정성을 가져올 수 있고, 평형상태가 깨져 대칭성이 자발적으로 깨지는 메커니즘을 가진다고 주장한다. 즉 패턴은 평형에서 멀리 떨어진 상태에서 대칭성이 깨어짐으로써 더욱 잘 나타난다고 할 수 있다. 예를 들어 등방성(모든 방향으로 대칭)의 액체가 얼면 얼음의 결정 구조에서 특정 방향이 생김으로써 대칭성이 깨지며 패턴이 형성되는 것도 같은 원리이다.

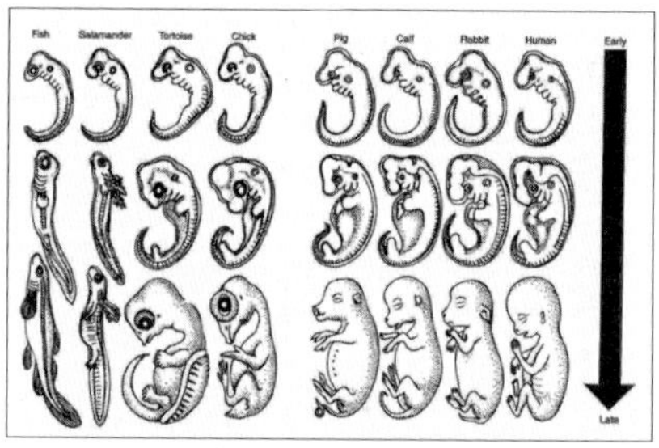

그림4-50. 모르포겐의 변화에 따라 다양한 개체로 형태 발생이 이루어지는 과정

37) 앨런 튜링은 초기의 형태 발생 모델에서 화학물질인 모르포겐의 농도 변화가 대칭이나 동질성의 파괴, 동질적 혼합 등의 패턴의 창발을 유도한다고 말한다. Alan Turing, "The Chemical Basis of Morphogenesis", *Philosophical Transactions,* 1952, Michael Weinstock, "Morphogenesis and the Mathematics of Emergence", *AD.,* 5/6, 2004, p. 14 재인용.

그런데 생물학적인 패턴 형성은 벨로우소프 혼합액의 반응(그림 4-51)과 매우 흡사하지만, 생물학적인 형태를 만들기 위해서는 진동과 파동 외에 공간 속에 정지된 패턴을 만들어야 하므로, 튜링은 하나의 모르포겐이 자기 촉매 과정에서 그 모르포겐의 형성을 억제하는 또 다른 모르포겐을 촉진한다고 설명함으로써, 하나의 모르포겐이 만드는 자기 촉매 과정의 활성과 또 다른 모르포겐이 만드는 억제 사이의 경쟁으로, 반응-확산 과정의 하나의 특수한 예로서 활성(activation)-억제(inhibition)의 관계를 설정한다. 다시 말해 형태 발생의 패턴은 자기 촉매적인 양적 피드백과 음적 피드백의 동일한 조합에서 나타난다고 할 수 있다.

그림4-51. 벨로우소프-자보틴스키 반응

그는 이러한 경쟁을 통해, 계가 불균일하게 되고, 이 반응의 재료가 계속 유입되며 불필요한 부산물이 배출됨으로써 계속 지속되는, 반응-확산 과정의 특별한 종류로서의 활성-억제의 메커니즘에 의해 "얼룩(점) 무늬나 줄무늬 패턴"같은 생물학적 패턴, 즉 튜링 패턴(그림 4-52, 53, 54, 55, 56, 57)이 발생한다고 말한다.[38] 여기서 튜링 패턴은 특별한 척도와 기하학적 방식을 따르는데, 파동처럼 시약의 상대적 확산 속도에 의존해 특정 주기로 화학 농도가 변조되며, 배아의 크기가 클수록 패턴의 복잡도도 늘어난다.[39]

생물학적 패턴은 그러나 다윈의 진화론적 목적을 벗어나, 정교하게 만들어진 껍질 위의 패턴을 진흙 속에 감추고 사는 연체동물들과 같이, 기능과

38) Philip Ball, *Shapes*, p. 216.

39) 그러나 패턴의 복잡도는 작은 동물 뿐 아니라 어느 정도 이상 큰 동물에서도 다시 작아지는데, 그것은 배아의 표면에 점점 더 많은 특징들이 있을 때, 이 특징들은 합쳐지고, 경계선이 없어지기 때문이다. *Ibid.*, pp. 226, 230.

무관하게, 생물학적 의미와 상관 없는 고유의 패턴 형성을 하기도 한다.[40]

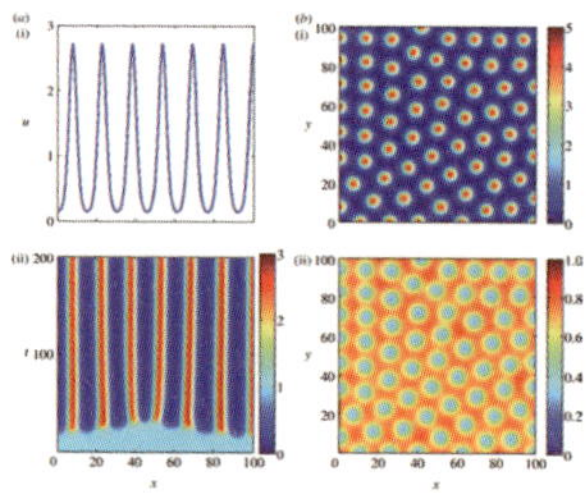

그림4-52. 튜링의 생물학적 패턴 형성의 모델

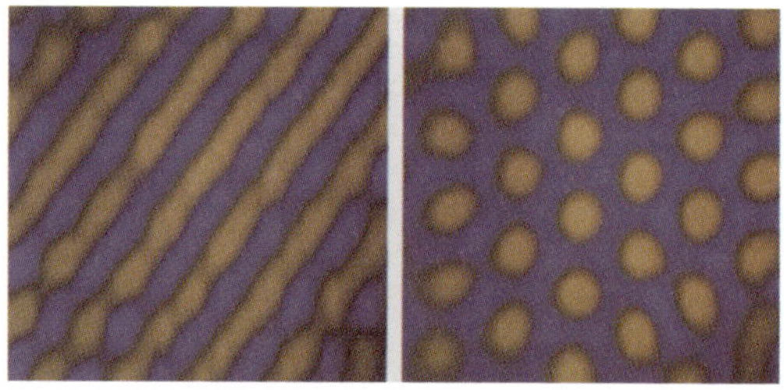

그림4-53. CIMA(아염소산염, 아이오딘화물, 말론산 혼합물) 반응에서 나타나는 튜링 패턴

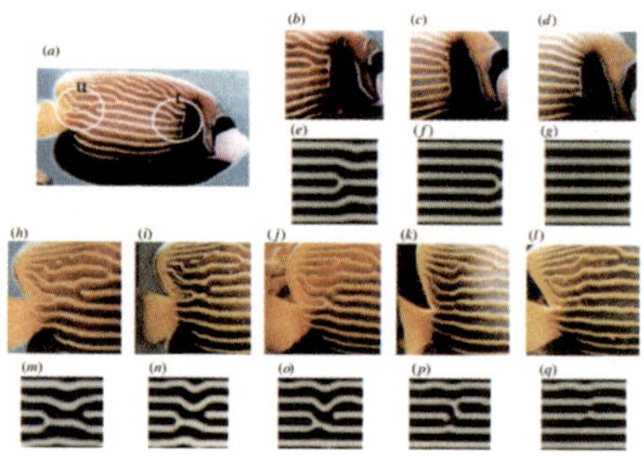

그림4-54. 튜링 패턴으로 설명되는 황제 앤젤피쉬 줄무늬의 분기식 지퍼열기 패턴

그림4-55. 활성-억제제 방식으로 나타나는 튜링 패턴으로 설명되는 재규어의 로제트 무늬

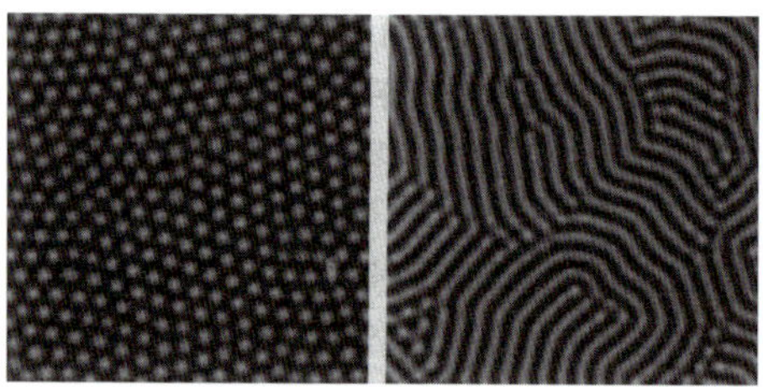

그림4-56. 활성-억제제 방식으로 나타나는 얼룩무늬와 줄무늬의 튜링 패턴

그림4-57. 튜링 패턴과 같이 나타나는 사막 모래의 잔물결

여기서 이러한 패턴을 만들어내는 메커니즘은 자기 조직화의 과정이다. 패턴의 대부분의 질서는 이런 자기 조직화에 의해 일어나고, 그 후에 자연

40) *Ibid.*, p. 239.

선택에 의해 다듬어지게 된다.[41] 다시 말해 자기 조직화는 자신의 조직 자체를 일종의 에너지 교환 체계로 간주해 열역학적 개방계에서 자신의 계와 환경 사이의 에너지를 교환하는 자발적 발현 과정으로, 계의 내적 조직이 외부로부터 어떤 압력도 없이 특별한 기능을 추진하기 위해 환경에 적응하는 과정이며, 이 과정 속에서 생물체의 형태는 주변 환경에 구조적으로 최적의 상태로 되는 형태 발생 과정을 의미하게 된다.

이러한 형태 발생 과정에서 나타나는 세포의 다양한 패턴 형성은 솔방울의 잎차례에서 나타나는 피보나치수열 같은 자발적 질서, 혹은 앵무 조개의 단면에서 나타나는 자기 유사적 패턴들, 환경과의 하중 분배 과정에서 생기는 나무의 나이테, 유기체의 다양한 삼각형, 오각형, 육각형, 나선 등의 기하학적 패턴들로 나타난다. 이것은 유기체의 패턴이 주변 환경과의 상호 작용 속에서 최적화를 이루는 과정에서 나타나는 형태라는 것을 의미한다. 생물학적 패턴은 그러므로 베르그송의 '생의 도약'(elan vital)과 같이, 삶과 같은 경향을 가지는 목표 지향적 체계를 통해 창발한다고 할 수 있다.

2) 생물학적 패턴의 건축적 적용 방식

생물학적 패턴을 건축 디자인에 적용하는 방식은 생물학적 패턴의 특징들을 형태 패턴 및 메커니즘 패턴이라는 두 개의 큰 범주로 나누어 그 가운데에서 생물체의 형태를 직접적으로 패턴화하여 적용하는 방식과 세포 구조들의 형태 패턴을 적용하는 방식, 구조체의 에너지 제어 메커니즘 방식을 패턴화하여 적용하는 방식, 그리고 개체의 형태 발생 메커니즘의 패턴 및 개체군 진화방식 메커니즘의 패턴을 적용하는 방식 등 크게 4가지 방식들로 구분될 수 있다.

---

41) Stuart Kauffman, *At Home in the Universe: The Search for the Laws of Self-Organization and Complexity*, 국형태 역, 「혼돈의 가장자리」, 사이언스 북스, 2002, p. 173.

(1)직접적 형상의 패턴

생물학적 패턴을 건축에 적용하는 가장 손쉬운 방식은 생물학적 대상을 직접적으로 복사하는 것이지만 이것은 가장 낮은 수준의 방식이다. 이 방식에는 나뭇잎이나 조개껍질, 나무, 뼈 같은 많은 패턴화된 예들이 있지만, 패턴의 종류가 그렇게 많지는 않으며, 주요 패턴들이 그렇게 효용적이지도 않다. 생물학적 형상들과 그 형상에 수반되는 구조와 메커니즘은 크기에 따라 다르기 때문이다.[42] 예를 들어 에펠탑이 인간 대퇴부 뼈의 머리 부분 골수 구조를 모티브로 하고, 수정궁의 지붕 디자인 역시 아마존 백합의 잎사귀를 모티브로 했지만, 그것이 특별히 구조에 장점을 지닌 것은 아니라고 할 수 있다.[43]

(2) 구조와 세포 형태의 패턴

생물학적 패턴을 건축에 적용하는 보다 나은 방식은 생물체의 구조와 조직의 방식을 패턴화하여 적용하는 방식이다. 이것은 저에너지 사용, 쉬운 재활용, 소수의 가능한 재료로 극단적인 영구성과 융통성을 얻는 생물계의 특징을 공학적으로 모방하는 방식, 즉 생체 모방기술(biomimetics)[44] 에 해당하며, 자기 조직화된 결과로서의 구조적 형태, 혹은 물질과 에너지들이 생물체와 주변 환경과의 사이에서 상호 제어되는 방식에 대한 모방을 하는 방식이다. 이것은 물리적 대상의 직접적 형상 보다는 정보 속의 패턴의 인식에 더 의존하며, 일종의 추상을 통해 기술을 더욱 강화한다.

---

42) 예를 들어 조개껍질의 힘은 껍질의 두께에 따른 다른 유형의 구조들의 분배에 의존하는데, 그것은 크기에 따라 함께 변하며, 다른 종류의 공격에 저항해야 하는 종에 따라 다르다. 그렇게 함으로써 조개껍질의 형상은 유용한 시작점으로 될 수 있으며, 어떤 쌍각류 조개들은 방사형 등줄기에 의해 경제적으로 단단해진다. Julian Vincent, "Biomimetic Patterns in Architectural Design", *AD., op. cit.,* p. 76.

43) *Ibid.*

44) 생체공학(bionics), 생체모방(biomimicry), 생체영감(bioinspiration), 혹은 생체영감 디자인(bioinspired design) 등으로 언급되기도 하는, 생물학으로부터 유래한 디자인 법칙들의 도구이다.

대부분의 유기체들의 다양한 스케일에 걸쳐 자기 조직화되는 기하학적 패턴은 주로 원형과 삼각형, 오각형, 육각형, 나선 등의 형상으로 나타나며, 상대적으로 약한 소수의 구성 물질이 자기 조합되어 매우 강한 강도를 나타낸다. 예를 들어 식물들은 자신들의 구조적 목표를 달성하기 위해 각각의 조직적 수준에서 작은 양의 부드러운 재료들을 사용해 연속적인 위계 속에서 자신들의 물질 조직과 줄기 단면들의 변양태들을 통해 중력과 풍력에 저항한다. 이것은 생물학적 자기 조직화의 특징이 작고 단순한 구성 요소들이 더 큰 유기체를 형성하기 위해 3차원적 패턴 속에서 함께 조합되며, 그 유기체는 다음에 창발적 자질과 행태를 가지는 더 복잡한 구조로 자기 조합됨을 의미한다.[45] 구조와 조직 방식을 패턴화하는 방식은 다음과 같이 생물체 구조와 조직의 환경에 대해 최적화된 기하학적 형상들의 패턴을 모방하는 방식과 유기체들과 환경 사이에서 물질과 에너지 방식이 상호 제어되는 패턴을 모방하는 방식들로 분류될 수 있다.

a. 원형 패턴

나무 내의 구멍들은 원형의 패턴(그림 4-58)으로 나타나며, 이 원형 구멍들의 위계적 배치는 갈라짐들에 대한 제어를 제공해준다.[46] 예를 들어 대나무의 성장은 주로 길이 방향으로만 나타나고, 상대적으로 직경 방향의 성장은 거의 나타나지 않는데, 줄기는 거의 50%의 긴 원통형 세포들(parenchyma, 그림 4-59)과 40%의 섬유질, 10%의 목질부, 혹은 속이 빈 액체

45) Michael Weinstock, "Self-Organisation and the Structural Dynamics of Plants", *AD.*, 3/4, 2006, p. 28.

46) David G. Hepworth, Julian FV Vincent, Graham Stringer, George Jeronimidis, "Variations in the morphology of wood structure can explain why hardwood species of similar density have very different resistences to impact and compressive loading", *Philosophical Transactions of Royal Society* A 360, 2002, pp. 255-72.

전달 튜브들로 구성되며, 이런 구성 패턴[47] 의 모방은 탄소 섬유 재료와 유리 섬유 보강 재료 같은 섬유질 구성 재료에 응용될 때 구조적으로 매우 강한 구조물로의 전환이 가능하게 된다(그림 4-60). 마찬가지로 뼈의 해면체 섬유질 구조는 다공질의 세포적 고체로, 광물질적 포말의 원형 구멍들이 많은 물질이며, 이 내부의 복잡하게 연결된 다공질의 네트워크[48] 역시 원형의 패턴으로 응용될 때 매우 높은 강도의 구조물을 만들 수 있게 된다.

그림4-58. 제라늄 줄기 단면의 원형다발들

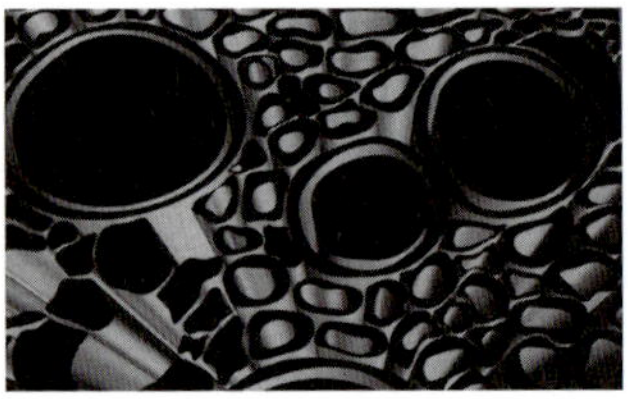

그림4-59. 대나무 줄기 단면의 원통형 세포들

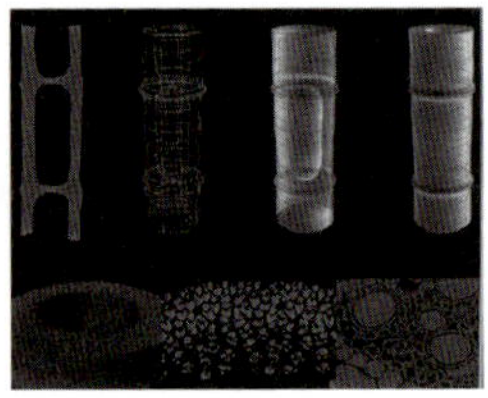

그림4-60. 대나무 줄기의 원형 형태학 모델

b. 다각형 패턴

유기체의 세포들의 내적 구조는 빈 공간이건 공기나 유동체로 채워진 공간이건 각각은 유동적이거나 고체의 면과 모서리를 가지는데, 이 세포들의 형태는 다면체이며 다양한 다각형의 포말 패턴으로 이루어진다. 이 포말의 형태는 다르시 톰슨이 성장하는 세포들의 형상을 위한 수학적 표현에 관해

47) 대나무의 액체 전달 튜브들은 주위로 엽초와 관다발 속에서 조절되는 섬유들을 가지며, 모든 대나무들은 줄기 내의 세포들의 분배 속에서 수평적, 수직적 모두의 특징적 분화를 보여준다. 섬유질의 비율은 내부보다는 벽체의 외부 세 번째에서 더 높고, 아래쪽에 비교해 위쪽 부분이 더 높다. 섬유질과 다발의 분배는 높이와 가늘기에 따라 분화됨으로써 줄기의 상부는 더 많은 비율의 섬유질을 가진 많은 더 작은 관다발들로 구성되고, 그것은 가늘기가 증가할수록 재료적 강도도 식물의 더 높은 부분에 있는 바람과 물의 증가하는 스트레스에 적절히 증가하도록 만든다. Christina Sanchis Gritch, Richard J. Murphy, "Ultrastructure of fibre and parenchyma cell walls during culm development in Dendrocalamus asper", *Anals of Botany* 2005, 95, pp. 619-629, Michael Weinstock, *op. cit.,* p. 30 재인용.

48) 공학적인 포말 형상들, 나무, 해면 모양의 다공질의 뼈와 코르크 같은 세포형 고체들의 구조와 특질들은 행태적 유사성을 가지며, 공학적 디자인을 위해 개발될 수 있다. L.J. Gibson, M.F. Ashby, *Cellular Solids: Structure and Properties,* Cambridge University Press, 1997, Michael Weinstock, "Self-Organisation and Material Construction", *Ibid.,* pp. 34-35 재인용.

논했듯이,[49] 주로 육각형과 오각형 구조의 무작위적 배열로 구성됨을 알 수 있다.[50]

실제로 육각형과 오각형의 패턴은 자연에서 매우 큰 의미를 가진다. 이것은 19세기 말 독일의 에른스트 헤켈(Ernst Haeckel)이 그린 완벽한 구형의 방산충 아울로니아 헥사고나(*Aulonia hexagona*)의 외골격(exoscheleton)에 나타나는 기하학적 패턴(그림 4-61)에서 잘 드러난다. 이 방산충의 외골격은 전체적으로 육각형의 그물로 이루어진 것 같지만 에른스트 헤켈이 언급하듯, 자세히 볼 때 오각형의 패턴도 섞여 있으며,[51] 이것이 발표된 비슷한 시기의 영국의 생물학자 다르시 톰슨에게 영감을 준 것도 바로 이 오각형 패턴이라고 할 수 있다.

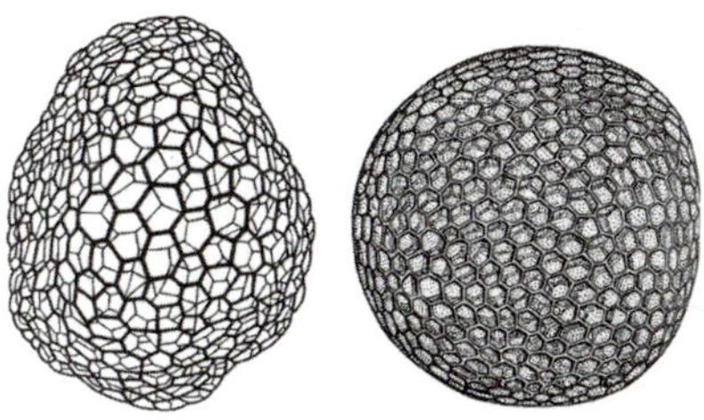

그림4-61. 헤켈이 그린 방산충 레티쿨룸 플라스마틱과 아울로니아 헥사고나

18세기에 스위스의 수학자인 레온하르트 오일러(Leonhard Euler, 1707-1783)가 임의의 닫힌 다면체의 면과 모서리, 꼭짓점의 관계에 대해 정리했듯이, 육각형의 배열은 무한대로 펼쳐질 수 있지만, 육각형만으로는 결코 다면체가 닫혀질 수 없고, 오각형을 도입해야 닫힐 수 있기 때문이다(그림 4-62). 다르시 톰슨은 헤켈의 아울로니아 헥사고나의 도해를 통해 자연 환경 속에서 형성되는 닫혀진 형태가 육각형과 오각형의 패턴이 서로 혼합될 때에만 가

49) 포말의 수학적 설명은 이미 1873년 비눗방울들이 모일 때 120도 각도로 세 개의 표면들이 만난다는 Plateau의 관찰과 1883년 Lord Kelvin이 3-D 공간을 다중의 부분이나 세포들로 분할한 역사를 가진다. 다르시 톰슨의 '세포들의 형태'에 관한 장은 '변형 이론'과 연결해 읽을 때 형태 발생의 패턴과 분화로까지 확장될 수 있다. D'arcy Thompson, *On Growth and Form,* Cambridge University Press, 2014(1917년 초판), p. 120.

50) 포말은 공간 속에 서로 다르게 조직된 세포들을 가지며, 반면에 벌집 모양들은 평행한 열들로 조직되고, 더욱 정형적인 프리즘 모양의 세포들을 가지려는 경향을 지닌다. 모든 세포 물질들에서 세포들은 각각 정형이거나 비정형의 형상일 수 있으며, 분배에서 다양할 수 있다. Michael Weinstock, *op. cit.*

51) D'Arcy Thompson, *op. cit.,* p. 158.

능하게 됨을 인지했으며,[52] 오일러의 공식에 의해 육각형의 개수와 상관없이 12개의 오각형만 있으면 하나의 닫힌 다면체로 될 수 있음을 주장했다.

톰슨은 방산충의 형태에 대해 다음과 같이 설명하고 있다:

> 방산충의 몸체는 그 전형적 형태 속에서 원형질의 구형 매스로 구성되며, 그 주위로 일종의 다공성의 '캡슐'에 의해 그것과 분리되어 포말이 떠있는 원형질이 있어 다중의 폐포나 액포 속으로 포말이 일며, 바닷물과 크게 다르지 않을 수 있는 유동적 물질로 채워져 있다. 그것들의 표면 장력 조건에 따라 이 액포들은 대략 고립되고 구형이거나, 다면체 세포의 포말 속에 함께 결합된다.

'포말'은 동일한 크기의 세포들로 이루어지며, "결과적으로 다각형의 그물망은 아름다운 규칙적 형태이다."나아가 특정 유형의 몸체

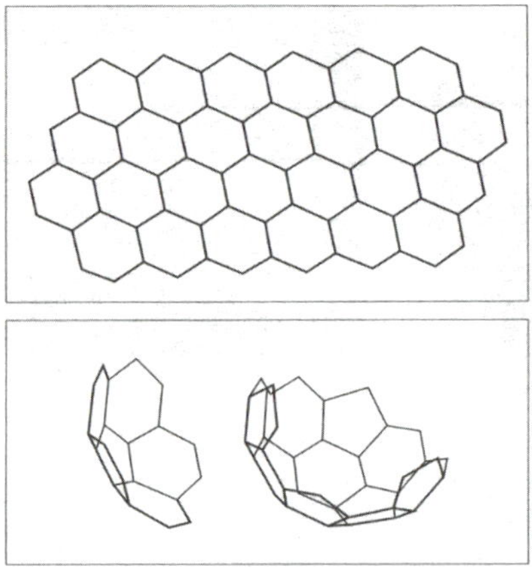

그림4-62. 오일러의 공식대로 오각형이 들어감으로써 휘어지는 형상

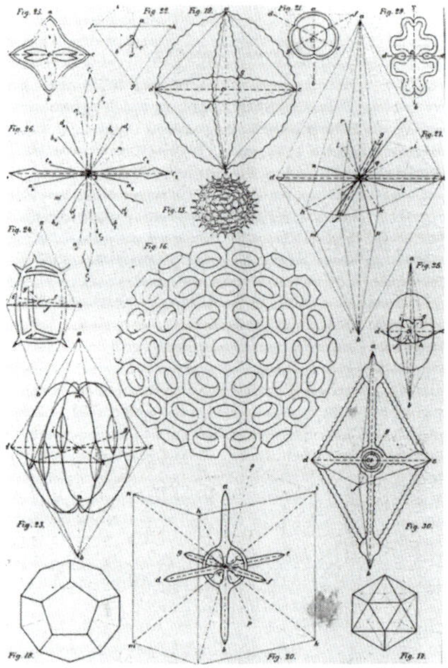

그림4-63. 헤켈이 그린 방산충들의 기하학적 분류

52) 다르시 톰슨은 "레온하르트 오일러에게 배운대로 육각형이 만드는 배열은 만족할 만큼 얼마든지 멀리 펼쳐질 수 있다. 평면 위든지 곡면 위든지 상관없다. 하지만 결코 닫히지 않는다"라고 썼다. D'Arcy Thompson, *op. cit.*, pp. 157, 158; Philip Ball, *op. cit.*, p. 79.

의 가장 바깥 켜는 "일종의 단단한 포말을 형성하며 소포들의 집단으로 구축되었으며", 나머지는 규산질 골격을 가진 듯이 보였다. 요약하자면, 우리는 구형 바구니나 상상할 수 있는 최상의 중국 상아 구슬을 닮은 연속적인 선형 요소들의 단단한 그물망을 다루고 있다(그림 4-63).[53)]

톰슨은 나아가 "그 전체 배열이, 분할 벽들이 서로 동일한 각도로 만나고 각각의 가장자리에서 세 개씩, 그리고 그것들의 가장자리가 모퉁이에서 네 개씩 만나는 최소 면적(*areae minimae*)의 법칙을 따르거나 따르려는 경향이 있을 것"[54)] 이라 주장하며, 이 바구니 같은 구조가 표피를 위한 3차원적 그물망으로, 바다 밑바닥에서 막대한 수압을 견딜 수 있고, 구조적 요구가 증가할수록 방산충은 외부 표피 위의 단단한 껍질로서가 아니라, "동심원적 구형을 만들어내는 연속적 레벨"[55)] 을 첨가함으로써 자신의 그물망을 확장한다고 말했다. 말하자면 방산충은 자신의 벽체와 가장자리에 실리카 덩어리를 첨가하는 것이 아니라 수많은 표피와 접속부들의 시스템을 만듦으로써 자신의 강도를 높이게 된다. 여기서 바구니와 같은 방산충의 껍질은 호흡을 위한 층이며, 확장된 그물망을 만들어내는 동심원적 켜들로 이루어진다.

벅민스터 풀러의 지오데식 돔은 이 원리를 응용해 만든 것으로, 1967년 몬트리올 엑스포 미국관으로 지어진 거대한 지오데식 돔 역시 육각형의 그물망 중간 중간에 오각형 패턴이 들어가 있는 경우라고 할 수 있다.[56)] 이것

53) D'Arcy Thompson, *op. cit.,* pp. 155, 157; Sarah Bonnemaison, "The Skin of the "Sky Bubble"at Expo'67", Philip Beesley, Sarah Bonnemaison eds., *On Growth and Form, Organic Architecture and Beyond,* Tuns Press and Riverside Architectural Press, 2008, p. 71.

54) D'Arcy Thompson, *op. cit.,* p. 156.

55) Sarah Bonnemaison, *op. cit.*

56) 실제로 1985년 당시 한 화학자들 팀은 흑연에서 육각형의 평면으로 연결되는 탄소 원자 60개로 안정된 나노 입자를 형성할 것이라 유추했지만, 계속되는 시행착오 끝에 벅민스터 풀러의 지오데식 돔을 이용해 오각형이 평평한 면을 닫혀진 형태로 만드는 원리를 발견하고 그 탄소 분자를 탄소 원자 60개를 가진 구형의 물질로서 벅민스터 풀러린(Buckminster Fullerene)으로 명명했다. Philip Ball, *op. cit.,* p. 81

은 일련의 동심원적 켜들로 만들어지며, 맨 바깥의 켜는 상호 연결된 마름모형의 짜임으로 조합된 삼각형 유니트들로 만들어지고, 두 번째의 내부의 켜는 육각형의 유니트들로 만들어져 첫 번째 켜의 내부에서 더 작은 구형을 형성한다. 그리고 두 개의 켜는 이들 사이의 간격을 유지하도록 하는 사면체 형상의 철제 막대들로 된 그물망으로 연결됨으로써 외부나 내부에서 볼 때 다각형으로 된 구형으로 보이게 된다.

예를 들어 규조류나 방산충의 규산질 미세 골격 형상은 육각형 그물 패턴에 오각형 패턴이 섞인 것으로, 이것들의 뼈대 내부 구조는 비눗방울 포말의 다각형 분화 패턴이 포말형 건축의 기하학을 상징했듯이,[57] 구조적으로 매우 효율적인 면을 보여준다. 이것은 상대적으로 적은 양의 재료를 가지고 모든 방향으로 강도를 나타내주는 구조로, 철근 콘크리트 보다 훨씬 강하고 효율적인 골격의 구조라고 할 수 있다. 실제로 헤켈이 관찰한 아울로니아 헥사고나의 외골격은 포말들이 화석화된 일종의 폼(foam)으로, "유기막으로 만들어진 한 층의 액체 포말로 자신을 둘러싸고 액체 포말의 벽이 만나는 플라토 경계에 붙잡힌 용액에서 미네랄과 실리카, 혹은 탄산염을 침전시켜 만든 구조라고 할 수 있다".[58]

플라토의 꼭지점(그림 4-64)은 생물체와 무생물 모두의 자기 조직화 과정에서 적용될 수 있는데, 예를 들어 스펀지 구조의 바늘과 같이 세 갈래로 만들어지는 실리카 별 형상의 세포 구조는 플라토의 꼭지점이 완벽한 주형틀을 제공하며, 미세 해양생물인 규질 편모조류(silicoflagellates)의 외골격 역시 플라토의 법칙에 그대로 적용될 수 있다(그림 4-65). 톰슨은 스펀지 구조의 형태에 대해 다음과 같이 설명한다:

57) 프라이 오토와 그의 생물학 동료인 J.G. 헬름케는 규조류와 방산충의 뼈대 내부 구조를 통해 이 복잡한 구조들의 형성이 공기 방울이나 포말들의 집합의 횡단 표면들 위의 광물적 침전의 과정임을 밝혀내고 다양한 자기 조직적 형태 패턴을 실험했다. Frei Otto, Klaus Bach (eds.), *Radiolaria*, vol. 33, *Publications of the Public Institute of Lightweight Structures*, University of Stuttgart, 1990.

58) Philip Ball, *op. cit.*, p. 135.

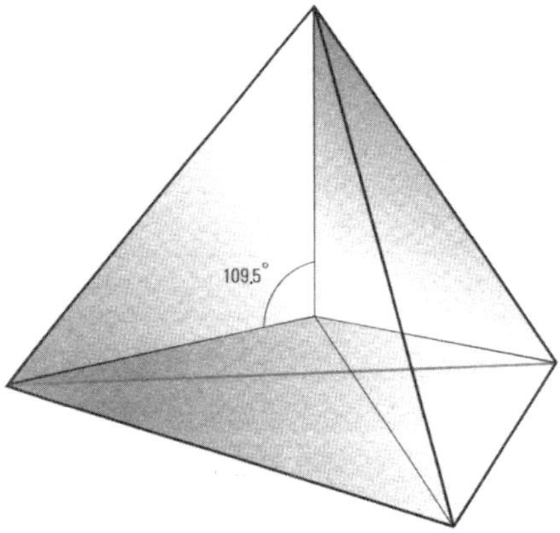

그림4-64. 플라토의 꼭지점, 비누막은 109.5도 각도로 서로 꼭지점에서 만난다

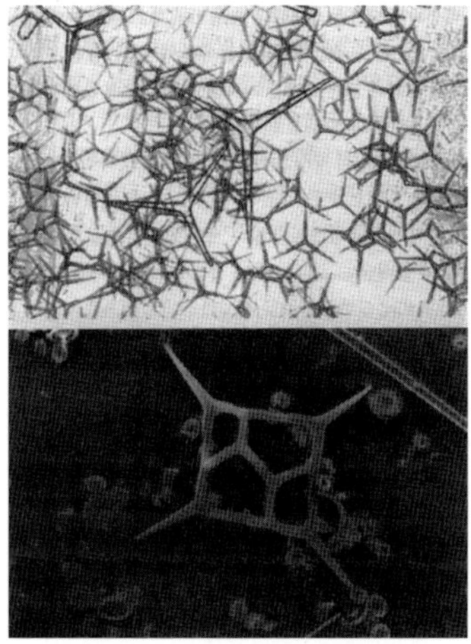

그림4-65. 플라토 법칙에 적용되는 스펀지 뼈와 규질 편모조류의 외골격 001

석회질 스펀지의 침상체는 삼방사형(triradiate)이며, 세 개의 반경은 보통 거의 동일한 각도로 서로에게 기울어져 있다; 어떤 경우에 세 개의 방사체들의 두 개는 거의 직선이며, 세 번째에 대해 직각을 이룬다. 그것들은 항상 평면상에 있지는 않고 종종 삼면체의 각도로 서로에게 기울어져 있다. 세 개의 방사체들은 종종 다른 세 개와 거의 동일한 각도로 사면체를 구성하는 네 번째의 방사체로 보충되기도 한다... 침상체들의 접촉 각도는 항상 경계가 원형 아치의 형태를 취하고, 플라토의 경계(bourrelet)를 형성하는 물질(**그것의 유동성에 따라 양의 변화를 가지는**)의 축적에 의해 연결이 된다... 삼방사형의 침상체는 서로 접촉하는 세 개 세포들의 경우에 부합되며, 마찬가지로 사방사형의 침상체도 네 개 세포들의 견고한 집합에 부합된다: 후자는 서로 사면체의 시스템으로 만나며, 각각의 세 개의 단면이나 분할벽이 만나는 네 개의 모서리들을 보여주는데, 그 모서리들은 서로에 대해 109도(**17세기 프랑스의 천문학자 마랄디(Maraldi)**의 각도)의 동일한 각도로 기울어진다.[59]

59) D'Arcy Thompson, *op. cit.,* pp. 138–141.

또한 헤켈이 묘사한 외골격들 중 나셀라리아(Nassellaria) 방산충의 외골격(그림 4-66)은 사면체의 프레임 안에 들어찬 포말들의 형태(그림 4-67)로 이루어지며, 리소큐부스 게오메트리쿠스(Lithocubus geometricus)의 외골격은 입방체 프레임 내의 포말 형상(그림 4-68), 프리스마티움 트리포디움(Prismatium tripodium)의 외골격은 삼각 프리즘 프레임 내부의 포말 형상(그림 4-69)을 한다. 톰슨은 이러한 다른 종류의 방산충들의 외골격에 대해 다음과 같이 설명한다:

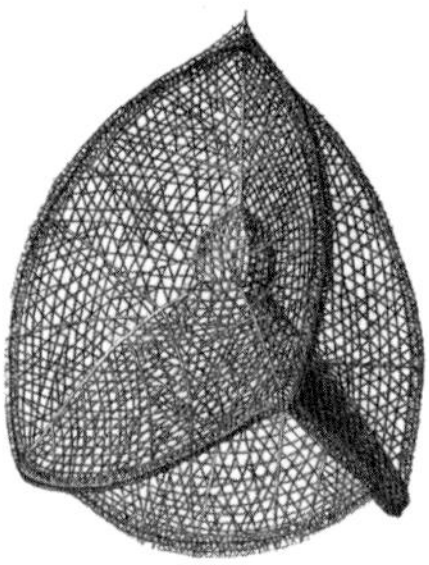

그림4-66. 나셀라리안 방산충의 외골격

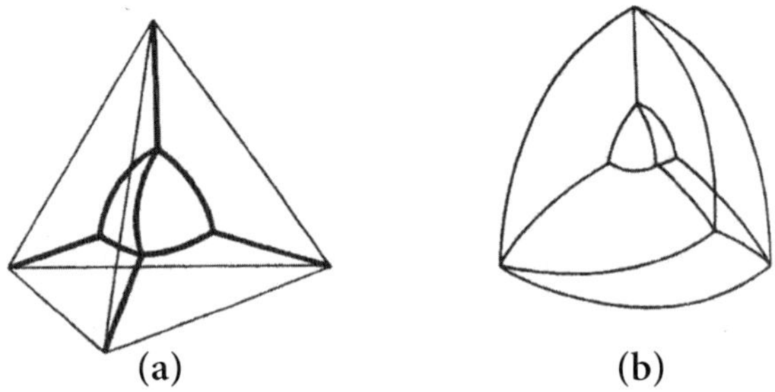

그림4-67. 사면체 프레임 내에 들어찬 포말

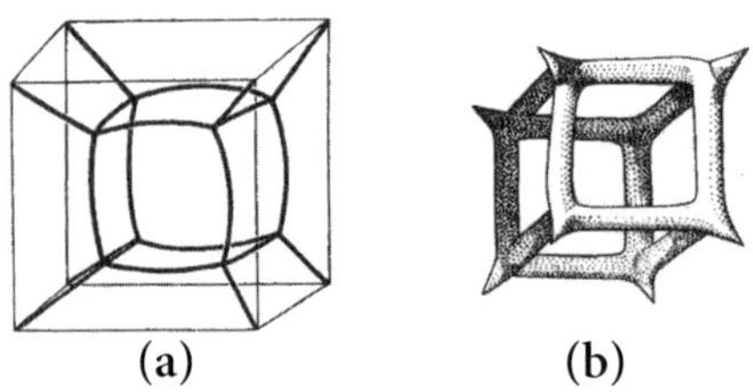

그림4-68. 입방체 프레임 내의 포말과 리소큐부스 게오메트리쿠스의 외골격

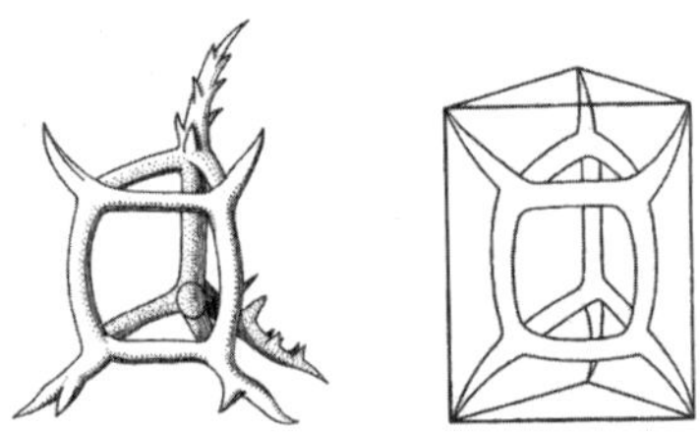

그림4-69. 프리스마티움 트리포디움의 외골격과 삼각 프리즘 내의 포말

단단한 외골격은 모든 경우에 인접 세포나 소포들 사이의 홈, 경계선, 모서리들로 결정되지만 흡착력의 에너지가 사이에 끼어드는 벽체들을 통해 확장될 수 있다. 이것은 적지 않은 방산충에서 일어나는데, 특히 나셀라리아 방산충에서 그것은 특별한 아름다움과 수학적 미를 가진 기하학적 형태를 만들어낸다.

플라토가 정사면체의 철사 골격을 만들어 비누 용액에 담갔을 때, 그는 즉각적으로 네 개의 모서리에서 세 개씩 만나는 여섯 개 막들의 아름다운 대칭 시스템(그림 4-70)을 얻었으며, 이 네 개의 모서리들은 그 형상의 귀퉁이에서 대칭의 중심으로 연결되었다. 여기서 그것들은 두 개씩 마랄디(Maraldi) 각도로 만난다; 그리고 막들은 벌집 건축 구조에서 나타나듯, '마랄디 피라미드'라 부르는 요각의 견고한 각도를 형성하기 위해 세 개씩 만난다. 동일한 형상이 칼리미트라(Callimitra) 방산충의 미세 규산질 골격에서도 쉽게 인식된다. 그 형상은 직선이 아니라 네 개의 동일한 포말의 사면체적 군집의 경계 모서리들로 형성되는 것 같은 구형의 사면체이다; 그리고 플라토가 그의 사면체 시스템의 중심에 작은 비누 방울을 불어넣는 실험을 했듯이, 우리는 여기서 중심 포말을 가지게 된다. 이 포말은 어떤 크기로도 될 수 있지만, 그것의 조건은 항상 동일하며, 그 자체의 네 개 귀퉁이에서 항상 마랄디 각도를 가지는 형상으로 된다...

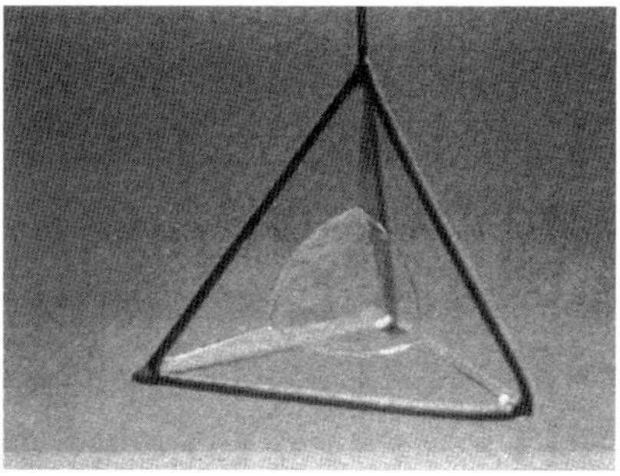

그림4-70. 플라토가 정사면체 철사로 실험한 비누막

우리는 또한 플라토로부터 사면체 포말이 사면체 골격이나 프레임 안에 주입되듯이, 입방체의 포말이 입방체 프레임 안에 주입될 수 있다는 것을 배웠다; 그리고 내부의 입방체의 모서리들은 귀퉁이에서 마랄디 각도를 가지도록 굴곡지게 될 것이다. 헤켈의 방산충 도해에서 우리는 이런 내부 입방체형 포말의 골격에 부합되는 방산충, 즉 리소큐부스 게오메트리쿠스(*Lithocubus geometricus*)를 발견한다; 여기서 귀퉁이들로부터 솟아나는 작은 뿔들은 한때 둘러싸는 형상의 귀퉁이들을 내부 포말에 접합시켰던 모서리들의 부분들이다.

다시 한번, 우리가 프레임을 등변형의 삼각 프리즘의 형태로 구축하고, 이전과 같이 진행시킨다면, 각각에서 마랄디 형상이 나타나며, 각각의 끝 가까이에 두 개의 마디들을 연결하는 프리즘의 중심에서 수직적 모서리를 보게 될 것이다. 그러나 프리즘을 점점 짧게 만든다면 두 개의 마디가 사라지고, 형상의 중간에서 평평한 굴곡의 삼각형이 수평적으로 나타나고, 각각의 세 개의 귀퉁이에서 네 개의 굴곡진 모서리들이 낮익은 각도로 만나는 지점이 나타난다. 여기서 우리는 중심 포말을 주입할 수 있는데, 그것은 굴곡진 등변의 삼각 프리즘의 형상을 취하게 될 것이다; 그리고 헤켈의 프리스마티움 트리포디움(*Prismatium tripodium*)은 이런 형상을 반복한다.[60]

생체 모방 기술에 의해 생산되는 새로운 재료로서의 중합체(polymer)나 포말 금속 등 역시 이러한 다각형의 패턴들을 가지며, 나아가 비유기적인 인공적 물질들을 이용해서도 이와 같은 자연의 생물학적 물질들과 유사한 특성을 가지는 높은 강도의 물질을 만들 수 있을 것이다.

(3) 물질과 에너지 제어 메커니즘의 패턴

생체 모방 기술의 또 다른 방식은 생물학과 공학에서 문제가 해결되는 방식 속에서 패턴을 인식하는 것으로, 패턴을 단지 형태로만 환원하거나 물질적 조건만으로 환원시키지 않고, 패턴들의 형성과 변형을 기초하는 과정들을 모방하는 방식이다. 이것은 물질적 특성과 행태 사이의 관계에 기초하며, 수행적 잠재력과 억제, 조합의 논리를 만들어내는 자기 조직적 과정들에 연관되는 분화되고 수행적인 물질 시스템에 초점을 맞추는 것

60) *Ibid.*, pp. 160–164.

이다.[61)]

이것은 또한 힘들의 흐름으로부터 태양 에너지와 그것에 연관된 열역학적 현상들의 분배에 이르기까지 외적 영향들에 연관된 물질 시스템의 행태와 능력에 대한 분석의 연속적 피드백을 통한 형태적 패턴의 통찰을 의미한다.[62)]

물질 시스템과 환경의 상호 작용으로부터 조절되는 다양한 행태적 패턴들이 나오는데, 여기서 환경의 조절은 열역학, 광학, 음향 등의 조절을 의미하고, 물질 시스템의 조절은 내적 힘들, 진동, 음파들의 변화적 분배, 습도 용량과 온도 구배 속의 변화들 같은 건물의 물리적 양상 등이 해당된다.[63)] 예를 들어 나무 내 구멍들의 위계적 배치와 갈라짐들이 제어되는 패턴으로부터 구조용 콘크리트의 빈 공간의 크기와 배분이 제어되는 패턴이 적용될 수도 있다.

(4) 형태발생 메커니즘의 패턴

생물학적 패턴의 건축적 적용 방식에서 가장 궁극적인 진보적 방식은 건축물이 실제적으로 수행(performance) 지향적인 디자인으로 되도록 환경 속에서의 행태적 경향들과 패턴을 도구화하는 방식이다. 이것은 물질적 분절

---

61) 바스(Bath)대학의 생체모방과 자연 기술 센터(the Centre for Biomimetic and Natural Technologies: CBNT)는 '실체'(substance), '에너지'(energy), '공간'(space), '시간'(time), '정보'(information) 라는 단어들의 머릿글자를 이용해 주요 디자인 문제들을 분류해 생물학과 공학 기술 사이의 차이들을 정량화했는데, 나노 미터부터 킬로미터까지 크기를 분류해 공학 기술에서 5,000 가지의 예를, 생물학에서 2,500 가지의 예를 분류했다. 나노미터에서 밀리미터까지의 관찰은 주로 물질들의 진행과 종합에, 밀리미터부터 미터까지는 주로 구조와 메커니즘에, 미터에서 킬로미터까지는 개체군과 생태계에 집중되었다. CBNT의 연구는 물질 처리 기술이 일반적으로 모든 문제들의 70%에 해당하는 에너지의 제어와 시작 물질의 선택이나 종합에 의존한다는 사실을 보여준다. 예를 들어 나무 내의 구멍들의 위계적 배치를 응용해 구조 내의 빈 공간의 크기와 배분을 제어할 수 있고, 구조용 콘크리트에도 적용할 수 있게 된다.

62) 예를 들어 연결 부위의 조직 섬유 내의 섬유질 단백질의 구조와 조직의 반복되는 패턴들은 그것들의 하중이 작용한 성장 과정에 연관해서만 이해될 수 있는데, 그 과정 속에서 결합 조직 형성 세포들은 조직 내의 힘들의 흐름에 직접적으로 대응해 섬유질들을 눕힌다.

63) Achim Menges, Michael Hensel, "Patterns in Performance-Oriented Design", *AD.*, 11/12, 2009, p. 92.

과 환경적 조절 모두를 향한 패턴 인식을 통해 가능하게 되며, 생물체의 형태가 발생하는 형태 발생 과정과 발생된 유기체가 진화해가는 과정 모두의 메커니즘에 대한 분석으로부터 그러한 과정들의 건축적 적용이 가능하게 된다.

a. 분화 패턴

형태 발생의 과정은 자기 조직화 과정 속에서 나타나는 분화(differentiation)의 패턴을 만들어낼 수 있는데, 이것은 생물체의 특징인 다중 수행적 건축을 가능케 하는 방식이다.[64] 자기 조직화는 분화를 통해 다양한 변양태의 모델들을 발생시키는데, 분화는 형태 발생 과정에서 위치에 따라 각기 다른 단백질 화합물의 영향 속에서 서로 다른 유전자의 발현에 의해 다양한 표현형(phenotype)의 증가를 수반하며, 다양한 표현형의 증가는 기존의 건축적 최적화 방식이었던 단일 목표의 최적화 대신 다양한 스케일 환경 내의 행태적 특성과 능력의 관점에서 시너지적, 통합적 방식으로 물질과 시스템을 이해하는 다중 수행적 건축을 가능하게 해주기 때문이다.

b. 매개 변수적 패턴

형태 발생과정으로부터 응용할 수 있는 또 하나의 패턴은 매개 변수적 패턴이다. 이것은 자기 조직화의 또 다른 특성인 다중적 형태를 얻기 위한 방식으로, 분화로부터 얻어지는 다중 형태는 표면 분화의 증가를 통해 동적이며 고도의 수행적인 건축 패턴을 만들어내는 매개 변수적 건축을 가능하게 하기 때문이다. 매개 변수 디자인은 "건축 형태를 발달, 변형, 수정하

64) 생물체들이 환경 속에서 다양한 상호 작용을 통해 다중적 목표의 최적화를 이루듯이, 건축 역시 생물체의 이러한 메커니즘을 응용해 환경과의 상호 작용 속에서 다중적 기능과 다중적 형태의 다중적 목표를 수행하는 가운데 환경적으로 특별한 조건들에 대해 유연하게 대응할 수 있게 된다.

기 위해 대상물에 영향을 주는 내적, 외적 힘들을 매개 변수화하고, 시간의 흐름에 따라 각각의 힘들이 이와는 다른 힘의 작용 범위 내에서 인력, 또는 척력을 받아 시뮬레이션되며 형태가 만들어지는 기법"[65] 이다. 이것은 파트릭 슈마허(Patrik Schumacher)가 주장하듯, '매개 변수주의'(parametricism)라는 용어로 설명되며, 연속적인 분화와 변형(versioning), 반복 등의 방식과 스크립팅 등으로 표현된다.[66] 매개 변수적 패턴은 슈마허에 의해 다음과 같은 목표들로 특징지어진다:

"1) 정방형이나 삼각형, 원 같은 정형의 기하학, 요소들의 단순한 반복, 연관되지 않는 요소나 시스템들의 중첩 등을 피할 것;

2) 매개 변수적으로 순응될 수 있는 모든 형태들을 고려하고, 다양한 수준에서 점진적으로 분화시키며, 시스템적으로 상호 관련시킬 것;

3) 단일 시스템의 분화로부터 외피, 구조, 내적 세부 분할 같은 다중의 하부 시스템의 스크립트된 결합으로 이동할 것. 한 시스템 내의 분화는 다른 시스템들 내의 분화들과 상호 연관된다;

4) 보상적 적응보다는 차이들의 증대를 선호하는 상호 연관을 통한 유기적 통합을 목표로 할 것. 연관된 시스템은 더 풍부한 분절이 얻어지고 더욱 방향성을 가지는 시각적 정보가 가능한 초기 분화를 강조할 것."[67]

매개 변수 패턴은 그러므로 차이들의 증폭을 통해 내재하는 표면 분화를 더욱 증폭시킬 수 있게 된다. 여기서 분화는 또한 구성 요소 분화를 이끌 어떤 패턴이나 이미지를 표면에 매핑함으로써 의도적으로 도입될 수도 있다.[68]

65) 류무열, "디지털 건축의 시간기반 프로세스에 관한 연구", 「대한건축학회 학술발표 논문집」, 2001, 제20권 2호, p. 542.

66) Patrik Schumacher, "Parametricism: A New Global Style for Architecture and Urban Design", *AD.*, 7/8, 2009, p.15.

67) *Ibid.*, pp. 16–17.

68) Patrik Schumacher, "Parametric Patterns", *op. cit.*, p. 34.

c. 성장법칙 패턴

성장은 배의 발생 이후 거치는 단계로, 형태 발생의 마지막 단계인데, 유기체의 이러한 성장과정을 패턴화하여 건축 디자인에 적용하는 방식이 가능하다. 예를 들어 높은 굴곡의 영역에서 성장률이 증가하는 산호의 성장법칙은 제안된 네트워크 내에서 하우징 유니트들의 분배와 위치 선정에 정보를 줄 수도 있다. 나아가 생물체 성장의 메커니즘을 수행적 도구로 만든 대표적 예는 일련의 문법에 따라 특성들을 순환적으로 교체하는 것에 기초를 둔 린덴마이어 시스템(L-system)[69] 으로, 이 시스템은 동일한 규칙을 반복적으로 적용하는 과정에서 구성 요소들을 고쳐 쓰고, 대체함으로써 복잡성이 증가하는 시스템이다. 이것은 결과적으로 3차원의 구조화된 체계를 통해 통합된 형태를 생성해낼 수 있게 된다.[70]

(5) 진화적 생태 메커니즘의 패턴

형태 발생이 주로 한 개체의 발생을 다룬다면, 진화는 개체군의 관점에서 여러 세대에 걸쳐 돌연변이와 자연 선택을 거쳐 새롭게 변화해가는 과정을 의미한다. 예를 들어 산호초(그림 4-71)나 흰개미 둥지(그림 4-72), 작은 부레관 해파리군(그림 4-73), 열대 맹그로브 숲(그림 4-74) 같은 모델들은 모두 지역적 행위자와 환경적 자극들의 상호 작용을 통해 구축되는 집합적 질서 패턴을 보여주는데, 이러한 생태 패턴을 적용해 맹그로브 나무와 숲의 사회적 조합 법칙에 기초한 생태학의 도시적 모델도 가능할 수 있게 된다.[71]

69) 헝가리의 생물학자 Astrid Lindenmayer가 1968년 서로 다른 단순한 다중세포 유기체들의 성장 패턴을 연구한 유기체 발생의 형태적 기술로, 컴퓨터의 형태 문법, 즉 문자열(string)들로 알려진 다양한 단순 개체들의 과정을 통해 형태 언어를 설명하는 추상적 구조이다. 이는 생물학적 진화과정 모델링과 식물 형태발생 분야에서 형태 발생 시스템의 하나로 이용된다.

70) 김정신, "바이오모픽 건축의 재료 표현특성에 관한 연구", 「한국실내디자인학회 논문집」, 2006, 10, p. 292.

71) Theodore Spyropoulos, "Evolving Patterns: Correlated Systems of Interaction", *AD.*, 11/12, 2009, p. 86.

생물체의 진화 과정을 건축 디자인에 적용하는 대표적인 방식은 다양한 진화 알고리즘들[72) 중의 하나인 유전 알고리즘(Genetic Algorithm)[73) 을 적용하는 것이다. 현대 건축에서 장, 피막, 복잡한 표피. 깊은 구조 같은 새로운 패턴을 가능하게 해주는 것은 무엇보다도 발전된 새로운 기술들이라고 할 수 있는데, 이것들은 주로 비정형 곡선을 만들어내기 위한 라이노(Rhino) 프로그램의 플럭-인 프로그램인 그래스호퍼(Grasshoper), 혹은 벤틀리(Bentley) 프로그램의 플럭-인 프로그램인 제너라티브 콤포넌츠(Generative Components) 같은 유전 알고리즘적인 생물학적 패턴 발생 소프트웨어 프로그램에 의해 가능하게 되기 때문이다.

그림4-71. 산호초

그림4-72. 흰개미 둥지

그림4-73. 작은 부레관 해파리군

그림4-74. 맹그로브 숲

72) 유전 알고리즘(GA), 진화전략(ES), 진화 프로그래밍(EP), 유전 프로그래밍(GP) 등이 있다.

73) John Holland가 1975년 개발한 최적화 알고리즘으로, 생물학적 유전자인 염색체에 해당하는 문자열로 재생산, 교배, 돌연변이를 거쳐 다음 세대에 새로운 자식을 인공적으로 만들어내며, 이런 연산을 반복해 최적해를 구한다. 이것은 유전자형과 표현형을 가지는 개체들의 개체군을 초기화하고 유지하며, 부모를 제공하기 위해 두 가지 개체의 무작위적 선택에 의해 교배시킨 후, 염색체 교차와 돌연변이를 이용해 다양한 자손들이 개체군을 채울 때까지 세대를 반복시켜 모든 부모들이 버려지고 적합한 기준을 만족시키는 개체군을 양산시키는 프로그램이다.

4.4 생물학적 패턴의 건축적 적용 사례

1) 직접적 형상의 패턴

생물체의 직접적인 형상 패턴은 주로 생물체의 구조 형태를 패턴화하여 적용하는 사례들을 보여준다. 윌킨슨 아이어(Wilkinson Eyre)의 멀티플렉스 극장 계획(1998, 그림 4-75)은 중앙의 아트리움 주위로 소극장들을 배치하기 위해 해바라기 씨의 배치 패턴과 산양 뿔의 성장 곡선 패턴, 달팽이와 소라 껍데기에서 나타나는 피보나치 수열 패턴을 나선형 배치에 적용한 예이다. 렌조 피아노의 휴스턴 메닐 콜렉션 미술관(1987, 그림 4-76) 역시 경량화를 위해 지붕 트러스 형태를 거대한 조류의 손뼈 패턴으로부터 적용한 예이다. 나아가 노먼 포스터의 스위스 Re 런던 사무소(2004, 그림 4-77)는 풍압과 하중을 조절하기 위해 해면 동물의 규산질 외피 패턴으로부터 유선형의 외양과 대각선 외피 골조 패턴을 발생시킨다.

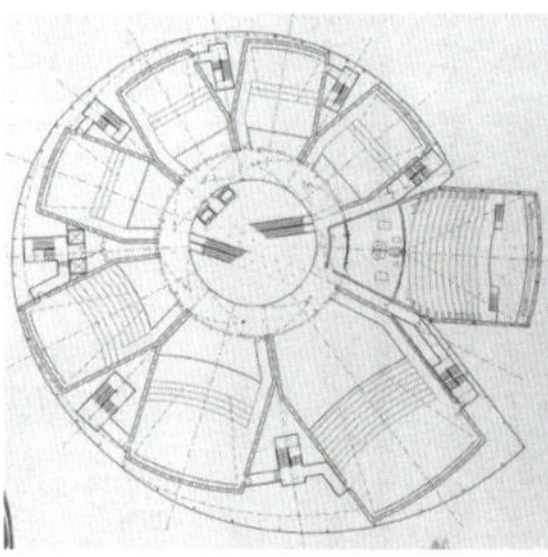

그림4-75. 윌킨슨 아이어, 멀티플렉스 극장

그림4-76. 렌조 피아노, 휴스턴 메닐콜렉션 미술관

그림4-77. 노먼 포스터, 스위스 Re빌딩 외피휴스턴 메닐콜렉션 미술관

2) 원형 패턴

원형 패턴은 식물의 단면이나 뼈의 다공질 구조에서 자주 발견되는 구조 조직의 패턴 양상이다. 이 패턴은 단순한 형태적 패턴 모방에서 벗어나

구조 체계의 효율적 배치와 조직에 적용될 때 매우 훌륭한 성능의 생체 모방 기술로 표현될 수 있다. 예를 들어 에어컨이나 다른 기계들에 의존하지 않고 건물의 온도를 제어하고 열을 밤에 재방사 해줄 단열 형태의 디자인을 위해 살만 크렉(Salmann Craig)이 뷰로 하폴드(Buro Happold)에서 단열재 속으로 방향이 잡힌 원형 패턴의 튜브들(그림 4-78)을 도입함으로써 열의 장파식 방사가 그 튜브들을 통해 직접적으로 통과하도록 한 방식이 이러한 적용 사례이다. SMO 아키텍투어와 Arup의 베를린 버블 건물(2002, 그림 4-79)과 BIG(Bjarke Ingels Group)의 렌 타워(2006, 그림 4-80, 81)는 다양한 크기와 구조적 스케일을 가진 원형 패턴들의 적층식 메우기(packing and stacking) 수법으로 구조 패턴이 이루어짐으로써 브레이싱 시스템의 최적화 패턴을 이룩한 사례를 보여준다. 이것은 "유한요소 모델링(FEM) 패키지들과 건축의 디지털 도구들이 스트레스에 대응하는 축적과 스케일링에 의해 원들의 최적화 구성을 이룬 것으로, 세포 구성의 생물학적 과정들이 원들을 감싸도록 스크립트시킨 결과"[74] 이다.

그림4-78. 살만 크렉, 뷰로 하폴드의 원형튜브

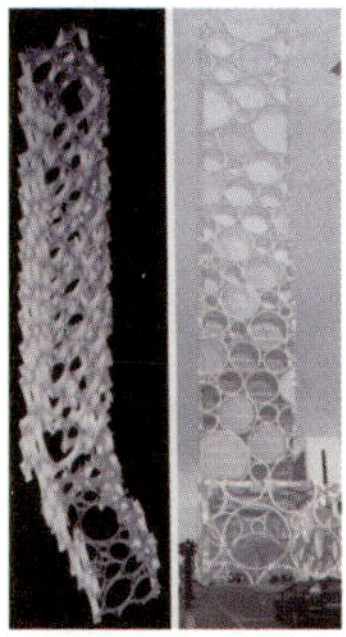
그림4-79. SMO 아키텍투어, 베를린 버블건물

그림4-80. BIG, 렌 타워, 2006

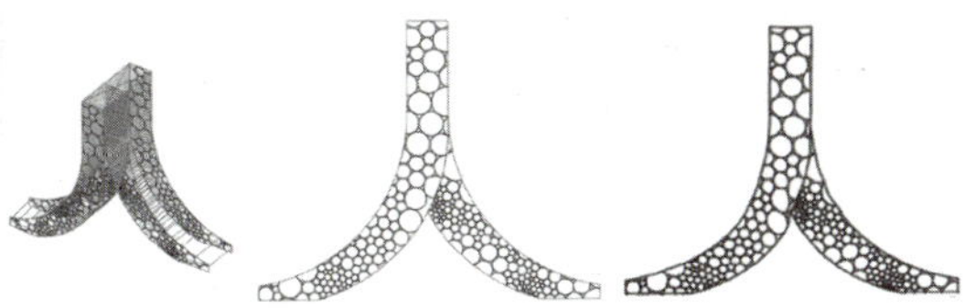
그림4-81. BIG, 렌 타워의 원형패턴

74) Mark Garcia, "Reductive Engineering Patterns: An Interview with Hanif Kara", *AD.*, 11/12, 2009, p. 72.

건물 표피에서의 원형 패턴들의 적용은 '원형 메우기'(circle-packing)그물로부터 유도된 표피 위의 원과 구체들의 특별한 배치와 결합된 패턴들로 표현되기도 한다. 원형 메우기(CP)그물은 이웃하는 삼각형들의 내접원들이 그들의 일반 모서리에 동일한 접촉점을 가지게 되는 삼각형 그물들로, 이 그물의 이웃하는 내접원들은 서로 한 점에서 접하며, '메우기'(packing)로 불리는 원들의 배치를 형성하는 형태이다(그림 4-82, 83, 84, 85, 86). FOA의 마드리드 레갈 메디슨 협회(2006, 그림 4-87)의 표피, LVMH 아키텍처의 파리 루이 비통 상점의 표피(그림 4-88)들은 모두 이 원형 메우기 그물로부터 패턴을 적용한 사례들이다. 원형 메우기 그물과는 별개로 FOA의 런던 그리니치 레이번스본 디자인 커뮤니케이션 대학(2010)의 외피 패턴(그림 4-89) 역시 다양한 원형 패턴들이 창들의 크기에 연관되어 구성되는 양상을 보여주는 사례이다.

그림4-82. 삼각형 그물로 이루어지는 원형 메우기 그물

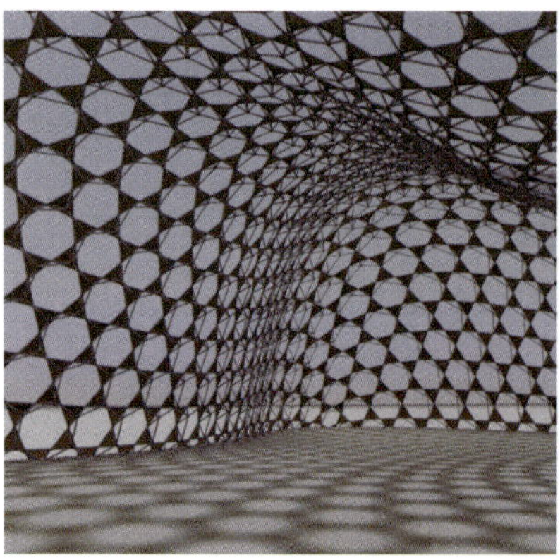

그림4-83. 육각형들이 평면적으로 정형화되는 원형 메우기 그물에서 파생된 삼중-육각형(tri-hex) 그물

그림4-84. 그물 내의 삼각형들을 이용하는 삼중-육각형 그물의 프레임워크

그림4-85. 원형 메우기 그물로부터 파생된 자유 형상의 원형 메우기

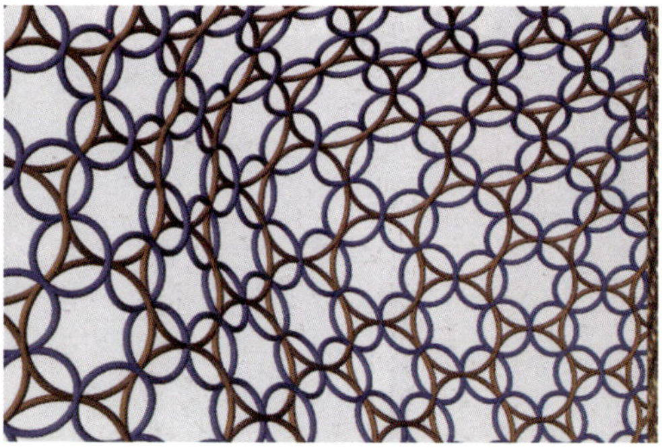

그림4-86. 자유 형상 원형 패턴의 전산 기초로 활용되는 원형 메우기 그물

그림4-87. FOA, 마드리드 레갈 메디슨 협회, 2006

그림4-88. 파리 루이 비통 상점의 평면적 원형 패턴

그림4-89. FOA, 레이번스본 칼리지, 2010패턴

3) 다각형 패턴

원형 메우기 그물의 원형 패턴은 또한 전산화되어 육각형과 삼각형, 오각형들로 구성된 그물, 혹은 3중 육각형(tri-hex) 그물들로 발전될 수 있는데, 여기서 평면적 표면들을 가지는 오각형과 육각형 그물들은 부적으로 굴곡진 영역 내에서 볼록함이 없는 패널들을 보여주게 된다. 벅민스터 풀러, 프라이 오토, 라스 스파우브룩 등은 육각형 그물 형상에 기초한 방산충의 규산질적 미세 골격 형상의 구조적 효율성을 오래 전부터 건축에 응용해 왔는데, 이것은 기하학적으로 매우 흥미로운 주제로, "평면적 표면들을 가진 육각형 그물을 발생시키기 위해 삼각형 그물로 시작해 그물 정점에서 탄젠트 평면들을 교차시킴으로써 육각형 패널의 그물이 만들어지게 된다."[75)]

그런데 실제로 거품 포말 벽 사이의 모든 접합이 120도의 각도를 이루며 세 겹으로 구성되는 육방 밀집의 원리를 설명하는 19세기 말의 벨기에 물리학자 플라토가 발견한 플라토 법칙에서, 많은 포말들이 모여있는 폼(foam)의 3차원적 접합은 보다 다양한 형태들을 만들어낼 수 있다. 액체로 된 젖은 상태의 폼은 물로 두꺼워진 벽을 가지는 거의 구형의 포말들로 이루어지지만, 중력에 의해 물이 빠져 나간 후의 포말은 벽이 더 얇아져 평평한 면들로 바뀌어 3차원적으로 접합된 연결망으로 되는 플라토 경계를 가지게 되며, 마른 폼 상태의 다각형들로 구성된 다면체들로 되기 때문이다(그림 4-90). 플라토

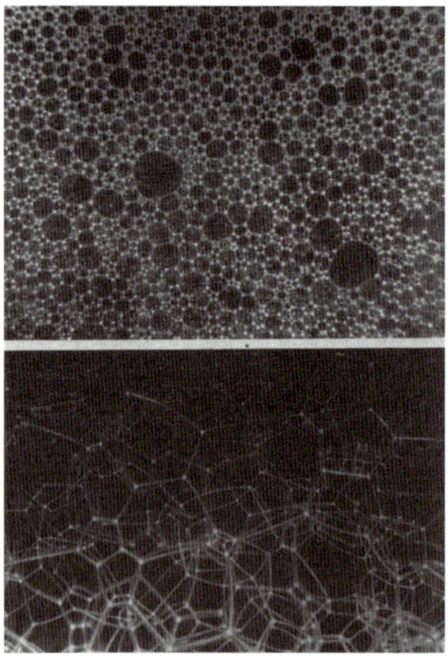

그림4-90. 젖은 상태의 구형 포말과 수분이 빠진 상태의 다각형 포말

75) Helmut Pottman, "Geometry and New and Future Spatial Patterns", *Ibid.*, p. 62.

가 발견한 3차원의 포말 배열에서, 예를 들어 비누막이 한 꼭지점에서 만날 때 비누막은 109.5도의 정사면체 각도로 네 개의 비누막이 만나게 된다.[76)]

예를 들어 1993년 아일랜드 트리니티 대학의 물리학자 데니스 웨이어(Denis Lawrence Weaire)와 로버트 랭랜즈(Robert Phelan Langlands)가 발견한 다면체 폼 접합의 형태(그림 4-91)는 더욱 경제적으로 다면체의 세포들을 질서 있게 밀집시킨 것으로, 여덟 개의 다면체로 이루어진 반복적 단위를 가지는데, 이 중 여섯 개는 두 개의 육각형과 12개의 오각형으로 이루어지는 14면을 가지고, 나머지 두 개는 모두 오각형만으로 이루어진 12면을 가지게 된다. 여기서는 육각형의 면들만 동일한 변과 각도를 가지는 규칙적 형태이며, 오각형의 면들은 변의 길이와 모서리의 각도가 전부 다르게 되는 폼의 형상으로 플라토의 법칙이 성립된다.[77)] 이들은 실제로 오스트레일리아 시드니의 건축 박람회에서 박람회장의 벽체에 포말들을 형성시켜 벽체에 가까운 쪽의 포말들에서는 사각형과 육각형, 그리고 포말들 내부의 더 안쪽

그림4-91. 웨이어와 랭랜즈, 다면체 접합 구조, 1993 001

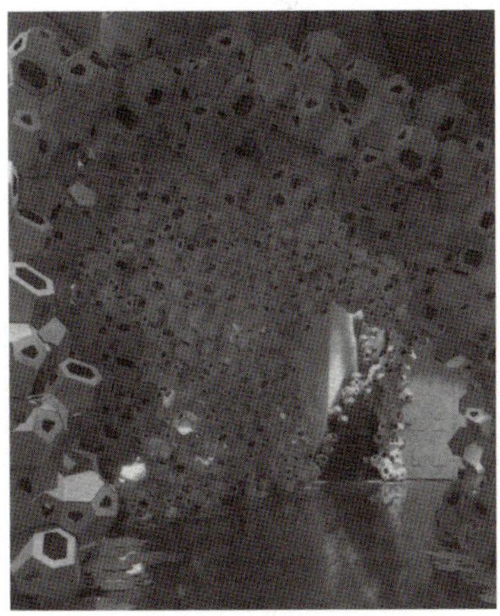

그림4-92. 시드니 건축 박람회의 웨이어와 랭랜즈 폼 001

76) Philip Ball, *op. cit.*, p. 100.

77) *Ibld.*, p. 106.

에서는 육각형과 오각형의 세포들이 역학적 안정을 취하며 표면을 극소화하는 이상적 형태(그림 4-92)를 만들었다.

이들의 이상적인 폼의 형상은 니콜라스 그림쇼의 친환경 프로젝트인 에덴 프로젝트(2001, 그림 4-93, 94))에서도 "원형이 아닌 형태의 부지를 구체 형

그림4-93. 닉 그림쇼, 에덴 프로젝트 전경, 2001

그림4-94. 닉 그림쇼, 에덴 프로젝트 실내, 2001

상으로 최대한의 구조적 경제성을 가지고 채우기 위해",[78] 규산질의 그물눈 형상으로 자유롭게 확산과 수축을 하는 방산충의 육각형 외피와 벅민스터 풀러의 지오데식 돔을 모델로 하여, 유리보다 훨씬 더 넓은 영역의 자연광을 허용해 주며, 또한 초경량의 구조를 가능케 해주는 플라스틱 폴리머 필름인 ETFE(Ethylene Tetrafluoroethylene)로 된 육각형 모듈의 표피를 원형 돔 위에 씌운 사례로 나타난다.

포말 구조의 다각형 형태를 건축물의 직접적 형태로 응용한 예는 오스트레일리아의 건축 사무소 PTW 아키텍트와 영국의 구조 설계사무소인 Arup이 공동으로 설계한 베이징 올림픽 수영장 건물인 90,000㎡의 워터큐브

78) Hugh Aldersey-Williams, *Zoomorphic,* Laurence King Publishing, 2003, p. 119.

(2007, 그림 4-95, 96)에서 가장 확실히 드러난다. 이들은 데니스 웨이어와 로버트 랭랜즈의 폼 구조를 그대로 응용하여, 견고하며 경량의 반투명한 거대 온실과 같이 벽과 지붕 모두가 폼들로 구성된 베이징 워터큐브를 만들었다고 할 수 있다.[79] 이 건물은 "비눗방울이나 포말의 무한한 배열로 된 기하학"[80]을 적용한 구조로, 역시 육각형 패턴의 ETFE 4,000개가 표피를 덮는 구조를 보여준다.

그림4-95. PTW 아키텍트, 워터큐브, 2007

그림4-96. PTW 아키텍트, 워터큐브 실내, 2007

여기서 이들이 사용한 형태는 포말 형태 외에 또 하나의 특별한 기하학적 구조인 웨이어-펠란(Weaire-Phelan)[81] 기하학(그림 4-97)이다. "자연에서는 비누 거품들이 다양한 크기와 형태로 구성되지만, 웨이어-펠란 포말 기하학은 단지 두 종류의 반복되는 세포들의 결합- 육각형 면 2개와 오각형 면 12개를 가지는 14면체 3쌍과 오각형 면만으로 이루어지는 12면체 1쌍의 기

79) 이 폼들은 구조를 회전시켜 평판 형태로 잘라 100개가 넘는 서로 다른 조각의 포말들을 형성시켜, 각각의 세포들을 장식적인 강철 프레임 망에 장착된 투명한 플라스틱 필름으로 만든 것이다.

80) *Verb Natures,* Architecture Boogazine, Actar, 2005, p. 67.

81) 1993년 더블린 트리니티 대학의 데니스 웨이어(Denis Weaire)와 그의 제자인 로버트 펠란(Robert Phelan)이 포말의 컴퓨터 시뮬레이션을 통해, 동일한 볼륨이지만 두 종류의 다른 형태를 가진 포말들, 즉 육각형 면 2개와 오각형 면 12개를 가지는 14면체 3쌍과 12면체 1쌍을 결합시켜 하나의 기본 형태를 만들고 그것을 반복하여 최소의 표면적을 가지는 포말 구조를 만들어냈는데, 이것을 웨이어-펠란 구조라 한다. 이것은 1887년 로드 켈빈(Lord Kelvin)이 최소한의 면적을 가진 동일한 볼륨들의 세포들로 공간을 분할하는 방식을 연구하여 만들어낸 가장 효율적인 거품 포말이었던, 6개의 사각형 면과 8개의 육각형 면을 가지는 14면체들 한가지로 다면체를 채우는 구조인, 끝이 잘린 8면체들로 이루어지는 켈빈 구조(Kelvin structure) 구조 보다 더 효율적인 것으로 설명된다.

본적 결합- 을 통해 최소한의 면적으로 어떠한 크기로도 빈 공간이 없이 전체의 공간을 채울 수 있는 구조이기 때문이다."[82]

워터큐브에서는 지붕에서 7가지의 반복되는 유형과 벽에서 16가지의 반복 유형을 가지는 4,000개의 포말들로 구성되도록 웨이어-펠란 기하학을 응용한다. 이 건물은 기존의 거대한 기둥과 보, 케이블 등을 사용하는 전통적 경기장 건물과 달리, 공간과 구조, 파사드를 하나의 단일 요소- 포말 덩어리- 로 통합한다. 그러므로 각각의 공간들은] 이 무한한 포말 기하학의 거대한 덩어리를 파냄으로써 만들어진다. FOA의 일본 아이치 2005의 스페인관(2005, 그림 4-98) 또한 다양하게 분화된 다양한 색채의 육각형 구조들이 표피를 덮는 양상을 보여준다.

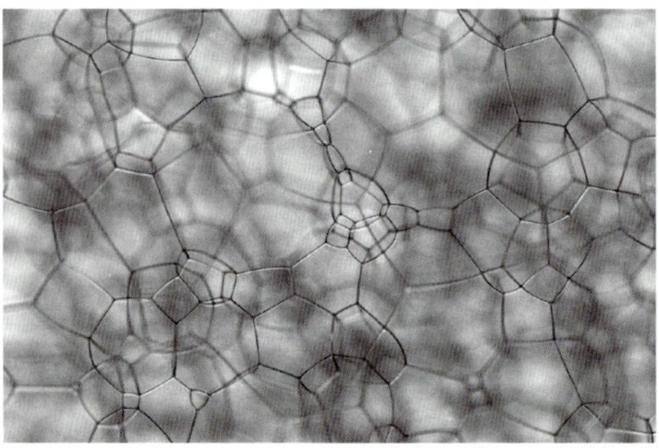

그림4-97. 웨이어-펠란 구조

그림4-98. FOA, 일본 아이치 2005 스페인관

4) 에너지 제어 패턴

에너지와 사물들 간의 상호 작용 방식에 대한 과정의 패턴화는 물질 시스템과 환경 모두의 제어에 관한 행태적 경향들과 패턴들이 도구화됨으로써 수행 지향적인 디자인으로 이끌게 된다. 이것은 "물질적 분절과 환경적

82) *Verb Natures,* p. 69.

조절 모두를 향한 패턴 인식을 가지는 피드백 내의 패턴 발생의 영속적인 시너지적 통합 내에서 펼쳐지는 디자인"[83] 이라 할 수 있다.

AA의 창발 기술과 디자인 프로그램(Emtech)의 아테네 피라에우스 타워(2005, **그림 4-99**)의 표피는 매일의 태양 노출 절정 시간과 평균 시간대의 분석에 기초한 반복적인 알고리즘 과정으로부터 도출되는 적응적 표피의 사례를 보여준다. 이것은 전체의 외피 형상과 표피 요소의 지역적 분절 모두의 자기 차양화 능력을 개발하기 위해 수많은 환경적 적합 기준들에 연관되어 다중의 표피 발생들이 전산적으로 진화되고 분석된 결과라고 할 수 있다.

그림4-99. 이오아니스 두리다스, AA 창발 디자인 그룹, 아테네 피라에우스 타워의 적응적 표피 분석

마찬가지로 OCEAN과 쉐플러 + 파트너스의 체코 국립 도서관 계획(2006, **그림 4-100**)은 컴퓨터를 통해 캔틸레버식 건물 외피 내의 스트레스 분배가 주요 힘들의 벡터장으로 평가되고 매핑되며, 이 구조적 정보에 따라 태양 빛의 각도, 시각축, 공간적 특성 같은 다른 매개 변수들과 결합되어 통합된 가지들의 네트워크가 만들어지는 방식을 보여준다.

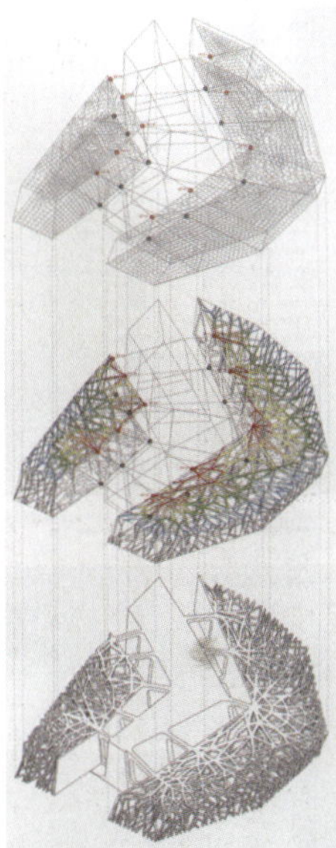

그림4-100.
OCEAN과 쉐플러 + 파트너스, 체코 국립도서관 계획, 2006

83) Achim Menges, Michael Hensel, *op. cit.*, p. 93.

5) 분화 패턴

분화는 형태 발생의 과정에서 다른 종류의 세포들이 만들어지는 과정에서 표현형이 다양하게 증가하는 과정으로, 건축에서도 분화된 패턴들의 다양한 표현형 증가를 위해 이용될 수 있다. FOA는 건물의 표피 디자인에서 태양 노출과 시야 등의 매개 변수와 연관된 외피의 기능적 수행, 외피의 전체적 질서, 접합부와 접합 패턴, 디테일이나 국부적 수행 기능에 따라 분화된 패턴들을 적극적으로 사용한다.

FOA의 아이치 2005 스페인관(그림 4-101)은 6개의 변형된 육각형들의 기하학적 법칙에 따라 색채 패턴들이 분화되며, 레이번스본 대학(그림 4-102)에서는 인테리어의 특별한 요구에 따라 다른 크기들로 국부적으로 분화된 창문 패턴들이 쪽맞춤 패턴의 구조 속으로 투영되는 방식을 보여준다. 이들의 레스터 하이크로스 리테일과 극장 복합시설(2008, 그림 4-103)은 관찰자의 위

그림4-101. FOA, 일본 아이치 엑스포 2005 스페인관

그림4-102. FOA, 레이번스본 대학

그림4-103. FOA, 레스터 하이크로스 리테일과 극장 복합시설, 2008

그림4-104. FOA, 두바이 아이코닉 타워

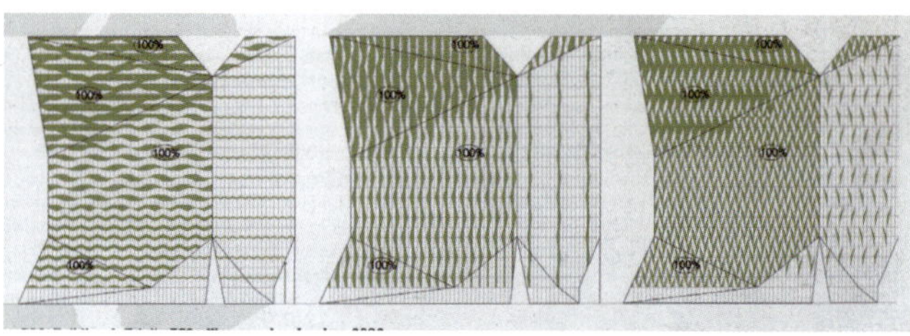

그림4-105. FOA, 런던 트리니티 EC3 사무소, 2006

치에 따라 투명성과 불투명성의 분화를 만들어내는 패턴을 보여준다. 나아가 두바이의 아이코닉 타워(2004, 그림 4-104)와 런던의 트리니티 EC3 사무소(2006, 그림 4-105)에서 패턴의 분화는 국부적으로 파사드 쪽맞춤과 상호 작용하는 특별한 표면의 분화된 태양 노출에 의해 발생되며, 레갈 메디슨 협회에서 원형 메우기 기하학은 두 개의 구체와 하나의 원환에 의해 형성된 기본적 기하학에 적용되기 위해 분화되는 방식을 보여준다.

6) 매개 변수적 패턴

매개 변수적 패턴은 벤틀리 시스템의 제너라티브 콤포넌츠(Generative Components) 프로그램에 의해 복잡한 숙주 표면(host surface) 위의 독특한 위치들에 자기 적응적 요소들을 매개 변수적으로 적응시킴으로써 얻어진다. 여기서 표면의 패턴 분화는 공간의 기하학적이거나 기능적인 양상들과 상호 관련되어 얻어지게 된다. 파사드의 적응적 분화는 그러므로 표면의 방향에 따라 폭넓게 변화하는 환경적 매개 변수들, 즉 굴곡 표면 위의 태양광 강도의 점진적 변양태 같은 매개 변수들에 의해 만들어질 수도 있다. 나아가 표면 분절은 양각, 이음매, 물질, 텍스추어, 색채, 반사도와 투명성 같은 다양한 매개 변수들의 상호 관련적 스크립트를 통해 만들어질 수 있다.[84)]

예를 들어 비엔나 응용예술대학(그림 4-106)의 자하 하디드와 파트릭 슈마허 팀이 계획한 분화된 공간 패턴은 서로 다른 표피 조건들의 매개 변수들에 따라 네트워킹 법칙을 변화시키는 네트워크 스크립트로부터 창발된다.

나아가 자하 하디드 사무소의 마드리드 시의회(2007, 그림 4-107, 108)는 점진적으로 변하는 태양 노출에 대한 적응 속에서 조율되는, 환경적으로 적응적인 파사드로 이루어진다. 여기서 개구부의 크기와 차양 요소의 돌출

---

84) Patrik Schumacher, "Parametric Patterns", *op. cit.,* p. 36.

역시 태양 노출에 따라 변화하며 수행적으로 적응되는데, 이러한 분화적 양상들은 매개 변수적 패턴의 결과라고 할 수 있다. 마찬가지로 그들의 파리 필하모니 계획안(2007, 그림 4-109)에서 적용된 패턴들은 표피의 변화하는 방향을 따르고 강조하며, 표피의 방향이 바뀜에 따라 양각의 패턴도 변화하는 매개 변수적 패턴을 보여준다.

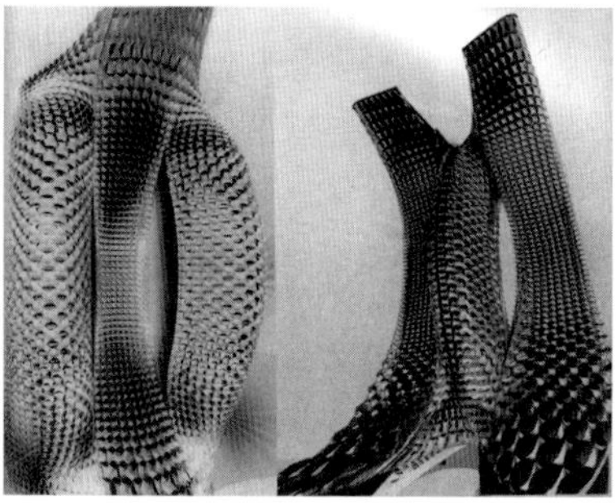

그림4-106. 자하 하디드, 파트릭 슈마허, 비엔나 응용예술 대학 , 2006

그림4-107. 자하 하디드, 파트릭 슈마허, 마드리드 시의회, 2007

그림4-108. 자하 하디드, 파트릭 슈마허, 마드리드 시의회, 2007

그림4-109. 자하 하디드, 파트릭 슈마허, 파리 필하모니 계획, 2007

노먼 포스터와 프란시스 아이쉬(Francis Aish)의 런던 스위스 Re 보험회사 사무소 건물(2004, 그림 4-110) 역시 복잡하게 굴곡진 형태를 위해 높이와 폭, 직경 등의 유사한 매개 변수들을 이용해 전체적으로 재계산된 윤곽을 나타내게 되는 과정을 통해 디자인 된 건물이다. 여기서 매개 변수적 과정은 "전체의 디자인이 새로운 정보, 결합 프로그램, 형태, 구조를 어떤 지점에서나 수정될 수 있는, 변화 가능한 전체로 적용될 수 있도록 시간에 따라 전체의 성장하는 다양성과 복잡성을 제어하는 유기적 방식을 제공한다"[85] 고 할 수 있다.

그림4-110. 노만 포스터, 프란시스 아이쉬, 스위스 Re 빌딩, 2004

7) 성장 법칙 패턴

형태 발생의 마지막 단계인 성장의 법칙 역시 패턴화 되어 건축에 적용될 수 있다. AA 디자인 랩의 어반 립(2009, 그림 4-111) 계획은 섬유질에 기초한 구조 시스템과 단위 배치의 발전을 보여주는 것으로, 산호의 성장 법칙 패턴에 따라 네트워크 내의 건물 유닛들의 배치를 한 작품이다. L-시스템은 성장 법칙 패턴을 만들어내는 수행적 도구로, 아힘 멩게스의 디지털 성장과 개체 발생적 흐름 계획(그림 4-112)은 L-시스템을 이용해 발생된 표면 기하학이 매개 변수적 요소들의 알고리즘적 분배에 제공되고, 이것이 복합적 네트워크를 형성하는 과정을 보여준다. 이 시스템에 의해 표면의 모든

그림4-111. AA 디자인랩, 어반립 계획, 2009

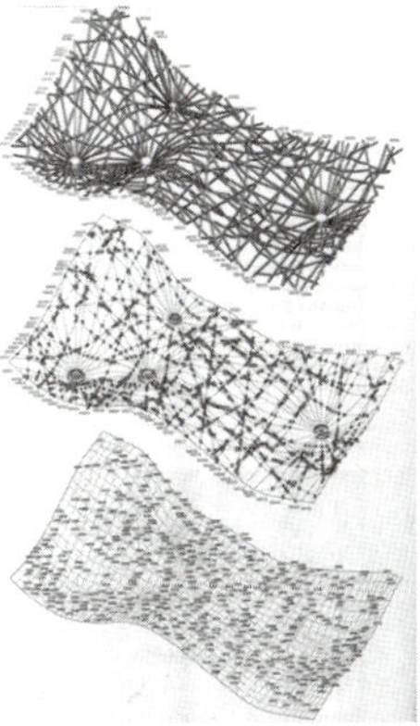

그림4-112. 아힘 멩게스, 디지털 성장과 개체 발생적 흐름 계획

85) *Verb Natures,* Architecture Boogazine, Actar, 2005, p. 50.

부분은 개체 발생적 흐름이 안정된 형상으로 될 때까지 계속 변화를 하며, 표면의 변화들에 대응해 다양한 알고리즘이 표면 위에서 선들의 네트워크를 설정하고 가상의 3차원적 모델이 구축되는 방식을 따르게 된다.

MIT의 벤 파이퍼가 실험한 3차원 트러스 실내 공간(그림 4-113)은 L-시스템으로부터 발전된 형태 발생적 표면 구조인 MoSS 프로그램으로부터 성장되어 발생한 표면들의 꼭지점들이 적응적인 3차원적 세포 구조를 형성하도록 해 자유로운 형태의 벌집형 트러스 구조를 발생시키는 성장 법칙 패턴을 보여준다.

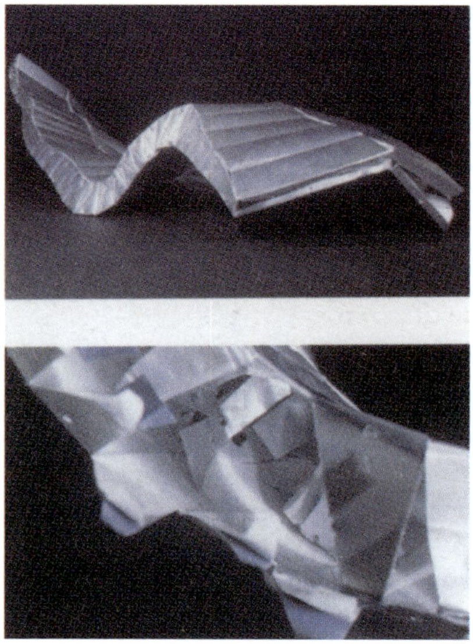

그림4-113. 벤 파이퍼, 3차원 트러스 실내공간

8) 진화적 생태 패턴

진화적 생태 패턴은 개체군 내의 개체의 역할을 시험하며 자연에서 발견되는 집합적 행태의 패턴들을 통해 만들어진다. 이것은 도시적, 건축적, 물질적 스케일들 사이를 관통해 성장과 적응의 행태적 패턴 논리에 의해 진화적인 시스템으로 개발된다.

AA 디자인 랩의 망갈 시티 계획(2009, 그림 4-114)은 맹그로브 나무

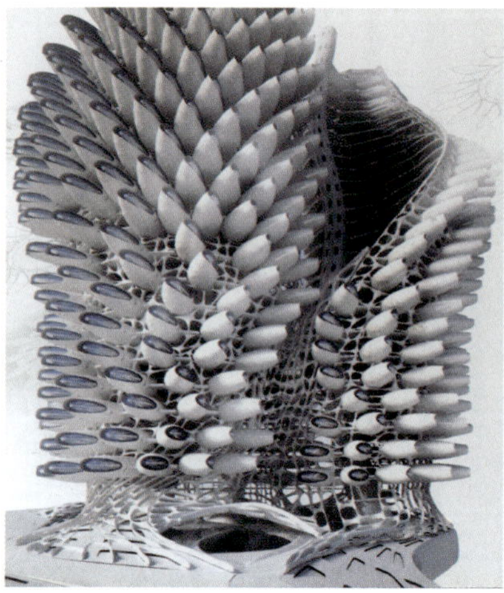

그림4-114. AA 디자인랩, 망갈 시티 계획, 2009

와 개체군으로서의 맹그로브 숲의 사회적 결합 규칙에 기초한 생태학의 도시적 모델을 실험한 것으로, 진화적 생태 패턴을 이용한 예이다. 그들의 베를린 미니마폼(그림 4-115, 116, 117)은 아키그램의 멤버인 데이빗 그린의 리빙 포드와 고층 건물들(1965) 계획을 모티브로 하여 인간을 피드백과 순환적 활동을 통해 연루시키고, 동역학적 조직과 사회적 실험을 통해 삶의 새로운 개념을 진화시키는 방식으로, 원래의 리빙 포드와 타워의 변형을 실험하는 진화적 생태 패턴을 보여준다. 그들의 연결적 근린 계획안(2008, 그림 4-118) 역시 물질과 디지털 전산의 상호 작용과 코드변환을 통해 발전된 탈중심화된 연결적 근린의 진화적 생태 패턴을 보여주는 예이다.

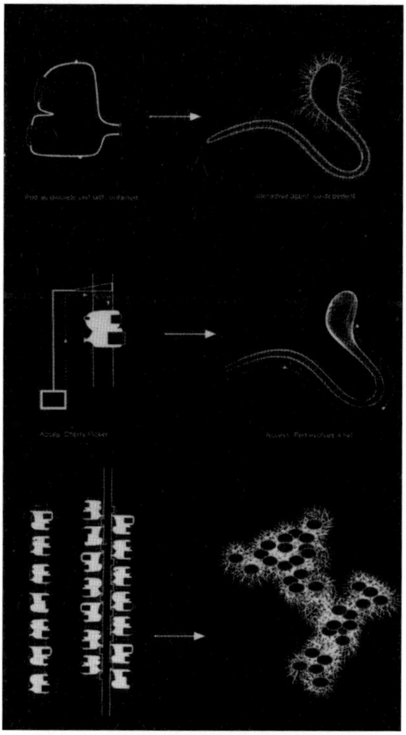

그림4-115. AA 디자인랩, 베를린 미니마폼 진화 과정, 2008

그림4-116. AA 디자인랩, 베를린 미니마폼의 진화 패턴, 2008

그림4-117. AA 디자인랩, 베를린 미니마폼 모델, 2008

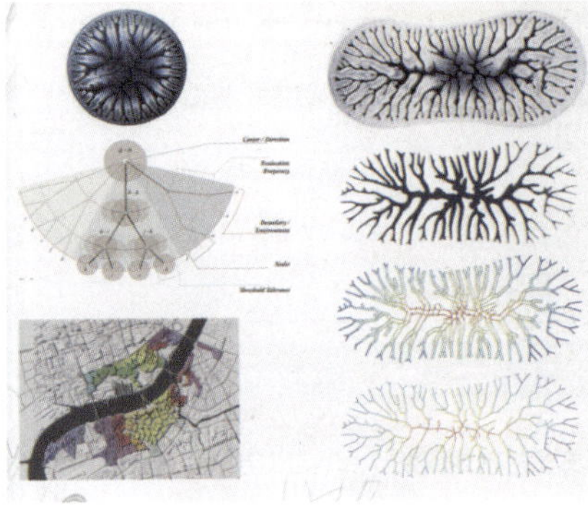

그림4-118. AA 디자인랩, 연결적 근린 계획안, 2008

패턴은 20세기의 중요한 건축적 규범이었던 텍토닉으로부터 21세기의 급격한 변화, 즉 물성의 변화와 장식의 부활, 그리고 그것으로부터 파생된 건축물 표피에 대한 새로운 인식의 결과로 인해 건축 디자인의 중요한 요소이자 주제로 되었다고 할 수 있다. 이러한 패턴들 가운데에서도 21세기의 새로운 디지털 기술의 발전에 의해 건축의 디자인에 새로운 창조성을 가져다 줄 수 있는 방식들 중의 하나는 무엇보다도 주변 환경과 상호 작용하며 최적의 형태로 자기 조직화되는 패턴들인 생물학적 패턴이라 할 수 있다. 생물학적 패턴은 저에너지의 사용, 쉬운 재활용, 소수의 가능한 물질들로부터 극도의 영구성과 융통성을 가지는 생물계의 특성들을 공학적으로 응용해 가장 효율적으로 주변 환경에 최적화되는 건축 디자인을 가능하게 해주기 때문이다.

5 형태-생태학의 건축적 적용

Architectural Application of Morpho-Ecology

5.1 형태-생태학

최근의 많은 건축 작업들은 발전된 디지털 기술과 소프트웨어들의 사용으로 인해 생물학, 그리고 복잡성과 창발의 개념으로부터 복잡한 굴곡의 형태를 가지는 건축 형태들을 양산하고 있지만, 대부분의 경우에 그것은 여전히 건축을 자연적인 물리적, 생물학적 모델에 대한 형태적 유추로 인식하고, 구조와 기능, 미를 형태 속으로 통합하는 기존의 관점에서 크게 벗어나지 않고 있다. 이러한 방식은 건축물이 디자인 과정에서 복잡한 형태적 다양성을 취할지라도 완공 이후에는 환경과의 상호 작용과 변화가 없이 고정된 대상물로 남게 되는 한계를 지닌다.

이에 대해 현재 달리 논의될 수 있는 새로운 대안들 중의 하나는 건축을 일련의 한정된 내적 관계들과 그것에 정보를 주고 반응하는 외적 힘들을 가지는 하나의 수행적(performative) 시스템으로 보는 관점이다. 수행적 시스템에 관한 개념은 모든 인간 활동이 그들의 특별한 맥락에 의해 수행되고 영향을 받는다는 가정에서 이미 1940-50년대부터 예술과 과학에서 '수행적 전환(performative turn)'으로 알려진 지적 운동으로 나타난바 있다.[1] 나아가 건축 영역에서도 이미 20세기 초부터 다양한 움직임과 이동 가능한 건축, 혹은 세드릭 프라이스가 1960년대 중반 생각했던 인공 두뇌적 건축으로서의 펀 팰리스 계획(그림 5-1)에서도 등장했지만, 이 모두는 대상물 자체의 임

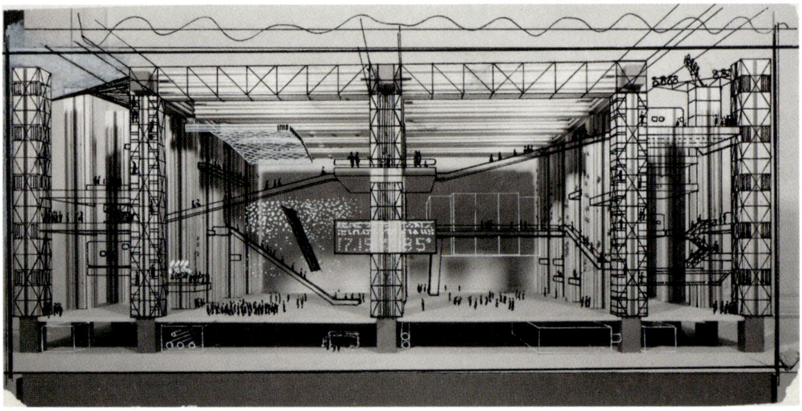

그림5-1. 세드릭 프라이스, 펀 팰리스 계획

의적 수행만을 추구했던 초기적 모델들로, 환경과 대상물과의 상호작용을 통한 수행과는 거리가 멀었다고 할 수 있다.

여기서 더 발전된 대안의 하나는 형태-생태학(morpho-ecology)의 관점으로, 이것은 생물학적인 형태 발생(morphogenesis), 그리고 유기체와 그들의 환경과의 관계를 다루는 생태학적 관점을 상호 관련시켜 높은 수준의 기능성과 수행 능력을 가지는 건축을 디자인하는 방식이다. 이는 에스토니아의 생물학자인 야콥 웩스퀼(Jakob von Uexküll)이 주장한 환경이론(Umwelt theory)[2]의 맥락에서 건축을 생태학적으로 접근하는 것을 의미한다.

---

1) Michael Hensel, *Performance-Oriented Architecture,* John Wiley & Sons Ltd, 2013, p. 17.

2) 웩스퀼은 유기체들이 동일한 장소에 거주하더라도 자신들의 환경을 각각 다르게 주관적으로 인식하고 해석함으로써 영속적 상호작용을 통해 환경을 능동적으로 창조한다고 주장했다. Jakob von Uexküll, *Theoretical Biology,* trans. by DL MacKinnon, *International Library of Psychology, Philosophy and Scientific Method,* Kegan Paul, Trench, Trubner & Co., 1926, Michael Hensel, Achim Menges, *Morpho-Ecologies,* AA Publications, 2006, p. 52 재인용.

5.2 형태-생태학과 건축 공간

1) 형태-생태학의 정의

(1) 형태학

형태학(morphology)이란 용어는 18세기 후반 괴테가 식물학의 연구 과정에서 생물학적 형태들의 학문으로 정의함으로써 만들어졌는데,[3] 여기서 괴테가 말하는 형태는 이미 형태화되고 구조화된 게슈탈트(*Gestalt*)와는 달리, 생성되는 과정에 있으며 진행되는 과정에서 구조화된 형태를 변화시키는 '형성'(*Bildung*, 혹은 formation)을 의미한다는 점에서 형태학은 시간 속에서 변화하는 동역학적 형태를 전제로 함을 알 수 있다. 괴테는 생물학적 형태들의 동역학적인 발전적 특성을 강조하며 형태학에 관해 다음과 같이 기술하고 있다:

> 독일인들은 물리적 유기체에 의해 나타나는 존재의 복잡성을 위해 하나의 단어를 가진다. '게슈탈트'(구조화된 형태). 이러한 표현으로 그들은 변화 가능한 것을 배제하고 상호 관련된 전체는 동질화되고, 한정되고, 특성이 고정된다고 생각한다. 그러나 우리는 이 모든 '게슈탈트'들을 볼 때, 특히 유기적인 것을 볼 때 그것들 중 어떤 것도 영원하지 않고, 어떤 것도 안정되거나 한정되지 않는다는 것을 발견할 것이다.
>
> 모든 것은 연속적 운동의 흐름 속에 있다. 이것이 독일인이 종종, 그리고 적절하게 최종 산물, 그리고 마찬가지로 생산 과정 내에 있는 것을 설명하기 위해 '형성'(Bildung)이라는 단어를 사용하는 이유이다. 그러므로 형태학의 설정에서 우리는 '게슈탈트'라고 말하지 말아야 하며, 용어를 사용한다

3) 괴테 외에도 부르다흐(Karl Friedrich Burdach) 역시 근대 생물학의 용어와 개념을 정립하는 과정에서 1800년경에 같은 용어를 사용했다.

면 적어도 단지 개념에 대한 언급으로만, 혹은 시간 속의 한 순간에 빨리 점유된 경험적 요소에 대한 언급으로만 사용해야 한다. 무언가가 형태를 얻었을 때 그것은 곧 새로운 것으로 신속히 변형된다.[4)]

괴테는 모든 다른 식물들을 파생시킬 수 있는 청사진을 가지는 최초의 식물로서의 원형 식물(Urpflanze, 그림 5-2)이 동역학적 과정을 통해 구배 속에서 일련의 패턴으로 다른 식물로 진화하듯이, 형태학적 관점에서 자연의 창조를 더 큰 조화롭게 움직이는 질서 속의 '패턴화 된 구배'로 생각했다고 할 수 있다. 물론 괴테 이후 형태학은 19세기의 퀴비에와 생틸레르의 논쟁처럼 유기체의 신체가 기능적으로 조직된다는 견해와 구조적으로 조직된다는 견해의 경쟁적 관계로 발전해온 것이 사실이다. 예를 들어 전자를 지지하는 발터 복(Walter Bock)과 귄터 발레어트(Günter Wahlert)같은 학자들은 "신체의 한 부분이 기능적 잠재력 이상을 보여줄 수 없고, 특별한 능력으로 특징지어지는 형태-기능 복합체를 구성"[5)] 한다고 주장하며, 독일의 생물학자 헤어틀러(C. Hertler)는 유기체를 단지 기능적으로 조직된 시스템으로만 볼 수 없고, 기능적 시스템들의 위계 내의 켜로 보아야 한다고 주장한다.[6)]

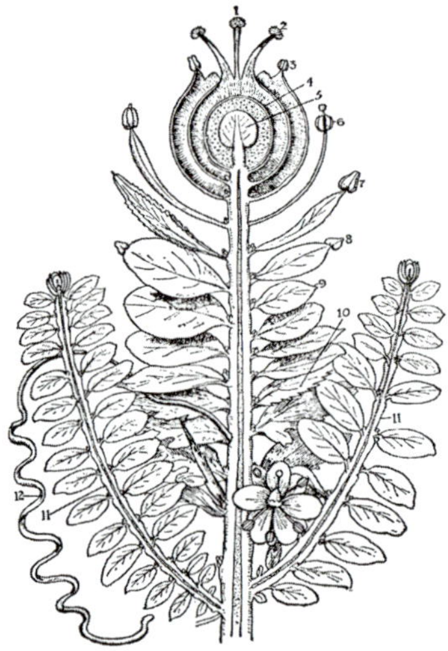
그림5-2. 괴테, 원형 식물

4) J.F. Goethe, "Die Absicht wird eingeleitet", *Ideen über organische Bildung,* 1807, Michael Hensel, Achim Menges, "The Heterogeneous Space of Morpho-Ecologies", *Space Reader,* Wiley, 2009, p. 205 재인용.

5) Walter Bock, Günter Wahlert, "Adaptation and the form-function complex", *Evolution* 19, 1965, pp. 269-99, *Ibid.,* p. 207 재인용.

6) C. Hertler, "Organismus und Morphologie", U. Krohs, G. Toepfer eds., *Philosophie der Biologie,* Suhrkamp 2005, *Ibid.,* 재인용.

한편으로 후자의 지지자인 베르너 나흐티갈(Werner Nachtigall)은 생물학적 물질들이 엄격히 위계적으로 구조화 되어 나노부터 매크로까지의 여덟 단계의 스케일을 횡단하며, 형태학적으로, 기능적으로 다른 구조들을 횡단하여 분절된다는 구조적 견해를 보인다. 독일의 생물학자인 베르너 나흐티갈이 생각하는 형태학은 나아가 단순히 자연 형태를 모방해 기술적으로 가능하게 만드는 개념인 생체모방 기술(Biomimetics)이나 생물학적 기술(Biomechanics) 등의 개념을 넘어서서 "인간의 환경과 기술의 긍정적 결합을 위해 자연의 구조화 원리와 발전 원리들을 파악하는 것"[7] 을 목표로 하는 '비오닉'(Bionik)의 개념에 기반한 것이라 할 수 있다.

여기서 비오닉은 1960년대에 베를린 공대의 잉고 레헨베르크(Ingo Rechenberg)가 진화생물학을 적용하여 기계 공학에 응용을 한 전례로부터 당시 상호 유추적인 연구를 수행했던 독일의 생물학자 헬름케(J.G. Helmcke)와 공기 역학자 헤르텔(H. Hertel)의 연구들로부터 발전되어 "생물체에서 존재하는 구조 원리들을 기술적으로 의미 있게 만들어 생물학과 기술의 공통적 지평에 의거해 최적의 기술적 해결을 찾는 동시에 자연을 능동적으로 해석할 가능성을 마련하는 것을 목표로 하는"[8] 개념이다.

그는 「창조의 환상-생물학과 생체기술의 놀라운 발견들」(*Phantasie der Schöpfung: Faszinierende Entdeckungen der Biologie und Biotechnik, Hamburg, 1974*) 이라는 자신의 저서에서 비오닉과 향후의 전망을 제시하며, 자연적 구성으로 유비추론에 의거해 기술을 위해 자연으로부터 배우는 것을 목표로 하는 비오닉을 건축에 적용될 수 있는 형태학 개념으로 주장한다.[9] 그가 주장하는 비오닉적 형태학의 내용은 대체로 최적화의 논리, 즉 재료의 과잉과 불필

---

7) 이란표, "생물학과 건축의 통섭적 지평에 기초한 비오닉 공간 디자인의 조건 및 원리", 「한국 실내디자인학회 논문집」, 2011년 10월호, p. 71.

8) *Ibid.*, p. 72.

9) *Ibid.*, p. 73.

요한 형태들을 최소화하며 기능성이 구조와 최적의 상태로 부합되는 최적화의 시스템을 만드는 것, 그리고 인위적 구성에 대비되는 자연적 구성의 디자인 원리로서의 생물학적 구조와 체계를 기술적 구조와 체계에 유비추론적으로 응용하는 것 등의 두 가지로 구분될 수 있다.

여기서 또한 그가 주장하는 유비추론의 원리는 1) 덧대는 구조 대신 집중화된 구조, 2) 개별적 요소의 극대화 대신 전체의 최적화, 3) 단일 기능 대신 다중적 기능, 4) 주변 환경과의 세심한 조화, 5) 에너지를 낭비하는 대신 에너지를 절약하는 것, 6) 태양 에너지를 직간접적으로 활용하는 것, 7) 불필요한 지속을 하는 대신 시간적으로 한정시키는 것, 8) 폐기물을 집적시키지 않고 총체적으로 재활용하는 것, 9) 단선적인 관계 대신 네트워크식의 관계, 10) 시행착오를 통한 발전 등의 열 가지 원리로 규정될 수 있다.[10)]

결과적으로 형태학은 형태가 창발되고, 연속적으로 분화되고, 특별한 환경과의 관계 속에서 수행을 하는 것을 다루며, 발생 생물학의 관점에서 조직과 기관들, 전체 신체 구조의 특징적 형태가 만들어지고 배아 발생 기간에 세포들의 조직화된 공간 분배가 이루어지는 형태발생 과정에 관심을 둔다고 할 수 있다. 여기서 자연의 형태 발생, 진화와 성장은 다중 형태적 시스템을 발전시키고, 이것들은 스케일들을 가로지르는[11)] 통합적인 물질의 위계적 배열로 설명될 수 있다는 점에서 형태 발생 과정에서 형태화와 물질화는 항상 통합된 개념으로 연결될 수밖에 없음을 알 수 있다.

이것은 유기체의 구조가 부분들의 임의적 집합의 결과가 아니라 조직된 시스템을 구축한다는 관점에서, 형태가 단순한 형태를 넘어서서 특별한 능력에 의해 특징지어지는 형태-기능 복합체이며, 물질 개념과 통합되어야

10) *Ibid.*, pp. 74, 75.

11) Werner Nachtigall은 유기체들이 거대에서 미시까지 8단계의 스케일을 가로질러 형태학적으로 분절된다고 주장한다. Werner Nachtigall, 'Materialien und Strukturen',*Bionik–Grundlagen und Beispiele für Ingenieure und Naturwissenschaftler,* 2 Auflage, Springer, p. 57, Michael Hensel, Achim Menges, "The Heterogeneous Space of Morpho-Ecologies", *Space Reader,* Wiley, 2009, p. 207 재인용.

함을 의미한다. 이런 관점에서 형태는 "대상물 하나의 형상이 아니라 효과들의 다중성, 조건들의 환경, 대상물과 특별한 환경의 교환으로부터 나오는 미세 기후적 변조"[12] 등으로 재정의 될 수 있다. 그러므로 건축의 형태-생태학적 접근은 건축이 물질화와 형태화의 통합 속에서 물질적 요소들 내에서 형태학적 복잡성과 수행 능력을 얻는 것을 목표로 하고 있음을 알 수 있다.

(2)생태학

생태학(ecology)은 19세기 말 독일의 물리학자이자 동물학자인 에른스트 헤켈(Ernst Haeckel)에 의해 종들 사이, 혹은 종들과 그들의 환경 사이의 관계로 정의된 개념[13] 으로, 생태계, 혹은 환경과 그 속에 거주하는 모든 개체, 개체군의 행태에 관한 학문이다. 여기서 생태계는 미국의 생태학자인 제임스 브라운(James H. Brown)에 의해 "많은 부분들로 구성되며, 열역학적으로 평형에서 멀리 떨어져 에너지의 흡수와 변형을 가지고, 경계를 가로 질러 유기체들과 사물들의 교환이 자유롭게 이루어지는 개방된 계이며, 변화하는 환경에 적응하고 대응하고, 위계적 패턴 내에서 유전자가 내려오는 비가역성계이자, 복잡성과 비선형적 동역학의 풍부한 변양태를 보여주는 계"[14] 로 정의되고 있다. 이는 생태학이 객체와 주체, 그것들의 환경 사이의 영속적이며 발생적인 상호 작용으로부터 나옴을 의미한다.

또한 환경은 시스템에 작용하고 그것의 분절과 발전을 결정하는 외적 요소들의 복합체로 구성되는 것으로, 생물학에서는 "유기체에 작용하고 그것

12) Michael Hensel, Achim Menges, "Versatility and Vicissitude", *AD.*, Wiley, 3/4, 2008, p. 7.

13) 에른스트 헤켈은 *General Morphology,* 1866에서 처음 Oekologie란 용어를 사용했다.

14) James H. Brown,"Complex Ecological Systems", ed., George Cowan, David Meltzer, David Pines, *Complexity-Metaphors, Models and Reality,* Santa Fe Institute, Perseus Books, 1994.

의 형태와 생존을 결정하는 기후적, 생물학적, 사회적, 토양적 요소들의 복합체"[15] 로 정의됨으로써 살아있는 유기체나 종들의 신진대사나 행태에 영향을 미치는 모든 것을 포함한다고 할 수 있다. 나아가 생태학의 다양한 연구 사례들은 많은 유기체들이 단순히 객관적으로 바람직한 환경 속에서만 긍정적 관계를 가지게 되는 것은 아니라는 사실을 말해주기도 한다. 예를 들어 펠릭스 가타리(Felix Guattari)가 1989년 자신의 책 「세 가지 생태학」(*The Three Ecologies*)에서 해양 학자 알랭 봉바르(Alain Bombard)가 행했던 서로 다른 수조 속의 문어 생태에 대한 실험을 예로 설명했던 환경과 유기체 사이의 관계[16]는 유기체들과 환경이 매우 주관적인 상호 관련적 관계로 이루어짐을 설명해준다.

이는 형태-생태학적 관점에서 생태학이, "유기체들이 환경을 주관적으로 인식하고 해석한다"고 주장한 '야콥 웩스퀼의 환경 이론'과 같이, 환경과 물질 사이의 상호작용이 공간을 어떻게 재분배하고, 인간 환경으로서의 건축을 통해 그것으로부터 나오는 효과들의 확장된 구배장을 어떻게 고려해야 하는가의 관점으로 이해되어야 함을 의미한다.

(3)형태-생태학

형태-생태학은 건축 디자인 과정에서 형태 발생과 물질적 행태, 물질적 능력, 제작과 조합 논리, 환경적 조절과 풍부히 이질적인 공간을 제공하기 위한 공간 조건들의 통합적 접근을 위해 독일의 건축학자인 미하일 헨젤

15) Michael Hensel, Achim Menges, *Morpho-Ecologies*, p. 52.

16) 생태학이 환경과 유기체들과의 주관적 관계를 다룬다는 점을 보여주기 위해 펠릭스 가타리(Felix Guattari)는 다음과 같은 텔레비전 쇼를 진행하기도 했다. 즉 하나는 오염된 물속에서 건강하게 자라는 문어를 넣은 수조이고, 또 다른 하나는 깨끗하고 오염 안된 물이 담긴 수조였는데, 문어를 오염된 물로부터 오염 안된 물이 담긴 수조로 옮겼을 때 문어는 거의 즉시 바닥에 가라 앉아 죽었다. Felix Guattari, *The Three Ecologies*, Continuum(New York) and the Athlone Press(London), 2000, 프랑스 초판본, 1989, Editions Galilée, pp. 42–43, Peter Trummer, "Engineering Ecologies", Michael Hensel, Achim Menges, eds., "Versatility and Vicissitude", *AD.*, p. 97 재인용.

(Michael Hensel)과 아힘 멩게스(Achim Menges)가 최근 몇 년간 주도한 방식이다. 이는 형태를 물질적 개념과 통합하여, 물질 시스템으로서의 건축의 풍부하고 다양한 형태학을 위해 더 많은 분화(differentiation)를 가져오기 위한 기하학을 설정하고, 다양한 수행 능력을 가지는 건축을 위해 단일적 기능의 최적화와 효율성 보다는 다중 매개 변수에 의한 물질적 수행 논리를 통해 물질 시스템의 행태를 공간적 배치, 미세 기후적 공간 조건, 구조, 환경적 조건들과 자극들과의 상호 작용 방식 등에 적용하며, 동시에 통합적인 전산 모델 내에 물질적 특성, 기하학적 행태, 제작적 제약, 조합 논리 등을 내재시키는 것을 의미한다.

그러므로 형태-생태학은 다양한 동역학들의 종합을 통해 진화된 수행의 건축을 목표로 하며, 나아가 형태와 기능을 이분법적으로 구분하지 않고 통합적 디자인 속에서 지속 가능한 건축을 위한 대안적 모델로 도구적 접근을 하는 것을 목표로 한다. 이것은 건축 공간이 기존의 단일적 기능과 최적화를 향한 효율성의 개념에 기초한 획일적, 균등질적 공간으로부터 나아가 다중 기능, 특별한 맥락 속에서의 유기체나 인공물의 행태와 수행의 개념을 수반하는 개념인 융통성(versatility), 그리고 객체의 분화와 환경의 동역학을 수반하는 개념인 변화(vicissitude) 등을 포함하는 생태학의 개념에 기초하며, 환경적 구배와 동역학적 문턱을 가진 이질적 공간으로 전이되는 것을 전제로 한다고 볼 수 있다.

2) 균등질적 공간과 물리적 경계문턱

근대의 건축 공간은 공간의 기능과 최적의 효율성을 위해 기본적으로 두 가지 종류의 물리적인 경계 문턱을 통해 공간적 구분을 했다고 볼 수 있다. 복도와 구획식 방들의 경계 문턱에 의한 구획화 배치를 통해 프라이버시와 보안 등을 강조한 예와 단일의 물리적 경계 문턱으로서의 외부의 건축적 외피만으로 내부를 완전히 개방한 개방 평면의 예.[17] 두 가지 모두는 공간 영역을 정확히 한계 짓는 표피와 문턱들로 구획되며, 공간 내의 특성과 효과가 동질화되는 결과를 가진다.

이것은 모더니스트들에 의해 균등질적인 민주적 공간으로서의 보편적 공간으로 찬양되었으며, 무한정의 그리드적 확장이나 물리적 경계 문턱의 최소화로 이끌었다고 할 수 있다. 복도와 방들로 구획된 공간의 텍토닉들과 모더니스트 보편적 공간 모두는 대량 생산된 요소들과 시스템들이 단일의 주요 기능을 최대의 효율성으로 수행하기에 최적화된 방식으로 건물 요소들의 표준화와 모듈화 등을 통해 최대치의 단일적 수행을 위한 최소의 물질과 에너지를 사용하는 것을 목표로 하고 있다. 이는 1950년대 후반 공간적, 환경적 균등화를 위한 균등질적 실내 환경으로서, 워크스테이션 군집을 통한 작업 흐름식 배치를 주장한 독일 경영 컨설팅 그룹의 광대한 개방 평면식 사무소 랜드스케이핑(*Bürolandschaft*, 그림 5-3)[18] 에서 절정을 이루

그림5-3. 개방 평면식 사무소 랜드스케이핑

17) Robin Evans, "Figure, Doors and Passages", *Translations from Drawings to Buildings and Other Essays,* AA Documents 2, AA, 1997 참조.

18) 이것은 Quickborner Team for Planning and Organisation의 발전에서 절정을 이루었다. John Pile, *Open Office Planning,* Architectural Press, London, 1978; Brandon Hookway, *Pandemonium–The Rise of Predatory Locales in the Postwar World,* Princeton Architectural Press, 1999, Michael Hensel, Achim Menges, "Differentiation and Performance: Multi-Performance Architectures and Modulated Environments", *AD.,* Wiley, 3/4, 2006, p. 62 재인용.

었지만 최근에 건축 담론들은 보편적 공간으로부터 다양한 요구들을 수용할 수 있는 이질적 공간으로 이동되고 있다고 할 수 있다.

그러나 이러한 시도들 역시 포괄적 외피 내의 다양한 공간들을 시도하거나 개별적으로 분절된 프레임이나 타일 같이 건물 요소들의 분화를 통해 이질적 공간을 목표로 하지만, 이 모두 역시 평면이나 외피 형태, 마감들이 다양하게 되더라도 내부의 기후와 조건들, 유형들은 단일의 기능을 향해 표준화식으로 최적화된다고 할 수 있다. 이것은 단일 기능적 요소들을 균질화된 좋은 환경과 결합함으로써 냉난방, 공기 조화, 조명 등에서 매우 높은 수준의 작동 에너지를 필요로 하는 것이 사실이다. 결과적으로 이질적 공간으로의 전이는 다중적이고 상충적인 요구들을 만족시키기 위해 환경적 구배와 동역학적인 경계문턱을 가지는 구배적 공간으로의 전이가 전제로 된다고 할 수 있다.

3) 이질적 공간과 구배적 공간

기존의 이질적 공간의 실험들이 주로 종류의 차이에 의한 이질적 공간을 염두에 두었다면 형태-생태학이 다루는 이질적 공간은 정도의 차이에 의한 구배적 공간에 관심을 가진다. 이런 구배적 공간은 레이너 밴험(Reyner Banham)이 주장한 "실질적 구조로 물리적 경계를 가지는 공간과 달리, 공기의 흐름과 환경적 조건들 같은 외적 요인들에 의해 온도와 빛 등의 동역학적 영향을 받는 캠프파이어 같은 모호한 점진적 경계의 공간"[19] 을 의미한다. 이것은 점진적 구배 속에서 주관적 요구와 경험에 기초한 개별적 선택과 분화된 환경적 조건을 가지는 건축의 생태학적 이해를 바탕으로 한다.

---

19) Reyner Banham, *The Architecture of Well-Tempered Environment,* University of Chicago Press, 1973, p. 20.

물리적으로 물질적 경계를 덜 강조하며 물질적 문턱과 투명성 개념으로부터 벗어나 환경적 조절과 강화를 선택한 구배적 공간의 예는 이미 1930년대부터 존재한다. 보두앵(Beaudoin)과 로즈(Lods)가 쉬레스네(Suresnes)에 디자인한 노천학교(1932-6, 그림 5-4)는 북측이 주건물의 파사드로 보호되는 반면, 다른 세 개의 외벽들은 뒤로 접혀 완전 개방될 수 있는 유리들로 만들어짐으로써 바닥 난방과 열에너지 저장 뒷벽과의 조합이 외부 기후에 노출되는 것을 가능하게 한 예이다. 이것의 결과는 물질적 경계의 조절에 의해 외부 기후에 대한 노출 속에서 외부 환경이 제어되고 조절되는 가운데, 미세 기후적 변화와 국부적 조절이 가능하게 되는 구배적 건축 공간이라 할 수 있다. 건축에서 물질적 배치를 통해 환경적 구배를 도구화하기 위한 이러한 시도는 무엇보다도 그것의 시간 연관적 양상들과 밀도, 국부적 외부에서의 조절과 그것의 내부에 대한 선택적 확장 같은 접근들이 필요할 것이다.

그림5-4. 보두앵, 로즈, 쉬레스네 노천학교, 1936

5.3 형태-생태학의 건축적 적용방식

1) 형태 발생

(1)기하학의 설정

형태-생태학의 건축적 적용에서 첫 번째 단계의 접근은 다중적 기능과 형태를 위한 수행적 건축의 다양한 형태를 만들어내기 위해 자연계의 형태 발생 과정을 적용하는 것이다. 형태 발생은 유기체 개체의 발생 과정에서 배아가 형성된 후 분열을 시작해, 극성을 띠고 패턴을 형성하는 공간 조직화를 거쳐 유전자와 환경과의 다양한 상호작용을 통해 세포와 세포조직, 기관 등이 분화되어 외배엽, 중배엽, 내배엽 등의 형태 변화를 하는 창발적 과정을 말한다.

실제로 자연계에서의 형태 발생은 형태화와 물질화 과정들이 서로 연결되어 진행되며, 계 내의 본질적인 물질적 능력과 외부 환경, 힘들의 상호작용의 결과로 다중 형태적인 형태들을 만들어내게 된다. 여기서 발생은 전성적인 유전자형(genotype)이 복잡성이 증가하는 후성적 과정의 표현형(phenotype)을 제어하는 방식으로 나타나는데, 형태-생태학의 건축적 적용은 형태 발생 과정의 이러한 메커니즘을 이용해 분화되는 다양한 변양태적 형태의 전체적 형상을 제어하기 위한 유전자형으로 임의의 기하학을 설정하는 것으로 시작한다.

세포 분화는 세포가 유형을 얻게 되는 과정이며, 세포들의 형태학은 분화를 통해 극적으로 변화한다는 점에서, 건축의 형태-생태학적 접근에서 보다 다양한 다중적 형태를 얻기 위해서는 보다 많은 분화를 가능하게 하는 기하학을 적용할 필요가 있으며, 이를 위해 다양한 굴곡[20]과 곡률[21]을 만들어내기 위한 위상 기하학적 접근이 필수적이라 할 수 있다. 이것은 유클리드 기하학의 측정 가능한 계량적 기하학이 아니라 점들의 근접과 퍼짐의 관계를 통해 한정되며, 한정된 점들의 특성을 변화시키지 않고 잡아당기거나 스케일을 변화시킬 수 있는 비계량적 기하학으로, 이러한 비계량적인 위상 기하학의 사용을 통해 물질화와 제작 논리에 응집력 있게 남는 분화의 형태적 펼쳐짐이 가능하게 되는 건축의 전산적 형태 발생[22]이 가능하다고 말할 수 있다.

나아가 더욱 분화된 공간을 위한 위상 기하학의 적용은 비계량적 양상에 기초한 대안적 모델링을 위해 매개 변수적(parametric)[23] 모델링과 결합 기하학(associative geometry)이 함께 사용될 필요가 있을 것이다. 건축에서 매개 변수적 제어를 활용하는 것은 매개 변수적으로 한정된 시스템으로 합리화된 이중 굴곡 파사드의 복잡 기하학으로 되며, 그럼으로써 전체의 계획안에서 피할 수 없는 변화에 상대적으로 신속히 적응하게 되는 복잡 기하학을 합리화시키는 과정을 향해 맞추어지기 때문이다.[24] 여기서 매개 변수적 모델링은 기하학적 관계들의 변하고, 변하지 않는 양상들을 한정하고 적정한 외피의 수준을 결정함으로써 분화되고 증식된 형태들을 만들어낼 수 있을 것이다.

---

20) 건축에서 분화된 형태는 주로 3차원적인 굴곡면들로 나타나며, 원, 타원, 포물선, 쌍곡선 등을 포함하는 원추곡선(conic section)으로 나타나는 굴곡면이 전형적 예이다.

21) 직선이나 평면으로부터 굴곡을 나오게 만드는 정도로, 매개 변수화를 하거나 각각의 지점에서 어느 정도의 굴곡이 나오는가를 결정한다. 가우스가 연구한 가우스 곡률은 1차원적 굴곡의 곡률로부터 3차원 공간 내의 2차원적 표면들로 발전을 시키는 계기로 되었다.

22) 복잡한 수학적 기술에 의한 굴곡의 원함수로 구축된 굴곡면들을 위해 매개 변수적 다항식(SPLINEs), NURBS, Beziers, 매개 변수적 bi-cubic 표면, n-patches 같은 디지털 소프트웨어들이 사용된다.

23) 매개 변수적 디자인은 디자인 모델의 다양한 매개 변수들 사이의 관계를 한정하고 상호작용적으로 변화를 만들어내는 기법으로, 변화가 만들어졌을 때 모델의 나머지는 미리 설정된 결합 법칙들에 따라 반응하고 업데이트된다. Patrik Schumacher는 '매개 변수주의'(*parametricism*)라는 용어를 만들어 매개 변수 디자인의 기본적 주제는 한 주제 상의 변주나 버전의 창조 과정을 언급하는 버저닝(versioning), 일련의 단계들을 반복하는 반복(iteration), 대량맞춤(mass-customization), 연속적 분화(continuous differentiation) 등을 포함한다고 주장한다. Wassim Jabi, *Parametric Design for Architecture,* Laurence King Publishing Ltd., 2013, pp. 9–10.

24) Michael Hensel and Achim Menges, *Morpho-Ecology,* p. 43.

(2)신진대사적 형태학과 분기 네트워크

다르시 톰슨(D'Arcy Thompson)이 "형태학은 물질과 물질의 형태 뿐 아니라 힘과 에너지 작용의 관점에서 해석을 하게 되는 동역학적 양상을 지닌다"[25] 고 했듯이, 살아있는 형태들은 자신들의 표피를 통해 에너지와 물질의 교환을 함으로써 자신들을 구축하고 동적으로 유지하며, 변화된 물질과 에너지를 다시 환경 속으로 방출함으로써 형태학과 신진대사(metabolism)는 에너지와 물질들의 교환을 통해 복잡하게 연결된다. 예를 들어 신진대사는 국부적 환경을 통해 자연 형태의 개체와 개체군, 환경 사이의 관계를 결정하는데, 생물학적 조직의 더 높은 수준은 지구 전체를 가로 지르는 종들의 분포 패턴과 밀도 사이, 그리고 종들 사이의 관계 속에서 신진대사적 과정들을 통해 창발된다고 할 수 있다.

그런데 이러한 신진대사의 모든 과정들은 태양 빛으로부터 파생되는 것으로, 빛 에너지의 2% 정도가 식물의 광합성을 통해 생태계 속으로 들어가며, 이 빛 에너지는 화학 에너지로 변형되어 유기적 입자들 내에서 식물 조직을 형성하는 데에 사용된다고 할 수 있다.[26] 즉 생태계에서 신진대사적 과정은 에너지와 물질들의 교환 과정으로 설명될 수 있는 것으로, 이것은 모든 유기체들이 에너지를 단지 포획하는 것 뿐 만이 아니라 신진대사를 통해 그것을 다음 단계로 전달해야 한다는 것을 의미한다. 그러나 각각의 단계에서는 에너지가 사용됨으로써 하나의 단계에서 가능한 에너지는 매우 작은 비율만이 다음 단계로 이동하게 된다. 다시 말해 물질은 재활용되지만 에너지는 소산되고, 사용되고, 시스템 속으로 상실되기 때문에 모든 신진대사적 과정들은 에너지의 지속적 공급이 없으면 멈추게 된다. 그러므

25) D'Arcy Thompson, *On Growth and Form,* Cambridge University Press, 2014 (1917초판), p. 14; Manuel Bàez, "Phenomeno-Logical Garden: A Work in Morpho-Logical Process", eds., Philip Beesley, Sarah Bonnemaison, *On Growth and Form,* Tuns Press, 2008, p. 141.

26) Michael Weinstock, "Metabolism and Morphology", *AD.,* 3/4, 2008, p. 28.

로 태양 에너지는 이 생태계의 신진대사에서 가장 중요한 원천이라 할 수 있을 것이다.

예를 들어 식물들의 광합성 신진대사에서 식물들은 자기적 식량합성(autothrops)과 자기 공급(self-feeders)을 하지만, 태양 빛과 흙으로부터 약간의 물과 이산화탄소, 광물질들을 통해 분자들과 자신의 물질을 구축하며, 산소는 이 과정의 산물이라 할 수 있다. 즉 이산화탄소는 식물 속으로 들어가고, 산소는 식물의 잎과 줄기 속의 기공들을 통해 수증기와 함께 배출되는 것이다.[27)]

나아가 나무의 광합성 신진대사는 전체의 표면적, 잎차례(leaf arrays)[28)] 속의 나뭇잎들의 양, 나뭇잎들의 수명 등의 결과이며, 이것들은 전체 나무의 유체 배분 네트워크와 그것의 전체적 형태학과 복잡한 수학적 관계를 가진다.[29)] 예를 들어 "나무들의 특징적 형상과 잎들의 외부 경계는 종들에 따라 특별한 개체적 잎 기하학의 형상과 크기, 태양으로부터의 그늘 정도에 따라 만들어지는 것"[30)] 으로, 나뭇잎들의 배열과 잎차례는 태양으로부터의 자기 그늘화를 회피하도록 회전하는 것의 결과라 할 수 있다. 또한 "나무를 통한 물 흐름의 비율은 잎 배열에 따라 늦춰지고 제어되며, 증발의 비율은

27) 예를 들어 여름의 일년생 식물들을 포함해 더 더운 기후의 식물들은 기공이 이산화탄소의 흡수를 위해 낮 동안 더 짧게 열려 더 적은 양의 물이 증발로 사라지게 되는 광합성 신진대사를 가진다. 또한 돌나물과와 선인장, 다육식물, 브로멜리아드 등의 식물에서 기공은 낮에는 닫히고 밤에는 증발을 최소화하도록 열리며, 나아가 극도로 건조한 환경에서는 이러한 신진대사가 기공의 열림이 없이 전적으로 내부화 할 수도 있다. *Ibid.*

28) 나뭇잎들은 대략 동일한 각도의 가지나 줄기로부터 솟아나지만 서로를 보완하도록 회전하는데, 예를 들어 느릅나무는 가지의 반대편에 연속적 나뭇잎들을 가지며, 갈라짐의 각도는 180도로 나타나고, 너도밤나무와 개암나무의 나뭇잎들은 가지 원주의 1/3, 혹은 120도로 회전한다. 떡갈나무는 2/5나 144도로 회전하고, 포플라와 배나무는 3/8, 혹은 135도로, 버드나무와 아몬드 나무는 5/13, 혹은 130.46도로 회전하는 잎차례를 가진다. 이러한 잎차례들의 부분적 수치들은 선택적인 피보나치수열의 지수로 인식될 수 있으며, 꽃잎과 솔방울 등의 많은 경우에서 동일한 잎차례가 발견된다. 나아가 제한적인 자기 그늘 내의 잎차례의 효율성은 절대적이진 않고, 나뭇잎들의 형상과 방향, 줄기 길이 내의 변화, 즉 나뭇잎들 사이의 줄기를 따르는 거리 등을 통해 수정될 수 있다. K.J. Niklas, "The role of phyllotatic pattern as a 'developmental constraint' on the interception of light by leaf surfaces", *Evolution* 42, 1988, *Ibid.,* p. 29 재인용.

29) C.A. Price, B.J. Enquist, "Scaling mass and morphology in leaves: An extension of the WBE Model", *Ecology,* May, 2007, pp. 1132–41, *Ibid.,* 재인용.

30) Werger Poorter, "Light environment, sapling architecture, and leaf display in six rain forest species", *American Journal of Botany* 86, 1999, pp. 1464–1473, *Ibid.*, 재인용.

개스 교환의 비율과 결합되는 것으로, 개스와 유체 흐름 모두는 고도로 동역학적이며, 낮과 밤, 젊은 잎과 늙은 잎에 따라 다르고, 일반적으로 온도, 뿌리로부터의 수분 공급의 변화에 따라 다르게 된다".[31)]

식물의 신진대사에서는 또한 뿌리로부터 줄기, 가지들과 잔가지들, 나뭇잎들에까지 이르는 분기(branching) 된 네트워크들의 패턴이 중요한 역할을 한다(그림 5-5, 6, 7). 즉 나무들의 조직에서 유체들의 수송 네트워크와 잎 배열을 위한 구조적 지지는 분기 네트워크의 패턴을 통해 완전히 통합된 형태학을 가진다고 할 수 있다.[32)]

그림5-5. 동일한 분배를 위한 가지 길이의 최적비

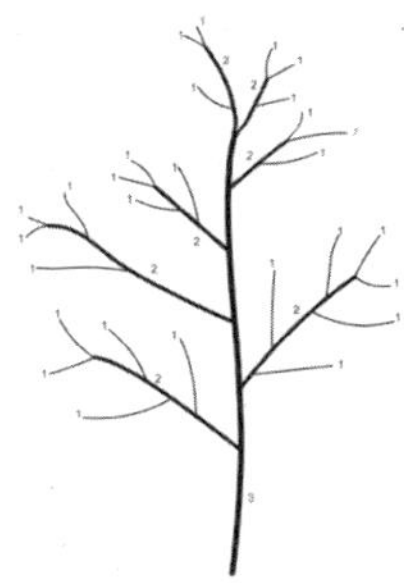

그림5-6. 흐름 네트워크 위계에 대한 호튼의 수문학적 분류

그림5-7. 엽맥의 분기 체계를 보여주는 콜레우스 잎의 엑스레이 사진

예를 들어 뿌리에서부터 작은 잎의 기공들에 이르기까지, 식물의 도관들은 두 가지의 복잡한 분기 네트워크를 가지는데, 목질부(xylem)는 수많은 좁은 관들의 다발로, 흙으로부터 뿌리로 흡수되는 물은 잎으로 끌어올려져 기공들을 통해 증발하며, 체관부(phloem)는 잎들 내에서 탄수화물을 옮긴다. 여기서 신진대사의 비율과 도관 네트워크 스케일의 기하학 등을 결정하는 요소는 식물 형태의 크기와 매스이며, 식물 형태학의 다양성, 잎들의

31) C.A. Price, B.J. Enquist, *op. cit., Ibid.,* 재인용.

32) K.J. Niklas, "Branching patterns and mechanical design in palaeozoic plants: A theoretic assessment", *Annals of Botany* 42, 1978, pp. 33–39, *Ibid.*, 재인용.

표면적 사이의 관계, 식물이 점유하는 전체적 볼륨, 분기 기하학, 신진대사 비율과 수명들에는 크기, 전체 매스, 형태 등의 불변의 비율이 존재한다.[33]

예를 들어 매스와 형태, 혹은 신진대사적 특성들과의 관계는 "한 식물 내의 잎들의 수와 매스, 도관 네트워크 내의 유체 흐름의 비율, 전체의 탄소 동화 작용, 서로에 대해 비례적인 전체의 광합성 스케일 등의 모든 것들이 매스의 1/4 제곱(quarter power)에서 계측된다는 상대 성장(allometry)의 개념"[34]으로 설명될 수 있다. 즉 신진대사 과정에서 "유동적 에너지의 수송은 신체 크기의 1/4 제곱에서의 동맥, 기관지, 식물 줄기 스케일과 같이, 신체 계획과 전체의 형태학, 수송 네트워크 내의 요소들의 크기의 근본적 결정 요소로, 크기는 그것이 표피가 감싸는 볼륨에 대한 표면적 비를 변화시키는 만큼 결정적이다."[35] 다시 말해 열 손실은 표면적에 비례하므로 생물체의 전체적 형태학이 매우 중요하며, 추운 기후에서는 볼륨에 비해 상대적으로 최소의 표면적을 가지는 둥근 형태가 열 보존에서 유리하고, 더운 기후에서는 상대적으로 최대의 표면적을 가지게 되는 작고 좁은 형태들이 유리하게 된다. 또한 호흡을 위해서는 더 넓은 표면적을 지녀야 하므로 폐와 기관지의 분기 네트워크로 진화했다고 볼 수 있다.

나아가 신진대사율, 에너지의 속도, 물질적 처리들은 신체 매스의 3/4 지수에서 측정되는 것으로, 이러한 상대 성장적 관계들은 스위스 생물학자인 막스 클라이버(Max Kleiber)가 1932년에 모든 동물의 신진대사율이 체중의 3/4 제곱에 비례한다는 클라이버 법칙(Kleiber's Law: R[신진대사율]$\propto$M[체중]$^{3/4}$

33) C.A. Price, B.J. Enquist, V.M. Savage, "A general model for allometric covariation in botanical form and function", *Proceedings of the National Academy of Sciences* 104, 2007, pp. 13, 204–09, *Ibid.*, pp. 29–30.

34) 상대 성장이란 용어는 영국의 생물학자 헉슬리(Julian S. Huxley)가 그의 책 「상대 성장의 문제들」(*Problems of Relative Growth,* Methuen, 1932)에서 최초로 도입했다. *Ibid.*, p. 30.

35) L. Demetrius, "Directionality theory and evolution of body size", *Proceedings of the Royal Society London B,* December 2,000, pp. 2,385–2,391, *Ibid.*, p. 31 재인용.

그림 5-8)을 내놓은 이래, 영국의 이론 물리학자이자 이론 생물학자인 제프리 웨스트(Geoffrey B. West)와 미국의 생물학자인 브라이언 인퀴스트(Brian J. Enquist), 제임스 브라운(James H. Brown)이 1997년 산타페 연구소에서 행한 실험을 통해서도 입증되고 있다.

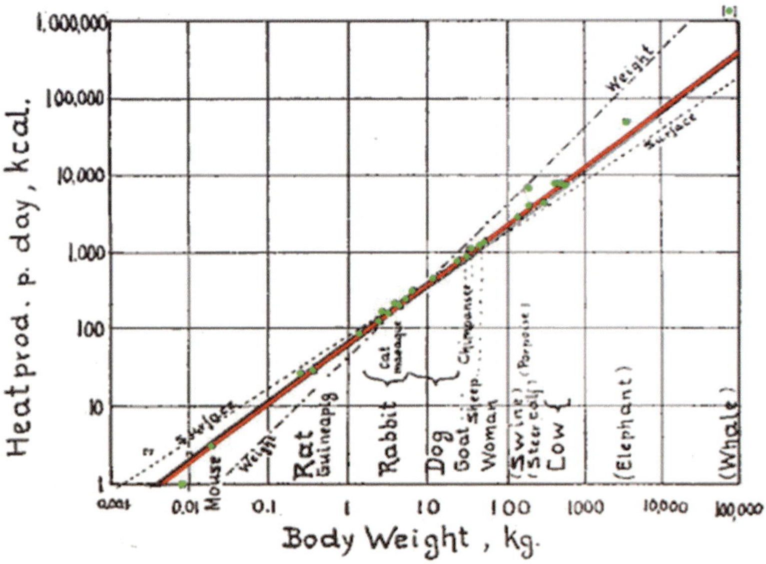

Fig. 1. Log. metabol. rate/log body weight

그림5-8. 클라이버의 법칙에 따르는 신체 크기와 신진대사비의 관계

이 실험은 이들의 이름 첫 글자를 따온 WEB 이론으로도 불리는데, 모든 큰 생물체의 조직이 동물의 혈관계와 식물의 도관계에서 공급의 문제를 가지며, 에너지와 물질들의 수송을 위한 분기 네트워크의 기하학이 모든 종을 가로 질러 형태학적 매개 변수를 결정한다는 사실에 기초한다. 즉 3/4 지수 법칙은 프랙탈 차원을 가지는 포유류의 분기 네트워크식 공급망과 신진대사율의 자연선택이 생물체 부피의 6-7%의 고정된 공급망을 유지해야 대사 용량을 최대화 하며, 식물, 동물, 단세포 생물 등 모든 종을 가로 질러 3/4 지수 법칙이 적용된다는 것을 말해준다.

이것은 분기 네트워크의 기하학과 비례(scaling) 법칙이 나무들의 도관 체계 뿐 아니라 포유류의 심혈관, 호흡기 체계 등 모든 생물체의 분기 네트워크에서 공통으로 일어나는 것으로, 구조와 기능 모두를 특징지으며, 분배의 많은 생태적 과정과 패턴의 비례가 식물 개체군과 군락의 패턴을 비롯해 모든 유기체의 매스와 크기에 관련되어 일어난다는 것을 보여준다.[36]

여기서 분기 네트워크는 산호(그림 5-9)나 잎맥(그림 5-10), 폐의 기관지(그림 5-11)까지 생물계의 다양한 곳에서 나타나는 형태로, "표면적을 최대화하고,

그림5-9.
산호의 분기 네트워크

그림5-10.
잎맥의 분기 네트워크

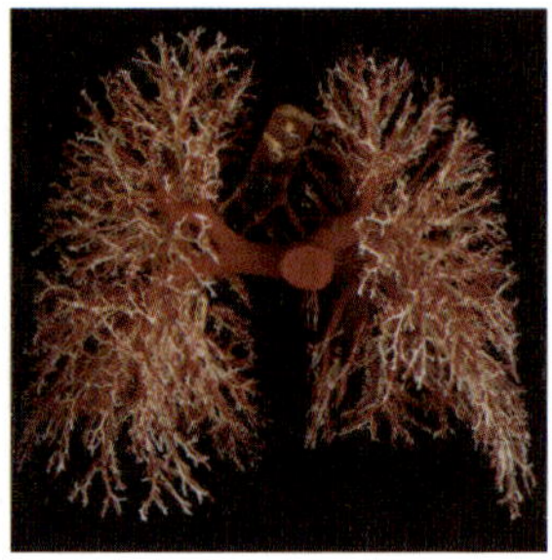

그림5-11. 폐 속의 혈관과
기관지의 분기 네트워크

구조적 힘들에 대응해 다양한 요소들을 전달하기 위한 자연의 가장 기본적인 위상 기하학적 성장"[37] 이라 할 수 있다. 이러한 분기 네트워크의 형태는 자연에서 생물체가 아닌 눈송이나 여러 갈래로 나뉘는 강물, 벼락 등의 자연 현상에서도 찾아볼 수 있는데, 콜레주 드 프랑스의 토머스 위튼(Thomas A. Witten)과 미시건 대학의 레너드 샌더(Leonard M. Sander)가 1981년에 개발한 분기형 석출물, 즉 날아다니는 먼지 입자들이 서로 달라붙어 덩어리를 이루는 모형에 대해 붙인 명칭인 '확산을 통한 응집'(Diffusion-Limited Aggregation)

36) B.J. Enquist, "Allometric scaling of plant energetics and population density", letters to *Nature,* September 1998; G.B. West et al, "A general model for the origin of allometric scaling laws in Biology", *Science* 276: 122–6, 1997, *Ibid.*, p. 32 재인용.

37) Wassim Jabi, *op. cit.,* p. 156.

모델(DLA 모델, 그림 5-12)[38] 을 통해서도 형태 발생의 설명이 가능하다.

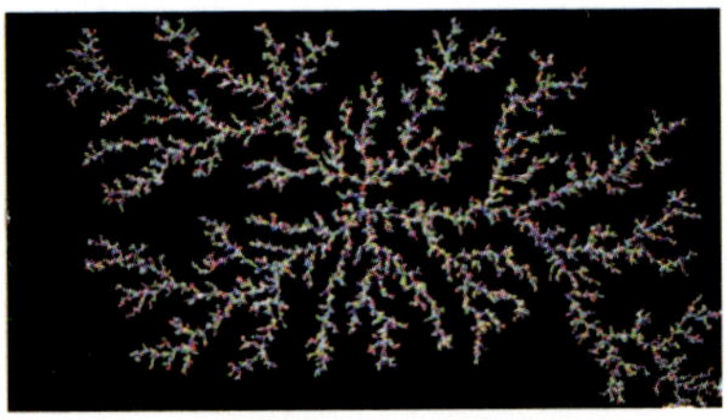

그림5-12. DLA 모델

즉 이 DLA 모델은, 육각형의 결절 모양으로 생성되는 눈송이(그림 5-13)가 녹은 상태에서 빠르게 동결되는 물질이 바늘같은 돌출 구조를 만드는 과정에서, 1963년 미국의 윌리엄 멀린스(William W. Mullins)와 로버트 세케르카(Robert F. Sekerka)가 말한 '멀린스-세케르카 불안정성'(혹은 라플라스 성장 불안정성, 그림 5-14)[39] 에 의해 이런 돌기의 성장에 사소한 교란이라도 발생하면 양

그림5-13. 눈송이의 DLA 모델

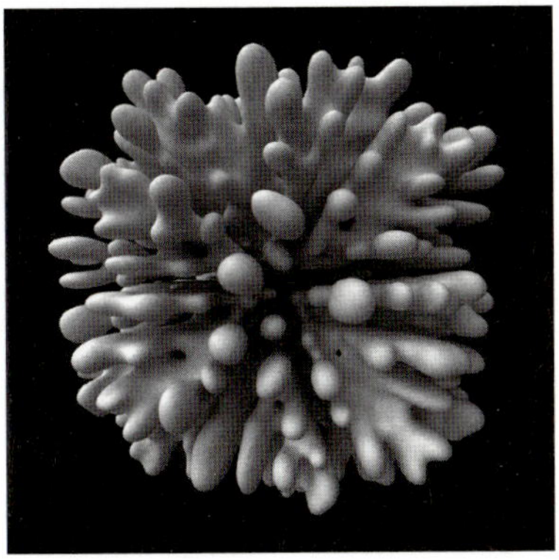

그림5-14. 라플라스 성장 불안정성의 형태.

적 피드백을 통해 그 돌출된 돌기는 바로 길게 증폭되고 더 작은 잔가지들이 돋아나게 되지만, 고체와 액체가 접한 면에서 작용하는 표면장력에 의해 이러한 돌출 구조가 최대한 작아지고 좁아지는 한계가 균형을 이루는

38) 덩어리가 자라는 속도는 입자가 덩어리의 가장자리까지 도달하는데 걸리는 시간, 즉 입자의 확산 속도에 따르기 때문에 위튼과 샌더는 이 모델을 확산을 통한 응집 모델이라 명칭한다. Philip Ball, *Branches: Nature's Patterns–A Tapestry in Three Parts,* 김명남 역, 「가지」, 사이언스 북스, 2014, p. 54,

39) DLA 모델에서 나타나는 멀린스-세케르카 불안정성은 18세기 프랑스의 수학자 라플라스의 연구에서 유래했으므로, 라플라스 불안정성이라 부르기도 한다. *Ibid.,* p. 76.

지점에서 설정되는 방식과 동일한 방식으로 가지들이 생기기 때문이다.[40)]

DLA 모델 같은 이러한 분기 네트워크의 형태는 정확한 가장자리가 없는 1.71의 프랙탈 차원[41)]을 가지며, 이러한 프랙탈 차원의 값이 덩어리의 성장 규칙을 반영하게 된다.[42)] 실제로 이 DLA 모델의 덩어리를 확대하면 어떤 스케일에서든 같아 보이는 자기-유사성(self-similarity)의 프랙탈적 특성을 보인다. 필립 볼은 자신의 저서 「가지」(*Branches: Nature's Pattern-A Tapestry in Three Parts*, 2009)에서 이 분기 네트워크에 대해 다음과 같이 묘사한다:

> DLA 덩어리 패턴, 끈끈한 손가락 무늬(viscous fingering),[43)] 고밀도 분기 형태, 눈송이의 수지상 구조... 패턴에 약간의 잡음이 더해지면 이렇게 바뀌고, 약간의 대칭이 더해지면 저렇게 바뀐다. 표면의 작은 교란을 크게 증폭시키는 라플라스 성장 불안정성 때문에 가지들이 만들어지지만, 표면장력은 거꾸로 그 성향을 완화시킨다. 그 과정에서 탄생한 패턴은 프랙탈 구조일수도 있지만, 반드시 그런 것은 아니다. 이런 '나무'들(그림 5-15)은 질서와 혼돈의 경계에서 작동하는 분출의 힘과 억제의 힘이 절묘하게 섞인 결과이다.[44)]

그림5-15. 식물의 잎에서 나타나는 DLA 모델

40) 덩어리 표면에 돌기가 생기면 무작위로 확산하던 입자들이 그 곳에 부딪칠 확률이 높아 다른 부위보다 빨리 자라며, 그 돌기가 높이 솟을수록 새로운 입자들과 충돌할 확률이 더 커지는 양적 피드백을 통하여 더 뾰족하게 자라고 옆에 곁가지들까지 생기는데, 이것은 역시 멀린스-세케르카의 성장 불안정성에 의해 무작위로 자라게 된다. *Ibid.*, p. 57.

41) DLA 덩어리 가지 밀도의 프랙탈 차원은 1.71차원의 값을 가진다. 여기서 프랙탈 차원이 낮을수록 덩어리는 더 성기게 된다

42) Philip Ball, *Branches*, p. 62.

43) 공기가 압력을 받아 끈끈한 점성이 있는 매질로 밀고 들어가 그 끝이 갈라지는 현상. *Ibid.*, p. 74.

44) *Ibid.*, p. 79.

DLA 모델 같은 분기 네트워크 구조는 이끼가 바위에 퍼져나가는 모습에서 발견할 수 있듯이, 미생물계에서도 흔히 발견할 수 있는 형태로, 예를 들어 헝가리의 물리학자 비첵 타마시(Vicsek Tamas)와 치록 안드라시(Czirok Andras)가 1990년대 중반 텔아비브 대학의 에셀 벤야코프(Eshel Ben-Jacob)와 함께 연구한 세균 군집의 성장 행태(그림 5-16)는 DLA의 패턴, 고밀도 분기 패턴 모두를 만들어내고 있다.

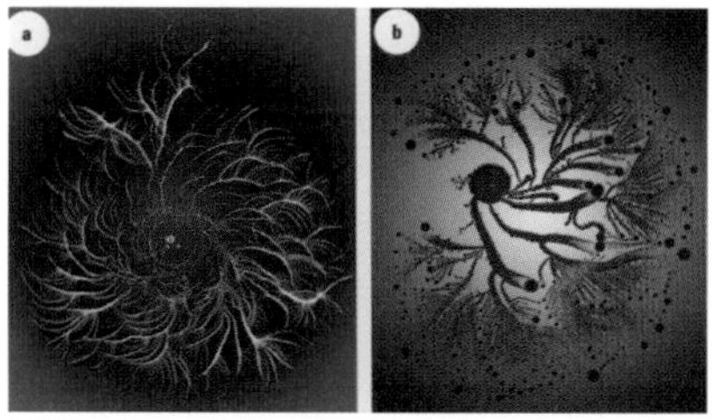

그림5-16. 세균 군집의 DLA 모델

DLA 모델은 나아가 도시의 확산 과정(그림 5-17)에도 적용될 수 있다. 루이스 멈포드(Lewis Mumford)가 1938년 자신의 저서 「도시의 문화」(*The Culture of Cities*)에서 도시를 아메바에 비유해 지속적이고 무정형적인 확산을 하는 시스템으로 설명하고, 제인 제이콥스(Jane Jacobs) 역시 1950년대의 미국 도시를 분석해 도시를 고유의 신진대사 활동과 성장 양식을 가지는 유기체로 보아야 한다고 주장했듯이, 도시의 구조는 대부분 가장 자리에 분기된 가지들이 돋아나는 프랙탈 형상을 취하기 때문이다. 예를 들어 영국의 지리학자 마이클 배티(Michael Batty)와 폴 롱리(Paul Longley)가 멱함수(power law) 법칙[45]을 이용해 1990년대 초 계산

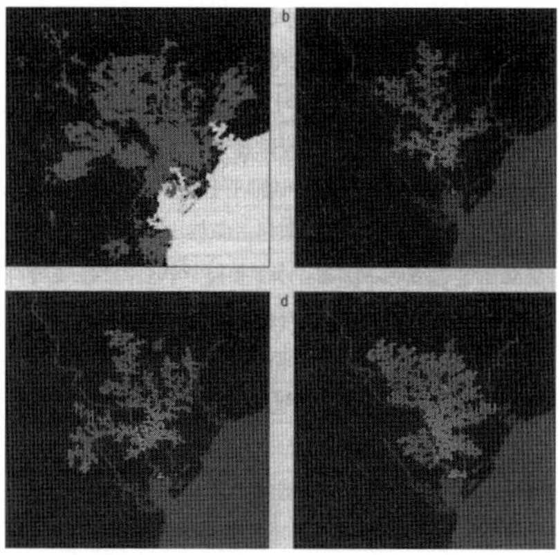

그림5-17. 카디프시의 DLA식 성장 패턴

45) 멱함수 법칙에 의하면 한 나라의 도시 인구를 순서대로 나열할 때 두 번째 도시의 인구는 가장 큰 도시 인구의 대략 1/2, 세 번째 도시의 인구는 가장 큰 도시 인구의 1/3 가량으로 n번째 도시 인구가 가장 큰 도시 인구의 1/n이 된다.

한 도시들의 프랙탈 차원이 1.4에서 1.9로, 평균치 1.7이 DLA 모델의 프랙탈 차원 수치와 유사하다는 사실은 실제 도시의 성장 법칙이 DLA 모델의 성장 규칙과 유사하다는 것을 보여준다.

배티와 롱리가 나중에 더욱 발전시켜 "방랑하던 입자들이 덩어리의 가장자리에 붙어 자라는 대신, 덩어리의 중심에서 입자들이 바깥으로 밀고 나오는 방식, 즉 도시의 새로운 개발 구역들이 도심에서 외부로 확산되며 주변의 토지를 점령하게 되는 방식인 절연 파괴 (Dielectric Breakdown) 모델(DBM 모델, 그림 5-18)"[46] 을 이용해 시뮬레이션한 DBM 모델 또한 성장 불안정성으로 인해 분기 네트워크와 같은 가지 형식의 프랙탈 차원을 보여준다는 것은 도시의 성장 역시 자연계의 분기 네트워크식 성장 패턴을 따른다는 것을 보여준다.

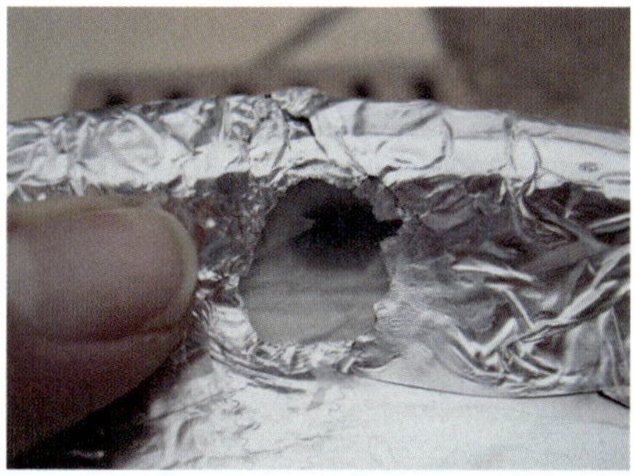

그림5-18. 알루미늄 포일판에서 나타나는 DBM 모델

생물계에서 나타나는 가장 일반적인 분기 네트워크는 나뭇가지의 분기 패턴이다. 나뭇가지 역시 DLA 모델과 유사한 방식으로 분기를 하지만, 생명체로서의 나무는 생명을 향한 더 많은 목적의 충족을 필요로 한다. 나뭇가지의 분기 패턴은 일반적으로 일련의 알고리즘[47] 을 이용해 더욱 사실적인 형태를 얻을 수 있다. 레오나르도 다빈치가 관찰했듯이, 나뭇가지의 일반적 분기 패턴은 곁가지가 하나일 때는 몸통이 휘지만 두 개의 곁가지가 서로 반대쪽에서 같이 날 때는 휘지 않는다. 일본의 생물학자 혼다 히사오는 1971년에 다음과 같이 나뭇가지 분기 패턴(그림 5-19)의 알고리즘을 설정한다:

46) Philip Ball, *Branches,* p. 96.

47) 일본의 생물학자 혼다 히사오가 만든 알고리즘, 혹은 캘거리 대학의 프루진키에비치 교수팀이 린덴마이어의 L-시스템을 이용해 만든 알고리즘 등이 있다.

1. 모든 가지는 하나의 분기점에서 두 개의 곁가지를 낳는다.
2. 두 곁가지의 길이는 모체 가지의 길이에 대해 r_1과 r_2라는 일정한 비를 이룬다.
3. 두 곁가지는 모체 가지와 같은 분기면에 놓여 있고, 모체 가지로부터 알정한 각도 a_1과 a_2로 뻗는다.
4. 분기면은 그 면에 포함되며, 모체 가지와 수직으로 교차하는 선분이 늘 지면에 대해 수평이 되도록 존재한다.
5. 4번의 예외는 나무의 몸통에서 직접 뻗어 나오는 가지이다. 그런 가지들은 2번에 규정된 길이 비를 준수하지만, 모두 일정한 각도 a_2로 갈라지며, 연달아 돋은 가지들 사이의 발산 각도는 고정된다.[48]

그림5-19. 혼다 알고리즘을 이용한 나뭇가지 분기 패턴

생물계에서 나타나는 또 하나의 대표적 분기 네트워크는 혈관계의 구조이다. 예를 들어 망막의 혈관망에서 프랙탈 차원의 수치로 나타나는 1.7은 바로 “DLA 모델의 확산을 통한 응집에서 형성된 입자들의 덩어리, 혹은 DBM 모델의 절연 파괴 과정에서 형성된 균열 및 방전 패턴과 동일한 수치로, 이 역시 라플라스 성장, 즉 성장의 최전선에 무작위로 돋아난 작은 돌기가 양적 피드백으로 증폭되어 새로운 가지로 자라나는 현상과 동일함”[49]을 말해준다.

이러한 분기 네트워크의 구조에서 가장 중요한 점은 “분기 구조가 큰 가지로부터 작은 가지로, 그리고 작은 가지가 더 작은 가지로 위계적으로 분

48) *Ibid.*, p. 184.

49) *Ibid.*, p. 195.

기해 나간다는 것으로, 이러한 과정 속에서 프랙탈 구조가 만들어지며, 프랙탈 구조는 차원과 차원 사이에 존재한다는 점"[50]이다. 왜냐하면 생물계의 혈관이나 기관지, 잎맥 등의 도관에서 이러한 프랙탈 구조는 공간 전체로 퍼지지만, 성긴 구조를 통해 다른 조직 자체를 위한 공간이 안 남을 정도로 꽉 채우지는 않기 때문이다.

실제적으로 건축에서도 분기 네트워크의 적용을 통해 식물의 신진대사에서와 같이, 빛을 향한 최대 표면적의 활용이 중량에 의한 좌굴 방지와 모든 방향에서의 풍압이나 설압 같은 하중에 저항하기 위한 구조를 위해 적절히 억제될 수 있을 것이다. 여기서 건축적 형태에 적용될 신진대사적 형태학의 형태 생태학적 방식은 분기 네트워크 패턴의 기하학과 개체들이 환경 속에서 외적 힘들과의 상호작용 속에서 최적화된 구조적 형태를 얻게 되는 과정인 자기-조직화(self-organization)[51] 과정 등으로 요약될 수 있을 것이다.

결과적으로 건축에서 신진대사적 접근은 건축물의 형태가 에너지를 포획하고 전달하는 방식에 관한 연구로, 에너지를 포획하고, 변형시키고, 전달하기 위한 시스템의 공간적, 물질적 조직에 관한 연구라고 할 수 있다. 그러므로 나무들의 구조적 특성과 형태학이 잎들의 체적적 배열, 그리고 그것들을 지지하는 동시에 신진대사를 가능하게 해주는 분기 네트워크 패턴들 사이의 상호 작용에서 창발하듯이, 건물의 신진대사적 비율과 건물의 매스와 형태에 대한 비율의 관계는 건축 형태의 생성에서 중요한 입력으로 될 수 있다.

50) *Ibid.*, p. 191.

51) 복잡계인 환경 속에서 자신의 행태에 영향을 미치는 자기 조직 자체를 에너지 교환체계로 간주해 열역학적 개방계에서 자신의 계와 환경 사이의 에너지를 교환하는 자발적 발현 과정으로, 계의 내적 조직이 외적 압력이 없이 특별한 기능을 추구하기 위해 환경에 적응되는 과정이다. 패턴 형성 등의 형태 발생과 분화 등은 모두 자기 조직화의 과정이다.

그러므로 그런 관점에서 식물의 광합성 신진대사로부터 식물의 잎차례와 분기 네트워크 같은 식물들의 형태학을 도출하여 이것을 통해 건축물에서 빛을 획득하고 개스의 교환을 위한 넓은 표면적의 공간 조직을 얻고, 이런 표면들의 발전을 위한 구조체계를 구축하고, 물과 열의 순환, 신진대사적 결과물을 위한 내부의 수송체계 등에 대한 응용을 하는 것이 가능하게 될 수 있을 것이다.

(3)내적, 외적 힘들의 평형: 형태-발견의 형태학

형태-생태학적 접근은 다중 목표적 최적화를 위해 환경 속에서 가장 최적화된 구조적 형태를 디자인 하는 방식으로, 공간적, 구조적, 물질적, 환경적 상호 작용 속에서 스스로 자기 조직화된 구조의 형태에서 형태-발견의 방법을 활용할 수 있다. 이러한 형태-발견 방식에서 중요한 것은 기하학적 행태와 제작 논리가 외부 환경의 영향과 힘들의 상호작용으로부터 계의 본질적 수행능력을 통해 디자인이 도출되어야 하며, 이것의 목표는 구축될 형태의 발생과 바라는 형태로 건물을 실현하는 것 모두이다.

형태-발견의 대표적 방식은 평형을 이루는 내적, 외적 힘들의 표현으로서의 물질 형태학으로, 선인장된 막구조와 같이 내적 저항과 외력의 평형상태에서 발견되는 자기 조직화된 구조적 형태로서의 굴곡 기하학의 사용이다. 이런 굴곡 기하학을 위한 형태-발견 방식으로, 프라이 오토가 주로 실험했던, 환경 속에서 다중적 형태의 구조물이 원하는 형상대로 자기 조직화되어 안정을 찾도록 수학적으로 제어하는 방식인 동적 이완(dynamic relaxation) 방식[52] 역시 형태와 구조, 물질적 논리를 통합한 다중 매개 변수적 방식으로 접근해 굴곡진 막구조 같은 다중적 형태의 디지털 모델을 얻는 방식이다.

52) 동적 이완은 경계점들의 지시와 상대적 힘들과 결합되어 막의 물질적 특성과 특별한 탄성에 기초한 반복적 산출을 통해 평형 상태로 자리 잡는 디지털 그물을 포함하는 유한요소 방식이다.

2) 물질적 행태와 능력

(1)물질적 행태와 능력을 고려한 구조적 형태

형태-생태학적 접근에서 물질의 미세 구조에 대한 분석을 통해 물질 시스템을 수행 능력의 기초에서 유도하는 것은 물질 시스템의 특성과 행태들의 분석으로부터 가능하게 된다. 이것은 나아가 이러한 물질적 행태와 수행적 능력들의 분석으로부터 결과된 물질의 특정한 형태학들을 통해 다양한 구배적 문턱을 지닌 환경적 조건들을 가능케 한다. 이러한 특징적 형태들은 자연의 유기적 구조로부터 인공의 합성 구조에 이르기까지 다중 기능적 행태와 능력을 지닌 형태로서, 다공성 구조, 섬유질 구조, 군체 구조 등 다양한 형태로 나타난다.

a. 다공성 구조

형태 생태학적 연구로부터 결과되는 형태들은 완전히 폐쇄된 기존의 표피와 달리 다공성(porosity)의 특징을 공통으로 가진다. 이것은 내부와 외부를 구분하되 완전 폐쇄되지 않고 다공성의 변화에 의해 선택적 거름과 통과를 제공하는 생물학적 세포막의 원리를 따른다.[53)]

예를 들어 방산충과 규조류들에서는 작은 구멍이 나있는, 실리카가 침전된 '소포'의 폼들이 세포막 벽에 침전되어 일련의 패턴을 형성함으로써 재료와 무게에서 경제적이면서 견고한 구조를 가지게 된다.[54)] 이러한 개방적

53) 예를 들어 자신의 환경과 상호작용할 수 있는 스마트 생물학적 막은 다공성의 변화에 의해 다른 분자들이 막에 침투하는 것을 가능케 하며, 분자적 수준에서 프로그램 가능한 지능적 여과와 분배를 통해 외부와 내부 환경 사이의 상호 교환을 가능케 한다.

54) 방산충과 규조류의 외골격 형성은 고도로 조직화된 과정으로, 소공포(areolar vesicle)의 거품이 생명체의 외부 막벽에 달라붙고 관 모양의 소포 지지체, 뼈대(scaffolding)가 소공포 사이의 틈에 형성된다. 관 소포체는 실리카를 분비하고 소공포 거품 주변으로 기하학적인 그물 구조를 형성한다. Philip Ball, *Shapes: Nature's Patterns–A Tapestry in Three Parts*, 조민웅 역, 「모양」, 사이언스 북스, 2014, p. 137.

인 다공성 구조는 세포와 혈관이 뼈의 무기질 섬유를 통과하는 것과 같이 유기 섬유와 조직들이 관통할 수 있는 공간이 남겨지게 됨으로써 물질들의 선택적 흐름과 제어가 가능하게 된다. 나아가 이러한 다공성의 미세 미로 구조는, 예를 들어 심해 해면동물인 해로동굴해면속(Euplectella)의 실리카 침상 구조(그림 5-20)가 빛을 통과 시키는 자연적 광섬유와 같이 기능하듯이, 빛을 포획하고 유도하는 식으로 빛과 상호 작용하는 기능을 가지기도 한다.[55] 그러므로 건축에서도 동일한 방식으로 패턴이 형성된 합성물질[56]을 이용해 이러한 광 채널링의 특성을 얻는 것이 가능할 수 있을 것이다.

그림5-20. 해로동굴해면속의 실리카 침상구조

다공성을 통한 흐름은 국부적 수준에서 제어될 수 있는데, 이것은 물질적 문턱을 넘어 환경적 구배 속에서 외부와 내부의 연결을 가능하게 한다. 여기서 다공성의 건축 벽체와 표피는 선택적 경계벽으로 작용되는 등급화되고 투과 가능한 구조로, 이것이 분화될 때 표피는 그것에 가해진 힘들과 정보들의 흐름에 의해 특별한 기능들을 수행하게 된다.

b. 이방성 섬유질 구조

나무와 같은 섬유질 구조(그림 5-21)는 물질적 배열 속에서 이방성의 방향성을 보여주는데, 이것은 각각의 다른 방향 속에서 다른 행태를 보여주는

55) *Ibid.*, p. 138.

56) 패턴이 형성된 합성 물질의 실험은 이미 1870년대부터 시행되었다. 예를 들어 네덜란드의 동물학자 피에터 하르팅(Pieter Harting)은 화학적 방식을 통해 인편 모조류처럼 패턴화된 판, 섬유대, 다면체 판, 해면의 침 형상을 한 뼈와 산호 형상 등의 다양한 패턴이 형성된 인공의 유기적 물질을 만들어 '석회 소구'라 명명하며, 이것을 '합성 형태학'(synthetic morphology)이라 불렀다. 이에 대해 영국의 다르시 톰슨은 "하르팅의 석회 소구가 벌레 조직 속의 작은 석회질 몸체와 흡사한 반면, 다면체 판으로 합쳐진 것은 연체동물이나 갑각류의 외피에서 일어나는 석회화의 초기 단계와 매우 흡사하다"라고 언급했다. *Ibid.*, p. 140.

특성을 가진다. 섬유와 다발성 매트릭스로 만들어진 섬유질 구조(그림 5-22, 23)는 연속적인 가는 실이거나 매트릭스 물질들에 의한 불연속적 연장 요소들로, 이러한 이방성 배열은 외적 조건들의 변화에 따라 자신의 치수를 변화시키며, 나아가 흡습성을 가진 섬유질 구조의 복잡한 모세관 구조로 인해 함수율의 변화[57] 역시 다른 축을 따르는 다른 비율에서 치수적 변화를 만들게 된다. 이것은 미세 기후 변화에 반응하는 특별한 형태의 건축을 가능하게 할 수 있다.

그림5-21. 나무의 이방성구조

그림5-22. 젤라틴 섬유질의 이방성 조직

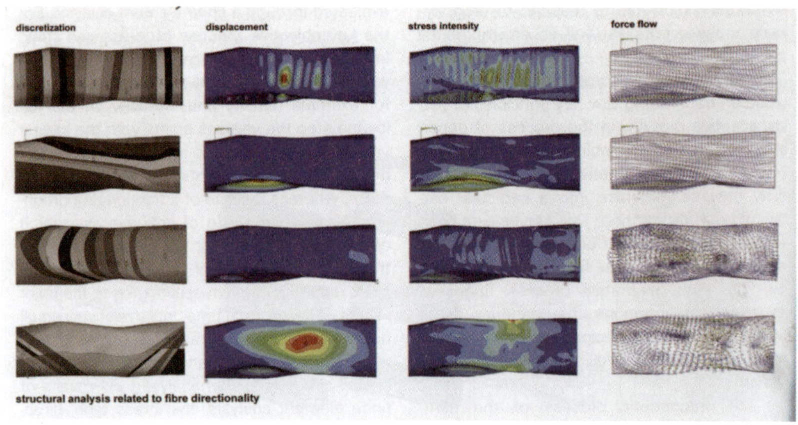

그림5-23. 섬유의 방향성에 따르는 구조적 분석

57) 복잡한 모세관 구조는 자신의 환경에서 습기를 흡수하고 함수율과 환경의 상대적 습도 사이의 균형을 위해 다시 배출한다.

c. 군체 구조

군체(aggregates, 그림 5-24)는 입자들이 성기게 들어찬 구조로, 접합부나 결합 매트릭스로 요소들이 연결되지 않고 분리된 요소들이 느슨하게 축적됨으로써 이루어진다.[58] 이것의 형태-생태학적 장점은 입자적 실체들이 액체와 안정 사이에서 이동함으로써 고체 입자들로 구성되지만 액체의 행태를 보여줄 수 있다는 점이다. 예를 들어 사막의 모래 언덕들은 "스스로를 자기 조직화하는 것으로, 모래가 이루는 잔물결들(그림 5-25)과 사구들은 알갱이들의 공동 작업이며, 바람이 낳은 움직임들의 상호 작용에서 등장하는 패턴, 충돌로 인한 축적, 경사면을 깎아내리는 사태들의 현상으로 나타나는데, 이것은 양적 피드백을 따라 더욱 증폭되도록 유도된 성장 불안정성의 표본이라고도 할 수 있을 것이다".[59]

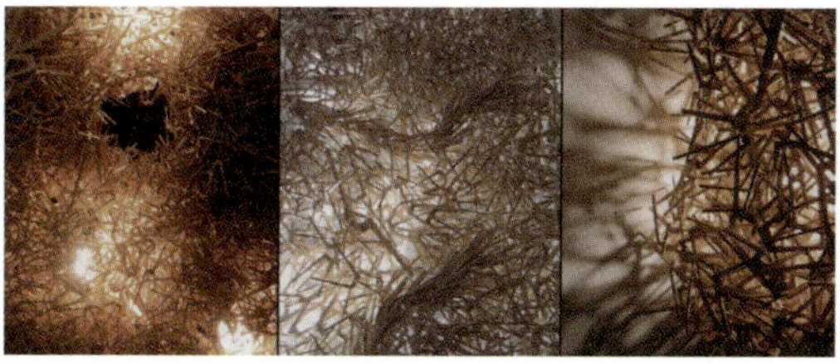

그림5-24. 다양한 군체 구조들

그림5-25. 모래의 잔물결

독일 막스 플랑크 연구소의 생물학자 한스 마인하르트(Hans Meinhardt)가 주장하듯, "이런 모래 패턴들의 형성 과정(그림 5-26)은 튜링이 말한 활성-억제의 시스템과 근본적으로 닮고 있다."[60] 잔물결들과 모래 언덕이 성장하는 과정에서 더 많은 모래를 공중에서 모아 성장에 박차를 가하는 활성화 과정을 거치지만, 그와 동시에 모래 언덕은 바람으로부터 모래를 빼앗고,

58) 군체의 조각들은 중력과 바람 같은 외적 힘들의 영향 속에서 퇴적 더미를 이루며, 자체 중량과 내부 마찰 저항 사이의 평형 상태로 발전된다.

59) Philip Ball, *Flow: Nature's Patterns–A Tapestry in Three Parts,* 김지선 역, 「흐름」, 사이언스 북스, 2014, p. 107.

60) *Ibid.,* p. 116.

또 바람을 받지 않는 영역을 보호하는데, 이 두 가지 작용 모두는 근처에 다른 모래 언덕이 형성되지 않도록 억제를 하기 때문이다.

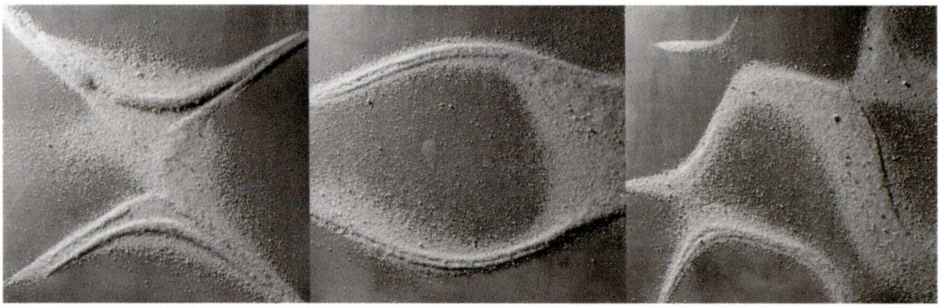

그림5-26. 빈도의 변화에 대응하는 서로 다른 주기적 모래 재질의 나타남

마찬가지로 난류에서 나타나는 소용돌이(maelstrom)와 같이, 바람의 흐름은 모래 언덕(장애물)을 둘러 굽어지지만, 바람을 받지 않는 모래 언덕의 뒷면에서는 소용돌이가 형성되어 모래를 퍼올려 경사를 침식하게 된다(그림 5-27). 그리고 이 두 과정 사이의 균형은 모래 언덕들의 평균 거리를 일정하게 유지시킨다. 또한 알갱이들의 모양이 같다면, 알갱이들이 얼마나 높게 쌓이든, 사태가 끝나고 모래 언덕의 알갱이들이 안정을 이루는 경사도, 즉 휴식각은 항상 동일하다. 나아가 이것들의 개별적 구성 요소들이 바뀌더라도 패턴은 변하지 않는다.[61] 이러한 모래 언덕들의 유형에 가장 큰 영향을 미치는 것은 바람의 방향이나 속도와 같은 바람의 특성이며, 이것들의 형성에 사용할 수 있는 모래의 양 역시 중요한 요소라고 할 수 있다.[62]

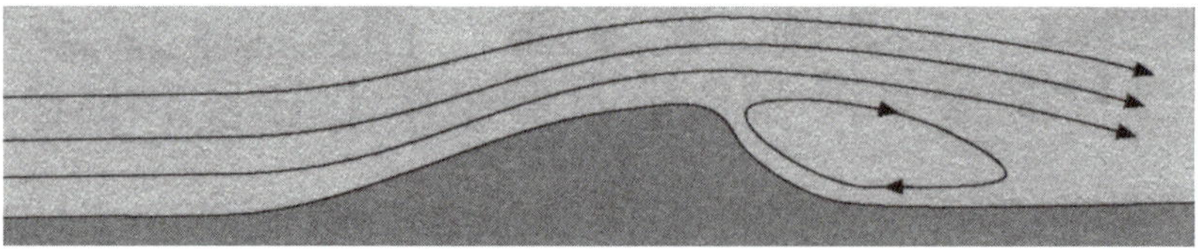

그림5-27. 소용돌이로 만들어지는 모래 언덕 뒤의 침식

---

61) *Ibid.*

62) 예를 들어 바람이 한 방향으로 지배적으로 불 때는 바람의 방향과 직각의 가로형 모래 언덕이, 그리고 바람의 방향이 변하기 쉬울 때는 평균적 바람 방향을 따라 세로형 모래 언덕들이 형성되고, 모래의 양이 많으면 바람의 방향과 직각의 가로형 모래 언덕이, 적을 때는 바람의 방향과 평행인 세로형 모래 언덕, 혹은 초승달 모양의 바르한(barchan) 모래 언덕이 형성된다. *Ibid.*, pp. 119, 121.

군체의 건축적 장점은 그것이 전단 하중에 대한 저항과 같이 자체와 외부 하중을 지탱할 수 있는 자기 안정화의 형성으로 스스로 변화할 수 있는 입자적 행태를 보인다는 점이며, 이 입자 물질들이 이방성이므로 침전, 혹은 하중에 의한 비가역적 변형으로 유발되는 이방성 속에서 서로 다른 물질적 행태를 보일 수 있다는 점이다. 예를 들어 "서로 다른 알갱이들이 한데 뒤섞이면 서로 혼합되거나, 혹은 반대로 서로 분리되는 정반대의 효과가 발생할 수 있다."[63] 예를 들어 1995년 보스턴 대학교의 에르난 막세(Hernan Alejandro Makse)와 해리 스탠리(Harry Eugene Stanley)가 실험했듯이, 서로 다른 크기와 모양의 알갱이들을 뒤섞고 쏟아 부을 때 두 가지 다른 유형의 알갱이들은 서로 다른 두 성질 간의 복잡한 상호 작용을 거쳐 비탈에 평행한 띠로 층을 이루며 서로 분리됨을 알 수 있다.[64]

또한 서로 다른 알갱이들이 폐쇄된 벽체들로 둘러싸인 용기 안에 있을 때 흔들면 큰 알갱이들은 점차 위로 올라가고 작은 알갱이들은 용기 가장자리를 따라 하강한 후 다시 중심에서 상승하다 용기 가장자리로 돌아가 하강하는 대류의 양상을 보인다.[65] 그러나 큰 알갱이들이 항상 위로 올라가는 것은 아니며, 두 유형의 알갱이들이 섞일 때 위로 올라가던 큰 알갱이가 크고 작은 알갱이들이 이루는 크기와 밀도의 비가 특정한 수치에 도달하면 큰 알갱이가 다시 내려가는 경우도 있다.

군체는 이와 같이 다양한 행태와 능력을 보인다. 나아가 군체의 특별한 특성은 조각들의 기하학과 수에 따라 다공성이거나 밀집될 수 있는 구배를 가지므로 다중적 안정 상태와 일시적 공간 조건, 다양한 연결과 입자, 차별

---

63) *Ibid.*, p. 108.

64) *Ibid.*, pp. 129, 137.

65) 시카고 대학의 시드니 네이글(Sidney R. Nagel)과 동료들은 이것의 중요한 원인이 알갱이들과 용기 벽 사이의 마찰력으로, 매번 흔드는 동안 그 마찰력이 주변의 알갱이들이 위로 튀어 오르는 것을 방해한다는 것을 알아냈다. 즉 용기 벽이 미끄러우면 이 순환 운동이 감소하며, 벽이 거칠 때는 순환 운동이 더욱 활발해진다. *Ibid.*, p. 155.

적 다공성 문턱과 경계를 가지며, 재형상 가능하고 자기 조직적인 행태를 가질 수 있다는 점이다.

(2)합성 물질

물질적 행태와 능력은 새로운 합성 물질을 통해 다기능적, 다중 수행적으로 더욱 강화될 수 있다. 예를 들어 섬유보강 합성 물질은 생물체의 물질과 가장 유사하게 다중적 수행 능력을 나타낼 수 있는데, 이것은 물질 구성과 특성, 효과들 사이의 이음매 없는 전이를 가능케 하고, 섬유 방향성은 다양한 맥락적 특성의 행태를 나타내게 된다. 섬유보강 합성물질의 장점은 특히 표피에서 드러난다. 이 물질의 표피는 하나의 통합된 시스템 내에서 물질적, 구조적, 기능적, 환경적 수행들을 조합하는데, 접합부가 없이 연속적인 표피가 가능한 가운데, 섬유질의 각기 다른 형상들은 각각의 표피의 다른 구조를 구성함으로써 물질 분배 내의 국부적 변양태들이 분화된 조도 조건과 변화된 노출 면적들을 제공하고, 섬유질의 다양한 다공적 형상이 빛을 필터링하고 시각을 조작할 수 있도록 만든다.

이러한 특별한 합성 물질의 예로, 미국 프린스턴의 모빌 석유회사 연구팀이 이미 1960년대에 만든 합성 물질은 계면활성제 분자를 포함한 혼합액[66]에서 무기 고체를 결정화 해 일부의 분자는 통과시키고 또 다른 분자는 통과시키지 않는 벌집형 패턴의 인공 제올라이트(그림 5-28)[67] 이며, 1990년대 초에 같은 연구팀이 만들어낸 합성 물질은 상대적으로 고농도의 계면 활성제를 이용해 제올라이트 구멍 보다 더 넓게 자기 조직화 된 육각형

66) 계면 활성제와 규산염 이온의 혼합액은 서로 작용해 관 모양의 계면 활성제 응집체의 규칙적 배열 주변에 실리카 벽체를 주조하고, 자기 조직화 된 일련의 벌집형 육각형 패턴의 고체 재료를 만든다. Philip Ball, *Shapes,* p. 141.

67) 제올라이트는 규소, 알루미늄, 산소 원자들이 매우 작은 연결망을 형성해 결정 구조로 된 광물질이다.

배열의 구멍을 가지는 실리카 분자이다. 또한 1995년 토론토 대학의 화학자 제프리 오진(Geoffrey Alan Ozin)이 계면 활성제와 무기 이온 혼합물로 인공적으로 만들어낸 광물질(그림 5-29)은 규조류의 외골격 소공포에서 나타나는 형상과 같이 인산 알루미늄으로부터 1 나노미터부터 1 밀리미터 보다 더 작은 크기의 다공성의 패턴을 가짐으로써 생물체의 다공성 특성을 가지는 합성 물질이다.

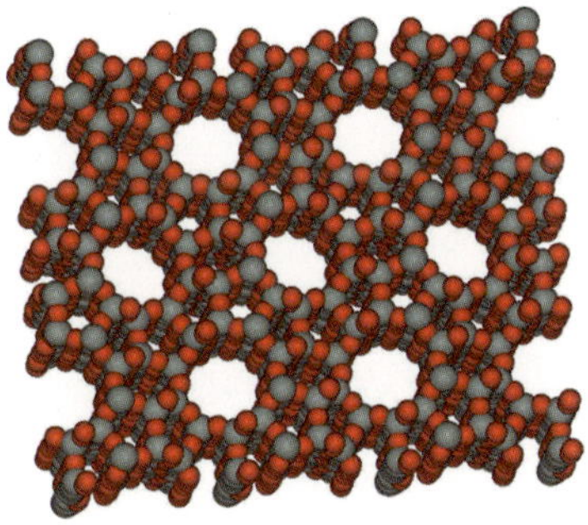

그림5-28. 제올라이트의 구조

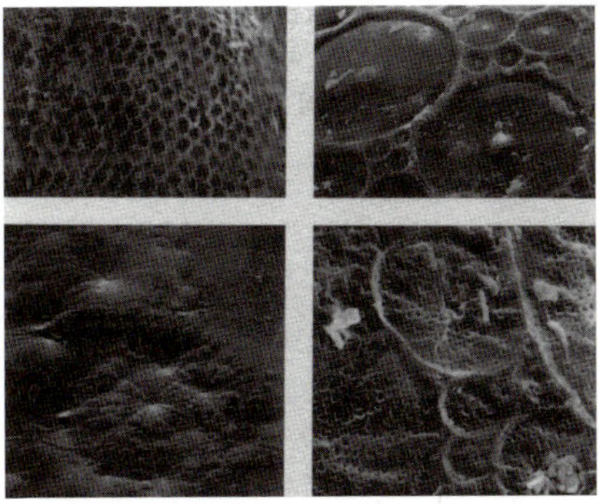

그림5-29. 제프리 오진이 만들어낸 인공 광물질의 다공성 패턴들

(3)스마트 물질

물질적 행태와 능력은 스마트 물질을 통해서 스트레스, 온도, 상대 습도 등의 외적 자극들에 대해 제어된 방식으로 의미 있는 변화를 할 수 있게 된다. 스마트 물질은 "환경적 사건들을 감지하고 그 감각적 정보들을 진행시키고 환경에 따라 작동하는 물질"[68]로, 물질적 특성들의 변화와 수치들의 변화의 개념을 통해 가능하게 된다. 예를 들어 형상 기억 합금, 다른 온도에서 다른 형상들을 가정할 수 있는 중합체들, 전기적, 조도적, 온도적 자

68) J. Kroschwitz ed., *Encyclopaedia of Chemical Technology,* Wiley & Sons, 1992, Michael Hensel, "(Synthetic)Life Achitectures: Ramifications and Potentials of a Literal Biological Paradigm for Architectural Design", *AD.,* 3/4, 2006, p. 25 재인용.

극에 대한 반응 속에서 색채를 바꾸는 색원체(chromogenic) 시스템 같은 온도 반응 물질 들이 이러한 스마트 물질들에 해당한다고 할 수 있다.

(4)합성 생명

물질적 행태와 능력은 궁극적으로 새로운 합성 생명체를 통해 새로운 수행 능력을 지닐 수 있을 것이다. 합성 생명은 모든 생물학적 과정과 물질들을 분자적 수준에서 보고 물질을 나노에서 매크로에 이르기까지의 스케일[69]을 가로질러 형태적, 기능적으로 조직화한 인공적 생명 물질로, 기존의 섬유질 합성 물질의 이방성과 매트릭스적 배열의 자질을 넘어서 자기복제와 진화의 능력까지를 갖춘 생물학적 물질이라 할 수 있다(그림 5-30).

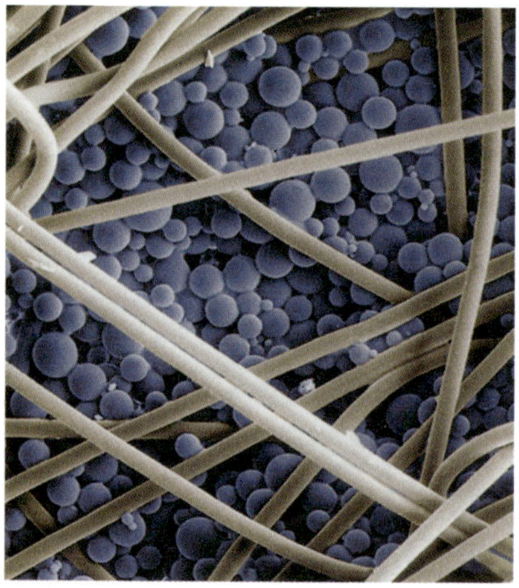

그림5-30. 직물용 섬유를 코팅하는 위상 변화 물질을 포함하는 미세 캡슐들로 된 합성 생명

합성 생명의 창조는 생물학적 유기체 내에서 발견되는 기존의 생화학 구조들로부터 이루어지거나, 더 나아가 아예 자연에서는 나타나지 않는 합성물로부터 이루어질 수도 있다. 그러나 모든 경우에 합성 생명의 조건은 고유의 개체성을 지키는 억제(세포막 같은), 신진대사, 항상성, 유전, 진화 등의 생명체의 기준[70]을 만족시켜야 할 것이다.

69) 생물계는 최소한 8단계의 크기적 스케일을 가로질러 하부 시스템들의 상호작용에 의해 가능케 되는 영역들을 가로지르는 다중 수행적 능력에 의해 특성지어진다.

70) 헝가리의 생물학자 Tibor Ganti는 1971년에 유기체가 살기 위한 필수조건인 절대적 생명의 기준을 '고유의 개체, 신진대사, 고유의 안정성, 정보전달의 하부시스템, 프로그램 제어'등으로, 생명 세계에서 유기체의 생존에 필수적인 잠재적 생명의 기준을 '성장과 복제, 유전적 변화와 진화의 가능성, 죽음'등으로 구분했다. Tibor Ganti, *The Principles of Life,* Oxford University Press, 2003.

예를 들어 로스 알라모스 연구소가 개발하는 자기 복제 나노 시스템을 가지는 원형세포(protocell)어셈블리인 '로스 알라모스 벅'(Los Alamos Bug)이나 생명공학 유럽센터(ECLT)가 개발하는 '프로그램 가능하고 자기조합을 하는 인공세포를 이용하는 내장 정보기술'인 프로그램적 인공세포 진화(PACE)계획들은 모두 이러한 합성 생명들로 생물체의 다중 수행능력을 인공적으로 가능케 해주는 시도들이다. 건축에서 합성 생명의 의미는 "유기체와 환경 사이의 복잡하고 동역학적인 교환과 그것으로부터 진화하는 기능성"[71] 이라 할 수 있다.

3) 제작과 조합 논리

건축의 형태-생태학적 접근은 형태의 디자인과 물질의 제작과정을 하나의 통합된 시스템으로 고려한다. 위상 기하학을 적용한 자유로운 형태의 디자인은 기존의 건축 제작 방식으로는 실현이 불가능한 경우가 대부분이며, 그러므로 자유형태 구축(freeform construction)을 위해 다른 산업 영역에서 이미 사용되고 있는 쾌속 조형(rapid prototyping)의 방식(그림 5-31)이 형태-생태학적 건축의 가능한 제작과 조합 논리라고 할 수 있다. 이 방식은 형태와 물질, 구조, 수행을 제작과 구축과 통합된 양상으로 이해하는 수행적 건축을 위한 하나의 대안이라 할 수 있다. 나아가 쾌속 조형의 파생적 기술인 쾌속 제작[72]은 캐드에 기초한 자동화된 첨삭 제작(additive manufacturing)을 이용하게 되며, 더

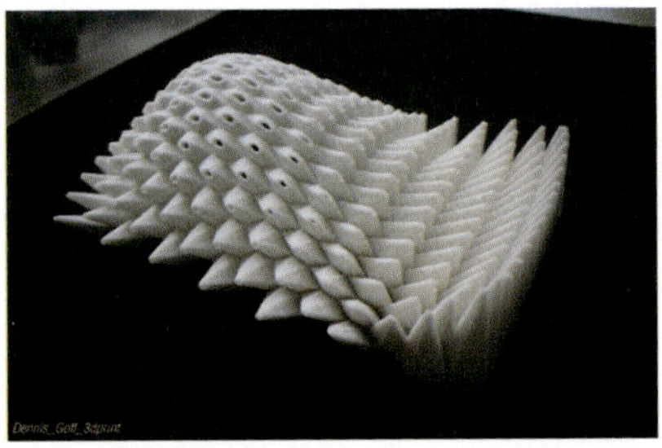

그림5-31. 쾌속 조형 방식에 의한 모델

71) Michael Hensel, "(Synthetic)Life Achitectures: Ramifications and Potentials of a Literal Biological Paradigm for Architectural Design", *AD.*, 3/4, 2006, p. 25.

72) 물질적 준비, 물질적 전달, 다층 박막(layer by layer) 제작, 구축, 접착 매개체의 단계변화와 사후 처리 등의 과정으로 이루어진다.

높은 수준의 기하학과 기능의 통합을 가능케 해준다고 할 수 있다.

기본적으로 자유형태 구축은 건식 시스템 대신 습식, 혹은 젖은 액상과 분말들의 시스템을 이용하고 쾌속 제작에 의한 레이어 제작을 바탕으로 하며, 건축물 구축을 위한 거대 스케일에서의 대량 침전율과 증가된 기포들의 문제를 해결하는 것이 중요한 문제라고 할 수 있을 것이다. 여기서 중요한 것은 단일 물질을 통한 다중의 물질적 특성을 얻는 것으로, 이것은 유사 합성 물질[73]을 사용함으로써 가능케 될 수 있다. 예를 들어 집섬은 셀레나이트 같은 유리 구조를 포함함으로써 반투명의 다중적 자질을 가지게 되므로 단일 물질로 다중의 수행능력을 가지게 되는 것이다.

4) 환경과의 상호 작용

건축 디자인에서 형태-생태학의 적용은 기하학을 이용한 형태의 설정과 물질의 행태와 능력, 제작 과정의 논리와 함께 건축물과 환경과의 상호 작용을 통합적으로 고려함으로써 다중의 수행적 능력을 갖춘 건축을 위한 하나의 통합적 과정을 이루게 된다. 여기서 환경과 건축물과의 상호 작용을 가능하게 하는 하나의 가능성은 환경으로서의 생태학을 인공적으로 공학화하는 방법으로부터 나올 수 있다.

네덜란드의 건축학자 페터 트루머(Peter Trummer)가 제안한 공학적 생태학, 즉 정형화와 유형화의 방법에서 벗어나 환경 속에 차이들을 도입하기 위해 생태계 속에 존재하는 잠재성의 실재를 현실화하는 공학적 과정을 도입하는 것[74]은 이런 관점에서 하나의 대안이라고 할 수 있다. 이것은 새로운 생

---

73) 집섬은 유사 합성 물질의 좋은 예로, 그것의 구조가 3D 프린팅 과정에서 수정될 때 다양한 특성들을 보여주게 된다. 디지털 시뮬레이션과의 조합 속에서 첨삭 제작과정은 집섬 요소의 표피 분절의 기하학적 분화와 구조적, 열적, 음향적, 환기적 요구 조건들에 대응하는 내적 구성을 허용하게 된다. 이러한 단일물질은 분쇄와 재소성, 이후의 리프린팅 과정을 통해 현장에서 쉽게 리사이클링 될 수도 있다.

74) Peter Trummer는 Gilles Deleuze의 가능성과 현실성의 관계를 설명하며, 생태계 속에 실재가 아니지만 현실화되기를 기다리는 가능한 세계와 대상들이 있으며, 공학적 생태학이란 현실화의 이런 과정이라 주장한다. Gilles Deleuze, *Le Bergsonisme,* 1968, 김재인 역, 「베르그송주의」, 문학과 지성사,2000, p. 135.

태계의 창조로 될 수 있으며, 자연의 생태계와 인공적 생태계를 통합하는 방식으로서 공학적 기술을 통해 창발적 랜드스케이프를 창조하는 방식, 기존의 환경 속에 새로운 행태를 가지는 물질 조직을 창조하는 방식, 혹은 환경 속에 다양한 행태를 가지는 형태들을 창조하는 방식 등으로 나타날 수 있을 것이다. 환경과 대상물의 관계는 단순한 필요조건으로서 만이 아니라 상호 작용을 통해 잠재성으로부터 새로운 것으로의 생성이 가능하게 되는 관계이기 때문이다.

5.4 형태 생태학의 건축적 적용사례

1) 위상 기하학적 형태의 건축

(1)매개 변수적 기하학의 건축

형태의 다양한 분화와 증식을 위한 다중 형태적 기하학의 설정은 매개 변수들의 조작을 통해 위상 기하학적으로 다양한 형태들을 만들어낸다. 예를 들어 OCEAN이 디자인한 프라하 극장 무대건축 전시 쿼드레날레(2007)의 독일관(그림 5-32)은 기초와 감독 곡선들 사이의 표면인 선직면(ruled surface)이 괘선(rulings)이라 불리는 직선들에 의해 기하학적으로 한정되고, 그 직선들은 다른 수준의 투명도와 빛의 투과를 가지는 복합적 표면들을 분절하기 위해 탄성을 가진 줄들로 물질화된다. 이것은 기초곡선들의 기하학적 한정과

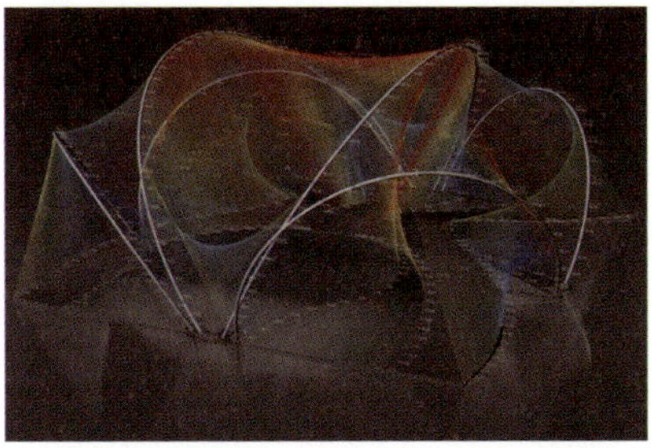
그림5-32. OCEAN, 프라하 쿼드레날레 독일관, 2007

괘선들의 밀도와 방향들이 기하학적 매개 변수들 외에 조도 환경과 공간, 신체, 움직임, 시각 등의 복잡한 관계에 영향을 주는 매개 변수들과 함께 조절됨으로써 일정한 기하학적 형태를 이루도록 디자인된 매개 변수적 기하학의 건축이라 할 수 있다.

네리 옥스만(Neri Oxman)의 모노코크 1(2007, 그림 5-33)은 물질의 구조적 행태를 보로노이 알고리즘[75]을 이용한 기하학적 형상과 결합해 만든 단일 외피구조이며, 장의자를 다양한 굴곡의 일체형 표피 구조로 확장시킨 비스트(2010, 그림 5-34)는 보로노이 패턴을 기본적 기하학으로 설정해 단일의 굴곡 표피 위에 나뭇잎 엽맥 형태의 패턴을 발생시킨 작품이다. 이것들은 표피의 구성을 위해서 인장 하중과 각 영역의 이완, 물질적 분배를 위한 알고리즘 등의 매개 변수들을 통합적으로 고려해 보로노이 세포 쪽맞춤을 타일링 알고리즘으로 실현한 경우라고 할 수 있다.

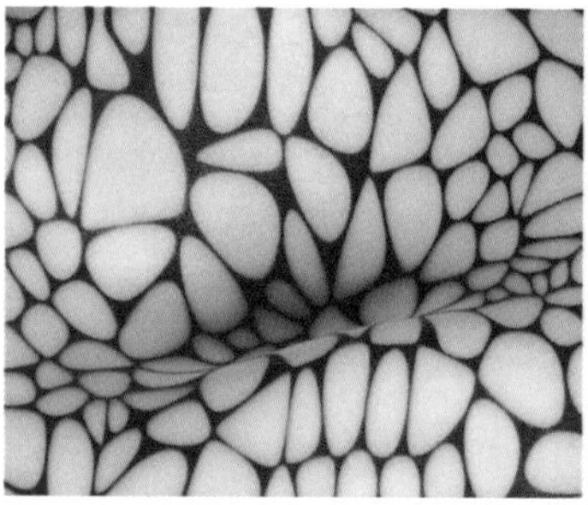
그림5-33. 네리 옥스만, 모노코크, 2007

그림5-34. 네리 옥스만, 비스트, 2010

(2)분기 네트워크적 형태의 건축

분기 네트워크(그림 5-35)는 신진대사를 통해 나오는 자연의 대표적 형태로, 자기 유사적이며, 반복적이며, 프랙탈적인 형태이다. 예를 들어 su 11 아키텍처+디자인의 PS_캐노피(2009, 그림 5-36, 37, 38, 39, 40)는 각기 다른 양

75) 우크라이나의 Georgy Voronoy가 만든 기하학적 구조로, 일련의 알고리즘에 의해 공간을 다각형 구성체계로 자기 조직적으로 발생시키는 다이어그램이다.

상의 실내 높이와 그늘, 좌석을 위한 꽃 은유의 생체 모방적 형태를 위해 무작위적 점-분기와 L-시스템[76]과 유사한 프랙탈 유형의 매개 변수 스크립트를 만드는 벤틀리 제너라티브 콤포넌츠 프로그램을 이용해 분기 네트워크 식으로 이루어지는 삼각형 형상들을 발생시킨다. 이것은 최종적 캐노피의 기본적 기하학 요소로 기능하는 삼각형 세포들의 군집을 만든 분기 네트워크적 형태의 건축물이다.[77] OCEAN의 체

그림5-35. 매개 변수 디자인으로 생성시킨 분기 네트워크 구조

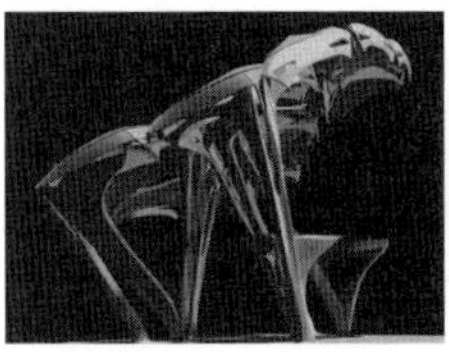

그림5-36. su11 아키텍처+디자인, PS_캐노피, 2009

그림5-37. PS_캐노피의 분기 알고리즘 발전 과정

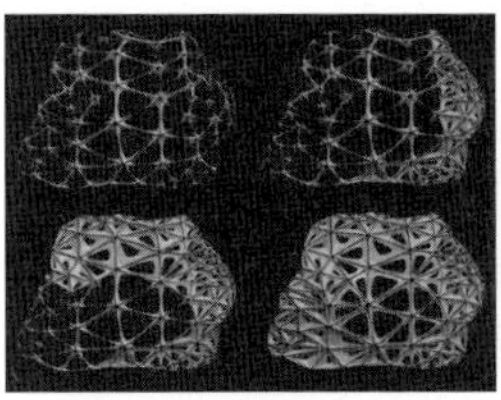

그림5-38. PS_캐노피의 꽃잎 모양 구멍의 매개 변수적 변양태들

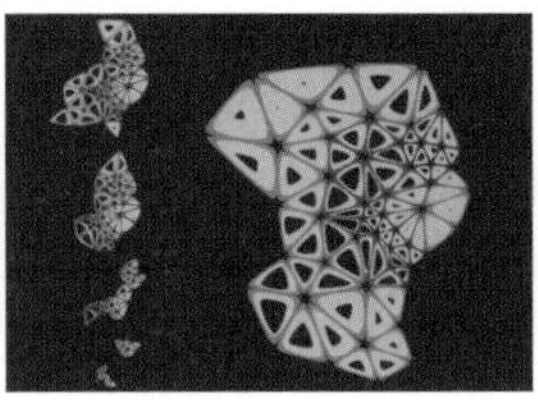

그림5-39. PS_캐노피 복합 패턴의 두번째 단계

그림5-40. PS_ 캐노피의 3D 프린팅된 모델

76) 헝가리의 생물학자 Astrid Lindenmayer가 1968년 단순한 다중세포 유기체들의 성장패턴을 연구한 유기체 발생의 형태적 시스템

77) 이들은 "신체의 혁신이 새로운 유전자에 의해서가 아니라 기존 구조의 수정과 오래된 유전자의 교육에 의존한다"는 생물학자 S.B. Carroll의 이론을 적용해 기하학적 법칙, 구조적 제약, 기능적 요구 같은 기존의 건축 개념을 사용하는 한편, 새로운 디자인의 다양성을 위해 이런 개념들 내의 국부적 관계들을 활성화 하거나 불활성화 하는 식으로 변화시켜 분기식 네트워크를 만들어낸다. S.B. Carroll, *Endless Forms Most Beautiful: The New Science of Evo Devo,* W.W. Norton & Company, Wassim Jabi, *op. cit.,* p. 168 참조.

코 신국립 도서관(2006, 그림 5-41, 42, 43) 역시 캔틸레버된 매스의 양쪽 편으로 분기된 네트워크식 구조를 연결한 것으로, 이 가지들의 네트워크는 태양빛의 투사각, 시각축, 공간적 특성 같은 다른 매개 변수들과 결합되어 구조적 정보에 따라 유도되는 분기 네트워크라 할 수 있다.

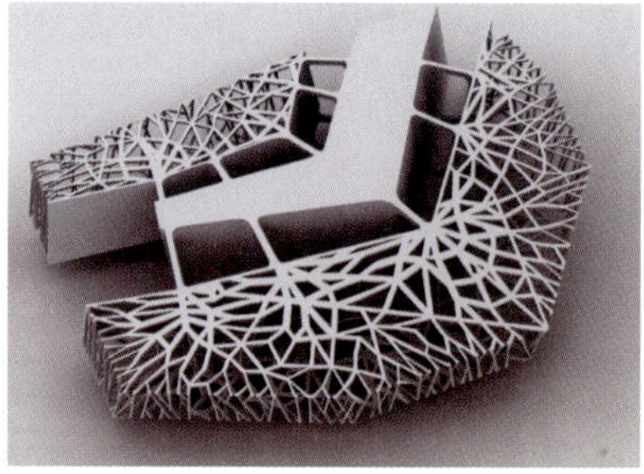

그림5-41. OCEAN, 체코 신국립도서관 모델, 2006

그림5-42. OCEAN, 체코 신국립 도서관 전경

그림5-43. OCEAN, 체코 신국립 도서관 실내

(3)형태-발견된 막구조 형태의 건축

형태-발견은 외적 힘들의 영향 아래에 있는 물질계의 자기 조직화를 활용한 기술로, 막구조(그림 5-44)는 특별한 경계점과 선인장력의 치환이 외력과 내력의 균등 상태의 구조로 될 수 있다는 점에서 가장 대표적인 형태-발견의 구조적 형태로 이용될 수 있다. 막은 최경량으로 단지 장력만을 전달하며, 최소의 표피로 이중 굴곡의 굽거나 말안장 형상의 표피들 내로 적용된 힘들을 따라 형상을 만들기 때문이다.

그림5-44. 랄프 도겐, 막구조 공간 GPA 02 스튜디오, 2005

프라이 오토의 만하임 홀(1975, 그림 5-45)은 인장력 모델 속에서 그리드 쉘의 형태가 설정되고, 결과적으로 압축력을 받는 형태를 전달하도록 뒤집혀짐으로써 구축적 형태가 생성되는 형태-발견의 방식을 따른 예이다. 프라이 오토의 기본적 막구조는 다음의 예들과 같이 더욱 다양하게 발전될 수 있다:

그림5-45. 프라이 오토, 만하임 홀, 1975

르네 투트(Rene Toet)가 로테르담 건축 도시 디자인 아카데미에서 실험한 상호 연결식 막(2005, 그림 5-46)은 복잡한 기하학적 분절을 가지는 막 시스템으로, 최소로 구멍난 날개판들의 접합과 용접을 통해 연결되어 다공성을 가지게 됨으로써 다양한 수준의 둘러쌈과 경계 문턱의 다중화를 통한 시각적 제어가 가능하게 된다.

파블로스 시더리스(Pavlos Sideris)가 AA디플로마에서 행한 막 배치(2006, 그림 5-47)는 레이어된 케이블 망 배치와 케이블 망의 레이어들 사이에 매달린 막조각들을 각각 장력을 통해 배열함으로써 더 작은 조각들의 배열이 수평 풍하중과 국부적 증속, 공기 흐름의 감속, 그늘과 자기 그늘의 분화된 패턴들을 얻게 되는 다중 형태와 다중 기능적 형태-발견의 건축 구조이다.

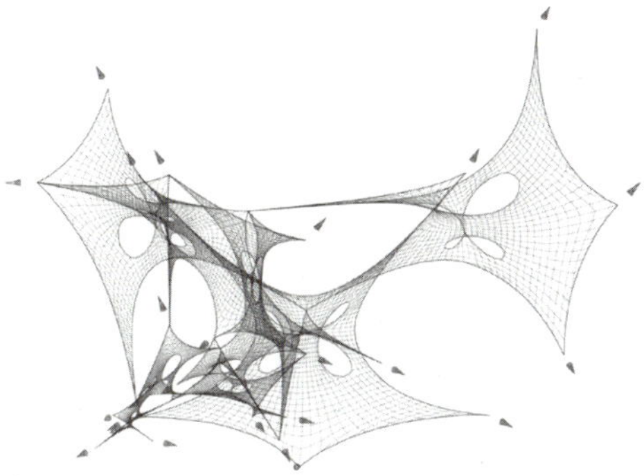

그림5-46. 르네 투트, 상호 연결식 막, 2005

그림5-47. 파블로스 시더리스, 막배치, 2006

2) 물질적 행태와 능력을 고려한 건축

(1)다공성 구조의 건축

다공성의 벽체나 천장은 역사적으로 무갈 건축의 잘리스(jalis) 같은 래티스 스크린(그림 5-48)이나 구멍난 돌이 채광, 공기 흐름, 시각 등의 구배적 조절 기능[78]을 가지거나 이란 아스파한의 알리 카푸 궁정 음악실(그림 5-49)의 벽과 천장의 구멍들이 특별한 톤들의 음의 지속을 가능하게 하는 구배적 자질을 지니듯, 다공성의 변화에 따라 특별한 수행성을 가지게 된다.

그림5-48. 무갈 건축의 잘리스 스크린

그림5-49. 이란 이스파한의 아리 카푸 궁전 음악실

벅민스터 풀러가 1967년 몬트리올 엑스포를 위한 미국관으로 설계한 지오데식 돔 구조는 육각형과 오각형 패턴의 아크릴로 된 표피(그림 5-50)를 세포막이나 유기체의 피부와 같이 다공성으로 만듦으로써 주변 환경과 기후를 상호 교환해 제어할 수 있는 능력을 가지게 된다.[79] 또한 기후 조절을

78) Stephan Behling, *Solar Power: The Evolution of Sustainable Architecture,* Prestel, 2000, Michael Hensel, Achim Menges, *Space Reader,* p. 196 재인용.

79) 벅민스터 풀러의 지오데식 돔의 표피에 대해 당시에 많은 언론들이 건축과 자연의 이러한 융합에 매료되어, 뉴욕 타임스는 "살아있는 피부가 아니라도 실제로 호흡을 하며, 태양 빛을 들여보내거나 내보내는 것을 유지하고 색채를 바꾸는 2,000개의 아크릴 육각형의 표피"라고 표현했으며, 더 네이션지는 "표피는 버블이 동물과 같이 호흡하는 것을 허용하는 통풍구를 갖추고 있다"라고 표현했다. Sarah Bonnemaison, "The Skin of the "Sky Bubble"at Expo'67", Philip Beesley, Sarah Bonnemaison eds., *On Growth and Form, Organic Architecture and Beyond,* Tuns Press and Riverside Architectural Press, 2008, p. 69.

위해 디자인 된 이 구멍들은 피부의 모공들과 같이 반복적 구성 요소들로 되며, 거대한 양의 유리로 온도 제어를 유지하기 위해 태양의 움직임에 따라 선택적으로 열고 닫아 태양 광선을 조절하도록 각각의 셀들에 작은 자동 셔터들이 장착된 초기의 다공성 건축의 예이다.

그림5-50. 벅민스터 풀러, 몬트리올 엑스포 미국관 표피

이 외에도 OCEAN의 띠 형태 스크린 벽(2005, 그림 5-51)은 특별한 구멍 요소들로 인해 물질적 문턱 대신 환경과의 구배적 경계를 가짐으로써 시각적 투명도, 조도, 열, 음향의 다양한 구배적 수행이 가능하다. 나아가 가브리엘 산치즈 가린(Gabriel Sanchiz Garin)의 AA에서 행한 다공적 주형(2006, 그림 5-52, 53, 54) 실험은 규조류와 방산충 세포 껍질의 다공질적 매스로부터 응용해 특별한 수행 능력을 가지게 되는 건축의 분화된 주형 벽체의 예로, 다양한 형태의 공기 부풀림체들 사이에 플래스터를 주형

그림5-51. OCEAN, 띠 형태 스크린 벽, 2005

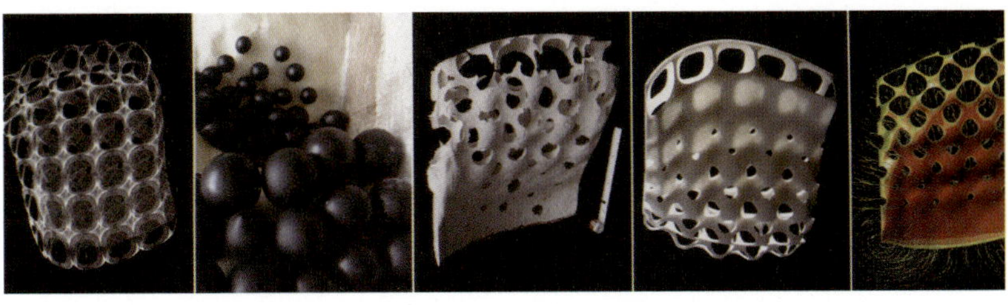

그림5-52. 가브리엘 산치즈 가린, 다공적 주형 과정, 2006

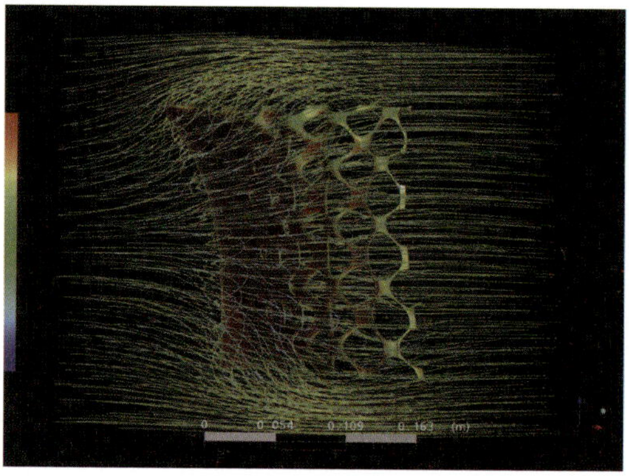

그림5-53. 다공적 주형 벽체의 공기 흐름 시뮬레이션

그림5-54. 가브리엘 산치즈 가린, 완성된 다공적 주형벽, 2006

해 만든 주형 벽체의 다양한 형상의 구멍들을 통해 빛과 공기 흐름들의 미시적 기후 조절이 가능하게 되는 다공성 벽체이다.

마찬가지로 이대송이 AA에서 행한 분화된 공간 프레임(2006, 그림 5-55) 실험 역시 다공도에 따라 다양한 4면체 삼각형 면들과 6각형 요소들의 각도를 다양하게 변화시킴으로써 공기 흐름 등의 미세 기후적 요소를 구배적으로 조절 가능하게 하는 구조이다. 데프네 숭구로글루(Defne Sunguroglu)의 복합 벽돌조합 실험(2006, 그림 5-56)은 나아가 원형의 벽돌들 사이에 구멍들이 나도록 벽돌 기하학을 한정하고 모르타르를 생략하는 방식으로, 휘어진 막대에 초기 응력을 주고 케이블 그물에 초기 장력을 주어 주곡률과 반대 곡

그림5-55. 이대송, 분화된 공간 프레임, 2006

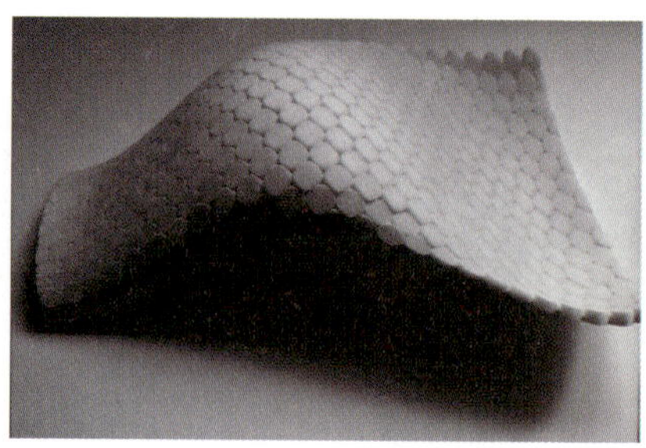

그림5-56. 데프네 숭구로글루, 복합 벽돌조합 실험, 2006

률의 이중 굴곡 표피를 얻음으로써 벽돌들 사이의 간격들로부터 빛의 필터링과 공기 흐름. 벽돌 표피의 열 행태들을 조절할 수 있는 구조이다.

(2)이방성 섬유질 구조의 건축

알렉산드라 예쉬케(Aleksandra Jaeschke)의 연속적 박판의 실험(2005, 그림 5-57)은 환경적 자극에 대한 섬유질의 방향성과 그것에 연관된 나무 박판들의 이방성(anisotropy)에 따라 변화되는 기하학에 관한 실험으로, 박판식 베니어 켜들의 일정 길이의 띠들을 서로 회전시켜 서로 다른 섬유질 배치를 만듦으로써, 굴곡 연속성의 유지를 통한 자기 조직화에 의해 만들어진 전체의 연속적 다중 하중 경로 속에서 표면 굴곡과 다양한 다공도를 통해 미세 기후의 조절이 가능하게 된다. 또한 슈테펜 라이헤르트(Steffen Reichert)의 반응적 표피 구조(2007, 그림 5-58, 59)는 환경 내의 상대 습도의 변화에 따라 변화된 나무의 치수들에 의해 표피의 유공성을 통해 조절되는 교차 환기를 수행하는 표피 구조로, 함수율의 증가에 따라 섬유 방향

그림5-57. 알렉산드라 예쉬케, 연속적 박판 실험, 2005

그림5-58. 슈테펜 라이헤르트, 반응적 표피 구조, 2007

그림5-59. 슈테펜 라이헤르트, 반응적 표피 구조 디테일, 2007

의 대각선 방향으로 팽창되는 표면은 각각의 나무판들을 다양하게 굴곡시킴으로써 사이의 구멍들을 통해 국부적인 미세 환경 조절이 가능하게 되는 표피 구조이다.

(3)군체 구조의 건축

하니 팔라하(Hani Fallaha)의 자연적 입자들에 의한 군체 과정 실험(2004, 그림 5-60, 61)은 모래 사막 환경 내의 강한 바람에 대한 신속적 피난처 계획으로, 바람에 날리는 모래들과 환경과의 상호 작용에 의해 기능화되는 저가의 부

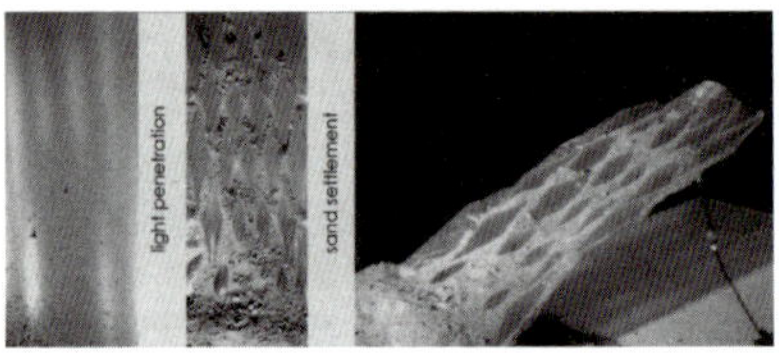

그림5-60. 하니 팔라하, 군체 과정 실험, 2004

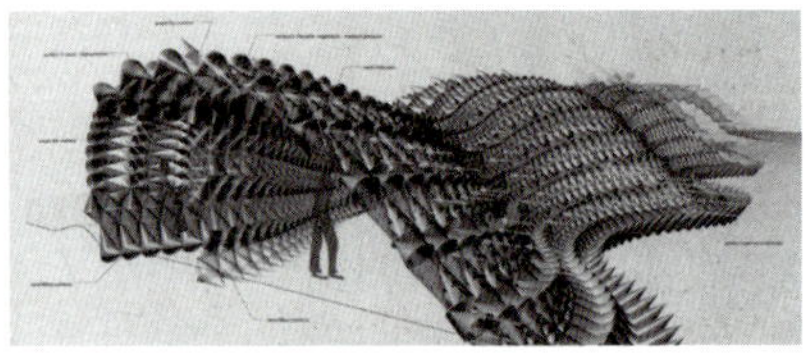

그림5-61. 하니 팔라하, 군체 과정 실험 단면, 2004

풀림식 조립물로, 모래 채취 포켓들의 분배에 따라 열과 태양 빛, 시각적 노출 등이 조절되는 군체들에 의한 임시적 구조물이다. 아이치 마쓰다(Eiichi Matsuda)의 디자인된 조각들에 의한 군체 실험(2004, 그림 5-62) 은 1만개의 3축 요소들의 군체들을 제거 가능한 공기 부풀림체 위로 주입한 후 안정된 상태에서 공기 부풀림체를 제거해 생기는 공간을 이용하는 실험으로, 군체 요소들의 수와 기하학, 주입 속도, 주입 높이, 거친 정도, 마찰 등의 매개 변수에 따라 다른 변양태들이 결과되며, 입자들의 다공성 정도와 기하학에 따라 패인 공간 내의 공기 흐름과 빛, 열 환경 등이 조절될 수 있다.

그림5-62. 아이치 마쓰다, 군체 실험, 2004

쇼에이 마추카와(Shohei Matsukawa)의 구마모토 아트폴리스 현상설계 당선작인 목구조 방갈로, 알고리즘 공간(AlgorithmicSpace[Bungalow], 그림 5-63)과 비치 하우스(그림 5-64) 역시 "45x45㎜ 단면의 목재 막대들을 이용해 일련의 각도로 적어도 서로 두 개 이상의 부재들이 만나는 나무의 분기 네트워크를 따르는 알고리즘"[80]을 사용하여 구축한 군체 구조들 사이에 떠 있는 방갈로 박스와 비치 하우스이다. 여기서 단독의 나무 막대는 매우 약하지만, 이것은 그것들이 군체 구조를 이룸으로써 고도의 강도와 탄성을 지니도록 한 구조물이다.

그림5-63. 쇼에이 마추카와, 자기발생적 목재 트러스 구조 알고리즘 공간

그림5-64. 쇼에이 마추카와, 비치 하우스 실내

(4)섬유보강 합성 물질의 건축

섬유보강 합성 물질은 자연의 유기체들로부터 응용된 외골격 구조의 연속적 표피로 환경과 사용자의 신체와의 상호작용을 통해 특별한 수행적 건축을 가능하게 한다. 니코 라인하르트(Nico Reinhardt)의 인텐시피어 01(2007, 그림 5-65)은 3-D 텍스타일 유리섬유 합성 물질 표피를 형태-발견 과정을 통해 분화시켜 구조적 깊이와 휨 정도를 증가시키는 동시에 이중 굴곡을 가능하게 만든 건축 표피이며, 엘레나 부르그라프(Elena Burggraf)의 인텐시

80) *Verb Natures,* Architecture Boogazine, Actar, 2006, p. 21.

피어 02(2007, 그림 5-66)는 유리섬유 밴드의 행태적 실험을 통해 한정된 거리 내에서 밴드를 통해 스티치된 선을 잡아당김으로써 특별한 고리 패턴을 창발시켜 다양한 투명도의 레진 표피를 결과한 예이다.

그림5-65. 니코 라인하르트, 인텐시피어 01, 2007

그림5-66. 엘레나 부르그라프, 인텐시피어 02, 2007

니콜라 부르그라프(Nicola Burggraf)의 라운지 랜드스케이프(2007, 그림 5-67, 68, 69)는 스트레스된 유리섬유 표피 내에 끼워진 3-D 텍스타일로 된 합성물질로, 유리섬유 보강된 고밀도 폴리스티렌으로부터 CNC 가공된 주형틀을 통해 제작된, 다양한 이중 굴곡을 가진 다기능적 바닥과 가구의 기능을 수행하게 된다.

그림5-67. 니콜라 부르그라프, 라운지 랜드스케이프, 2007

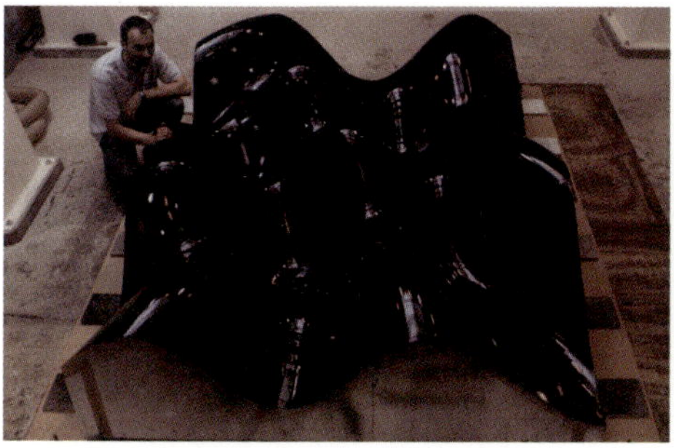

그림5-68. 니콜라 부르그라프, 라운지 랜드스케이프 모체 주형, 2007

그림5-69. 니콜라 부르그라프, 라운지 랜드스케이프의 다양한 조합, 2007

3) 제작과 조합 논리가 반영된 건축

러프보로 대학 도시빌딩 공학과에서 자유 형태 구축 방식으로 제작한 흰개미 언덕의 건물(그림 5-70)은 흰개미 개체들의 운동과 신진대사의 환경과의 상호 작용에 의해 자기 조직화를 통해 창발된 환경 조절식 건축물인 흰개미 언덕을 통합적 제작과 조합 논리로 구축한 예이다. 이 제작 방식은 흰개미 언덕의 복잡한 형태와 도관들의 메커니즘을 이동식 스캐너를 통해 스캔한 후 주 환기 통로들의 완벽한 내적 플래스터 주형을 쾌속 제작 방식을 통해 제작하고, 다중 수행 능력의 단일 물질인 집섬으로 채워 구축한 예이다. 이 제작 논리는 디지털 시뮬레이션과의 조합 속에서 집섬 요소들의 표피 분절의 기하학적 분화와 구조, 열, 음향, 환기의 요구조건들에 대응하는 첨삭 제작 과정을 사용한 통합적 제작 방식이라 할 수 있다.

그림5-70. 러프보로 대학팀이 제작한 흰개미 언덕

4) 공학적 생태학의 건축

공학적 생태학은 환경과 생태학의 섬세한 변조를 통해 형태-생태학적 디자인에 기초해 다중 수행적 물질과 구축 시스템에 관련된 공간 조직과 환경을 새로운 공학적 방식으로 조절하는 방식이다. 예를 들어 테오 얀센(Theo Jansen)의 움직이는 구조물들(2004, 2005, 그림 5-71, 72)은 자신들의 특별한 환경인 네덜란드의 해안에서 풍압에 의해 움직이는 경량의 뼈대와 해안의 특별한 바닥 조건들에 대응해 걷는 행태를 보이는 물질적 조직으로서의 맥락-특별적 구조물들이다.

그림5-71.
테오 얀센, 이동식 구조, 걸어가는 골조, 2005

그림5-72.
테오 얀센, 이동식 구조, 해변의 동물, 2004

나아가 뮌헨 공대의 튜브6 그룹이 만든 인공적 파도들(2005, 그림 5-73, 74)은 도심 속의 다양한 인공적 파도 기하학들의 변양태들로, 전산적 유체 동역학 시험에 의해 공학적으로 만들어진 다양한 변양태의 인공 파도들을 뮌헨의 이자르 강 위에 실현한 것인데, 이 모두는 공학적 생태학에 의한 인공적 환경 구축을 통해 창발된 다양한 행태들의 형태라고 할 수 있다.

그림5-73. 뮌헨 공대 튜브6 그룹, 인공적 파도들, 2005

그림5-74. 뮌헨 공대 튜브6 그룹, 파도들의 다양한 변양태의 시뮬레이션 실험, 2005

형태-생태학의 이론적 분석과 건축적 적용에 대한 다양한 방식들에 대한 분석을 통해 형태-생태학의 과정은 물질 시스템의 형태 발생을 위해 더 많은 형태적 분화를 가져올 수 있는 기하학을 설정하고, 물질과 제작, 조합 논리, 제약 등의 특성과 다양한 환경적 매개 변수들의 정보를 입력하여 환경과 생태에 적응되는 건축을 쾌속 제작 등의 제작 방식으로 구축하는 방식이라는 결론을 얻을 수 있다. 여기서 필수적인 것은 전산의 논리로, 이것은 기하학적 엄격함과 전산 모델링의 시뮬레이션 능력이 물질과 구축 시스템의 설정, 제작의 제약과 조합 논리, 물질적 특성들을 통합하는 것을 의미한다.

건축에서의 생물학적 형태와 형태 발생

그림 출처

그림 1-1 조르지오 바사리, 이상적 도시 (www.pinterest.com)

그림 1-2 조프루아 생틸레르 (commons.wikimedia.org)

그림 1-3 조르주 퀴비에 (commons.wikimedia.org)

그림 1-4 유비 개념 (www.ampere,cnsr.fr)

그림 1-5 사영 기하학 (newmpiricism.blogspot.com)

그림 1-6 상동의 개념 (en.wikipedia).org)

그림 1-7 다르시 톰슨 (www.st-andrews.ac.uk) (2)

그림 1-8 다르시 톰슨, 성장과 형태에 관하여 (D'Arcy Wentworth Thompson, John Tyler Bonner ed., On Growth and Form, Cambridge University Press, 2014)

그림 1-9 데카르트식 좌표의 변형 (D'Arcy Wentworth Thompson, John Tyler Bonner ed., On Growth and Form, Cambridge University Press, 2014)

그림 1-10 좌표 변형에 의한 황소의 정강이 뼈와 양의 정강이 뼈, 기린의 정강이 뼈 (D'Arcy Wentworth Thompson, John Tyler Bonner ed., On Growth and Form, Cambridge University Press, 2014)

그림 1-11 알브레히트 뒤러의 좌표 변형에 의한 인체 형상의 변형 (D'Arcy Wentworth Thompson, John Tyler Bonner ed., On Growth and Form, Cambridge University Press, 2014)

그림 1-12 알브레히트 뒤러의 좌표 변형에 의한 인체 형상의 변형 (D'Arcy Wentworth Thompson, John Tyler Bonner ed., On Growth and Form, Cambridge University Press, 2014)

그림 1-13 좌표 변형에 의한 맥의 다른 발가락 형상들 (D'Arcy Wentworth Thompson, John Tyler Bonner ed., On Growth and Form, Cambridge University Press, 2014)

그림1-14. 게리온 게 등껍질의 다양한 좌표 변형에 의한 다른 게 등껍질들의 표현, (a)Geryon, (b)Corystes, (c)Scyramathia, (d)Paralomis, (e)Lupa, (f)Chorinus

그림 1-15 좌표 변형에 의한 아르기로펠레쿠스 올페르시의 스테르놉틱스 디아파나로의 변형 (D'Arcy Wentworth Thompson, John Tyler Bonner ed., On Growth and Form, Cambridge University Press, 2014)

그림 1-16 좌표 변형에 의한 비늘돔 종 물고기의 포마칸투스 속 물고기로의 변화 (D'Arcy Wentworth Thompson, John Tyler Bonner ed., On Growth and Form, Cambridge University Press, 2014)

그림 1-17 좌표 변형에 의한 폴리프리온의 쉐도프리아칸투스로의 변형 (D'Arcy Wentworth Thompson, John Tyler Bonner ed., On Growth and Form, Cambridge University Press, 2014)

그림 1-18 좌표 변형에 의한 스코르파에나의 안티고니아 카프로스로의 변형 (D'Arcy Wentworth Thompson, John Tyler Bonner ed., On Growth and Form, Cambridge University Press, 2014)

그림 1-19 좌표 변형에 의한 가시복의 개복치로의 변형 (D'Arcy Wentworth Thompson, John Tyler Bonner ed., On Growth and Form, Cambridge University Press, 2014)

그림 1-20 좌표 변형에 의한 아그라리우스 두개골의 아체라테리움 트리닥틸룸 두개골로의 변형 (D'Arcy Wentworth Thompson, John Tyler Bonner ed., On Growth and Form, Cambridge University Press, 2014)

그림 1-21 좌표 변형에 의한 티타노테리움에서 맥, 말 두개골로의 변형 (D'Arcy Wentworth Thompson, John Tyler Bonner ed., On Growth and Form, Cambridge University Press, 2014)

그림 1-22 인간의 두개골 (D'Arcy Wentworth Thompson, John Tyler Bonner ed., On Growth and Form, Cambridge University Press, 2014)

그림 1-23 좌표 변형에 의한 인간 두개골의 침팬지와 개코 원숭이 두개골로의 변형 (D'Arcy Wentworth Thompson, John Tyler Bonner ed., On Growth and Form, Cambridge University Press, 2014)

그림 1-24 환경적 물리 법칙에 순응되어 결정된 각각의 동물들의 신경 세포 (D'Arcy Wentworth Thompson, John Tyler Bonner ed., On Growth and Form, Cambridge University Press, 2014)

그림 1-25 액체 속에서 낙하하는 물질들, (a)물 속으로 낙하하는 잉크, (b)파라핀 속으로 낙하하는 퓨젤유 (D'Arcy Wentworth Thompson, John Tyler Bonner ed., On Growth and Form, Cambridge University Press, 2014)

그림 1-26 액체 속에서 낙하하는 잉크나 기름과 유사하게 형태가 만들어지는 물 속의 다양한 해파리들 (D'Arcy Wentworth Thompson, John Tyler Bonner ed., On Growth and Form, Cambridge University Press, 2014)

그림 1-27 르네 톰 (www.maa.org)

그림 1-28 급변에 의해 주름 잡힌 공간 (www.enzopennetta.it)

그림 1-29 끌개의 종류들 (wiki.hsdinstitute.org)

그림 1-30 프라 지오콘도, 비트루비우스와 관련된 인체 형상, 1511 (Gunther Feuerstein, Biomorphic Architecture, Human and Animal Forms in Architectue, Edition Axel Menges, 2002)

그림 1-31 프란체스코 마르티니, 인체 형상, 1480 (Gunther Feuerstein, Biomorphic Architecture, Human and Animal Forms in Architectue, Edition Axel Menges, 2002)

그림 1-32 레오나르도 다빈치, 인체 형상을 위한 비례적 안, 1500 (Gunther Feuerstein, Biomorphic Architecture, Human and Animal Forms in Architectue, Edition Axel Menges, 2002)

그림 1-33 체사레 체사리아노, 인체 형상, 1521 (Gunther Feuerstein, Biomorphic Architecture, Human and Animal Forms in Architectue, Edition Axel Menges, 2002)

그림 1-34 쥬피터 신전 (commons.wikimedia.org)

그림 1-35 미네르바 신전 (www.xeladailyphoto.com)

그림 1-36 비너스 신전 (commons.wikimedia.org)

그림 1-37 하토르 신전 기둥, 2,000 BC. (Gunther Feuerstein, Biomorphic Architecture, Human and Animal Forms in Architectue, Edition Axel Menges, 2002)

그림 1-38 아크로폴리스의 여상주 포치 420-405 BC. (Gunther Feuerstein, Biomorphic Architecture, Human and Animal Forms in Architectue, Edition Axel Menges, 2002)

그림 1-39 아테네 판드로스 신전 여상주 (Gunther Feuerstein, Biomorphic Architecture, Human and Animal Forms in Architectue, Edition Axel Menges, 2002)

그림 1-40 프란체스코 마르티니, 인체 기둥 비례연구, 1480 (Gunther Feuerstein, Biomorphic Architecture, Human and Animal Forms in Architectue, Edition Axel Menges, 2002)

그림 1-41 프라 지오콘도, 비트루비우스에 연관된 여상주 도해, 1511 (Gunther Feuerstein, Biomorphic Architecture, Human and Animal Forms in Architectue, Edition Axel Menges, 2002)

그림 1-42 프란체스코 마르티니, 코린트 기둥 주두, 1480 (Gunther Feuerstein, Biomorphic Architecture, Human and Animal Forms in Architectue, Edition Axel Menges, 2002)

그림 1-43, 자크 프랑소와 블롱들, 팔라디오와 비놀라의 건축을 위해 주두에 겹쳐 표현한 도해, 1771-77 (Gunther Feuerstein, Biomorphic Architecture, Human and Animal Forms in Architectue, Edition Axel Menges, 2002)

그림 1-44 체사레 체사리아노, 비트루비우스 도해, 1521 (Gunther Feuerstein, Biomorphic Architecture, Human and Animal Forms in Architectue, Edition Axel Menges, 2002)

그림 1-45 벤델 디이털린, 터스카나 기둥의 도해, 1598 (Gunther Feuerstein, Biomorphic Architecture, Human and Animal Forms in Architectue, Edition Axel Menges, 2002)

그림 1-46 요한 힐데브란트, 비엔나 벨베데레 기둥, 1721-23 (Gunther Feuerstein, Biomorphic Architecture, Human and Animal Forms in Architectue, Edition Axel Menges, 2002)

그림 1-47 프란체스코 마르티니, 피렌체 교회 평면, 1480-90 (Gunther Feuerstein, Biomorphic Architecture, Human and Animal Forms in Architectue, Edition Axel Menges, 2002)

그림 1-48 프란체스코 마르티니, 피렌체 교회 입면, 1480-90 (Gunther Feuerstein, Biomorphic Architecture, Human and Animal Forms in Architectue, Edition Axel Menges, 2002)

그림 1-49 프란체스코 마르티니, 르네상스 오각형 요새에 대한 도해, 1485 (Gunther Feuerstein, Biomorphic Architecture, Human and Animal Forms in Architectue, Edition Axel Menges, 2002)

그림 1-50 피에트로 카타네오, 베니스 교회 평면, 1567 (Gunther Feuerstein, Biomorphic Architecture, Human and Animal Forms in Architectue, Edition Axel Menges, 2002)

그림 1-51 베르니니, 성 피터 사원 광장 스케치, 1657 (Gunther Feuerstein, Biomorphic Architecture, Human and Animal Forms in Architectue, Edition Axel Menges, 2002)

그림 1-52 타데오와 페데리코 추카리, 로마 추카리 궁 대문 파사드, 1592 (Gunther Feuerstein, Biomorphic Architecture, Human and Animal Forms in Architectue, Edition Axel Menges, 2002)

그림 1-53 피로 리고리오, 로마 근교 괴물 공원 입구, 1540-50 (Gunther Feuerstein, Biomorphic Architecture, Human and Animal Forms in Architectue, Edition Axel Menges, 2002)

그림 1-54 르두, 쾌락의 집, 1804 (Gunther Feuerstein, Biomorphic Architecture, Human and Animal Forms in Architectue, Edition Axel Menges, 2002)

그림 1-55 샤를 프랑스와 리바르, 개선 코끼리, 1758 (Gunther Feuerstein, Biomorphic Architecture, Human and Animal Forms in Architectue, Edition Axel Menges, 2002)

그림 1-56 장 자크 르큐, 우시장, 1800 (Gunther Feuerstein, Biomorphic Architecture, Human and Animal Forms in Architectue, Edition Axel Menges, 2002)

그림 1-57 제임스 래퍼티, 루시 더 엘리펀트, 1883 (grantaustin).org)

그림 1-58 호르스트 렐레케, 베스트팔리아 창고, 1984 (www.berliner-zeitung.de)

그림 1-59 아베 로지에, 원시 오두막 (Philip Beesley, Sarah Bonnemaison eds., On Growth and Form, Organic Architecture and Beyond, Tuns Press and Riverside Architectural Press, 2008)

그림 1-60 제임스 홀, 고딕 원시 오두막, 1813 (Philip Beesley, Sarah Bonnemaison eds., On Growth and Form, Organic Architecture and Beyond, Tuns Press and Riverside Architectural Press, 2008)

그림 1-61 윌리엄 버터필드, 올 세인츠 교회, 1853 (Philip Beesley, Sarah Bonnemaison eds., On Growth and Form, Organic Architecture and Beyond, Tuns Press and Riverside Architectural Press, 2008)

그림 1-62 토머스 딘, 벤자민 우드워드, 옥스퍼드 자연사 박물관, 1860 (Philip Beesley, Sarah Bonnemaison eds., On Growth and Form, Organic Architecture and Beyond, Tuns Press and Riverside Architectural Press, 2008)

그림 1-63 질경이택사 (commons.wikimedia.org)

그림 1-64 존 러스킨, 굴곡 연구, 1902

그림 1-65 베노이트 만델브로, 프랙탈 001

그림 1-66 에른스트 헤켈, 자연 속의 예술적 형태, 1899-1904

그림 1-67 에른스트 헤켈, 메두사 해파리 (Ernst Haekel, Art Forms in Nature, Prestel, 2014)

그림 1-68 에른스트 헤켈, 원판 해파리 (Ernst Haekel, Art Forms in Nature, Prestel, 2014)

그림 1-69 에른스트 헤켈의 집 빌라 메두사의 천장 장식 (Ernst Haekel, Art Forms in Nature, Prestel, 2014)

그림 1-70 르네 비네, 파리 만국박람회 입구, 1900 (Ernst Haekel, Art Forms in Nature, Prestel, 2014)

그림 1-71 르네 비네, 장식 스케치들 (Ernst Haekel, Art Forms in Nature, Prestel, 2014)

그림 1-72 안토니오 가우디, 구엘 공원, 1900 (www.archdaily.com)

그림 1-73 안토니오 가우디 바트요 주택, 1904-06 (en.ikipedia.org)

그림 1-74 안토니오 가우디, 밀라 주택, 1906-10 (kejohnstone.worldpress.com)

그림 1-75 헤르만 핀스털린의 건축 스케치 (50watts.com)

그림 1-76 쥘 라비로트, 파리 아파트 블록 입구, 1900 (Gunther Feuerstein, Biomorphic Architecture, Human and Animal Forms in Architectue, Edition Axel Menges, 2002)

그림 1-77 요젭 마리아 올브리히, 법원건물 스케치, 1898 (Gunther Feuerstein, Biomorphic Architecture, Human and Animal Forms in Architectue, Edition Axel Menges, 2002)

그림 1-78 루돌프 슈타이너, 괴테나움, 1913-20 (openbuildings.com)

그림 1-79 안토니오 가우디, 바트요 주택의 발코니, 1905-07, (lightslant.wordpress.com)

그림 1-80 버나드 메이벡, 레온 로스 주택, 1909 (Gunther Feuerstein, Biomorphic Architecture, Human and Animal Forms in Architectue, Edition Axel Menges, 2002)

그림 1-81 르 꼬르뷔제, 롱샹, 1950-55 (www.flickr.com)

그림 1-82 프레데릭 키슬러, 끝없는 집, 1959 (www.penccil.com)

그림 1-83 요른 웃존, 시드니 오페라 하우스, 1957 (www.4gress.com)

그림 1-84 허브 그린, 초원의 닭, 1960 (organicvalley architecture.blogspot.com)

그림 1-85 에로 사리넨, 예일대 하키장, 1953-59 (en.wikipedia.org)

그림 1-86 에로 사리넨, TWA 청사, 1956-62 (karenjohnsonphotography.wordpress.com)

그림 1-87 기오르기 체테, 꽃봉오리 형상의 분수 구조물 (AD. 11,12, 1993)

그림 1-88 가주마사 야마시타, 교토 그래픽 디자이너를 위한 스튜디오, 1974 (www.build.mk)

그림 1-89 마이클 얀첸, 주말주택, 1976 (Gunther Feuerstein, Biomorphic Architecture, Human and Animal Forms in Architectue, Edition Axel Menges, 2002)

그림 1-90 조 크레펭, 카플랑 주택군, 1979 (Gunther Feuerstein, Biomorphic Architecture, Human and Animal Forms in Architectue, Edition Axel Menges, 2002)

그림 1-91 존 헤이덕, 베를린 주택, 1986 (commons.wikimedia.org)

그림 1-92 에카르트 게르버, 도르트문트 퇴니스 빌딩, 1992 (Gunther Feuerstein, Biomorphic Architecture, Human and Animal Forms in Architectue, Edition Axel Menges, 2002)

그림 1-93 찰스 젱스, 런던 테마틱 주택, 1985 (Gunther Feuerstein, Biomorphic Architecture, Human and Animal Forms in Architectue, Edition Axel Menges, 2002)

그림 1-94 임레 마코비치, 팍스 가톨릭 교회, 1987 (commons.wikimedia.org)

그림 1-95 임레 마코비치, 사로스파탁 문화센터, 1983 (blog.xfree.hu)

그림 1-96 임레 마코비치, 시오폭 교회(1990) (www.panoramio.com)

그림 1-97 임레 마코비치, 세비야 엑스포 헝가리관, 1992 (itchyfeet2012.blogspot.com)

그림 1-98 페렌츠 살라민, 쿠글리치 주택, 1991 (AD. 11,12, 1993)

그림 1-99 아르바이츠그루펜, 월도프 스쿨, 1991 (AD. 11,12, 1993)

그림 1-100 마이클 소르킨, 개주택 (Hugh Aldersy-Williams, Zoomorphic, Harper Design International, 2003)

그림 1-101마이클 소르킨 양주택 (Hugh Aldersy-Williams, Zoomorphic, Harper Design International, 2003)

그림 1-102 산티아고 칼라트라바, 리용 공항, 1994 (Hugh Aldersy-Williams, Zoomorphic, Harper Design International, 2003)

그림 1-103 산티아고 칼라트라바. 리용 공항, 1994 (sfari003.wordpress.com)

그림 1-104 호르스트 렐레케, 베스트팔리아 곡물창고, 1984 (www.redbubble.com)

그림 1-105 임레 마코비치, 토카이 청소년 센터, 1979 (Gunther Feuerstein, Biomorphic Architecture, Human and Animal Forms in Architectue, Edition Axel Menges, 2002)

그림 1-106 임레 마코비치, 시오폭 교회, 1990 (edenkeeper.org)

그림 1-107 임레 마코비치, 세비야 엑스포 헝가리관, 1992 (archhistdaily.wordpress.com)

그림 1-108 데츠죄 에클러, 나기칼로 문화센터, 1986 (www.panoramio.com)

그림 1-109 산티아고 칼라트라바, 밀워키 미술관, 2001 (Hugh Aldersy-Williams, Zoomorphic, Harper Design International, 2003)

그림 1-110 그레고리 버지스, 브람북 생활문화센터, 1990 (Hugh Aldersy-Williams, Zoomorphic, Harper Design International, 2003)

그림 1-111 마이클 소르킨, 거북 이동식 극장, 1995 (Hugh Aldersy-Williams, Zoomorphic, Harper Design International, 2003)

그림 1-112 그레고리 버지스, 울루루 카타추아 문화센터, 1995 (Hugh Aldersy-Williams, Zoomorphic, Harper Design International, 2003)

그림 1-113 앤트팜, 이동식 극장계획, 1995 (Gunther Feuerstein, Biomorphic Architecture, Human and Animal Forms in Architectue, Edition Axel Menges, 2002)

그림 1-114 유진 취, 천룡 아파트 단지, 1999 (Hugh Aldersy-Williams, Zoomorphic, Harper Design International, 2003)

그림 1-115 마이클 소르킨, 개구리 주택, 1991 (Hugh Aldersy-Williams, Zoomorphic, Harper Design International, 2003)

그림 1-116 프랭크 게리, 스미스 주택, 1981 (Hugh Aldersy-Williams, Zoomorphic, Harper Design International, 2003)

그림 1-117 프랭크 게리, 레오 코스텔리 화랑 가든 폴리, 1983 (Gunther Feuerstein, Biomorphic Architecture, Human and Animal Forms in Architectue, Edition Axel Menges, 2002)

그림 1-118 프랭크 게리, 고베 생선식당, 1987

그림 1-119 프랭크 게리, 바르셀로나 올림픽 주거, 1992 (Hugh Aldersy-Williams, Zoomorphic, Harper Design International, 2003)

그림 1-120 프랭크 게리, 루이스 주택, 1995 (Hugh Aldersy-Williams, Zoomorphic, Harper Design International, 2003)

그림 1-121 마이클 소르킨, 자마이카 해변 주택, 1991 (Hugh Aldersy-Williams, Zoomorphic, Harper Design International, 2003)

그림 1-122 코프 히멜블라우, JVC 엔터테인먼트센터, 2003 (Gunther Feuerstein, Biomorphic Architecture, Human and Animal Forms in Architectue, Edition Axel Menges, 2002)

그림 1-123 유진 취, 레이즈 주택, 1993 (Hugh Aldersy-Williams, Zoomorphic, Harper Design International, 2003)

그림 1-124 유진 취, 와추센터 국제학교, 2001 (Hugh Aldersy-Williams, Zoomorphic, Harper Design International, 2003)

그림 1-125 버즈 포츠머스 러섬, 런던 플래쉿 스쿨 브리지, 2000 (Hugh Aldersy-Williams, Zoomorphic, Harper Design International, 2003)

그림 1-126 라우리즈 오르트너, 공항계획, 1965 (Gunther Feuerstein, Biomorphic Architecture, Human and Animal Forms in Architectue, Edition Axel Menges, 2002)

그림 1-127 버즈 포츠머스 러섬, 해변 재개발계획, 1991 (Hugh Aldersy-Williams, Zoomorphic, Harper Design International, 2003)

그림 1-128 파올로 포르토게지, 푸치니 극장, 1994 (Gunther Feuerstein, Biomorphic Architecture, Human and Animal Forms in Architectue, Edition Axel Menges, 2002)

그림 1-129 유진 취, 넥서스 이동식 수상도시. 1986 (Hugh Aldersy-Williams, Zoomorphic, Harper Design International, 2003)

그림 1-130 프랭크 게리, 베를린 DZ은행 회의실, 2001 (Hugh Aldersy-Williams, Zoomorphic, Harper Design International, 2003)

그림 1-131 벅민스터 풀러, 지오데식 돔 (techgnosis.com)

그림 1-132 방산충(Radiolaria) (Institute of Lightweight Structures Archives)

그림 1-133 포스 레일 철교의 두 개 캔틸레버 (D'Arcy Wentworth Thompson, John Tyler Bonner ed., On Growth and Form, Cambridge University Press, 2014)

그림 1-134 원시 들소의 뼈대 (D'Arcy Wentworth Thompson, John Tyler Bonner ed., On Growth and Form, Cambridge University Press, 2014)

그림 1-135 윌킨슨 아이어, 멀티플렉스 극장 계획, 1998 (Hugh Aldersy-Williams, Zoomorphic, Harper Design International, 2003)

그림 1-136 윌킨슨 아이어, 메리힐 소매창고, 2000 (Hugh Aldersy-Williams, Zoomorphic, Harper Design International, 2003)

그림 1-137 렌조 피아노, 휴스턴 메닐 콜렉션 미술관, 1987 (Hugh Aldersy-Williams, Zoomorphic, Harper Design International, 2003)

그림 1-138 렌조 피아노, 파르코 델라 무지카 오디토리엄, 2002 (Hugh Aldersy-Williams, Zoomorphic, Harper Design International, 2003)

그림 1-139 렌조 피아노, 파드레 피오 순례자 교회, 1991 (www.i0cg.com)

그림 1-140 노먼 포스터, 스위스Re 런던 사무소, 2004 (Hugh Aldersy-Williams, Zoomorphic, Harper Design International, 2003)

그림 1-141 노먼 포스터, 스코티쉬 전시 컨벤션센터, 1997 (Hugh Aldersy-Williams, Zoomorphic, Harper Design International, 2003)

그림 1-142 산티아고 칼라트라바, 개 뼈대 모델, 1996 (Philip Beesley, Sarah Bonnemaison eds., On Growth and Form, Organic Architecture and Beyond, Tuns Press and Riverside Architectural Press, 2008)

그림 1-143 산티아고 칼라트라바, 토론토 BCE광장 갤러리아, 1992 (Philip Beesley, Sarah Bonnemaison eds., On Growth and Form, Organic Architecture and Beyond, Tuns Press and Riverside Architectural Press, 2008)

그림 1-144 산티아고 칼라트라바, BCE광장 나무 구조 스케치, 1990 (Philip Beesley, Sarah Bonnemaison eds., On Growth and Form, Organic Architecture and Beyond, Tuns Press and Riverside Architectural Press, 2008)

그림 1-145 필립 사멩, M&G 연구소, 1991 (Hugh Aldersy-Williams, Zoomorphic, Harper Design International, 2003)

그림 1-146 필립 사멩, 토탈피나 주유소, 2000 (Hugh Aldersy-Williams, Zoomorphic, Harper Design International, 2003)

그림 1-147 니콜라스 그림쇼, 워털루 국제터미널, 1993 (Hugh Aldersy-Williams, Zoomorphic, Harper Design International, 2003)

그림 1-148 니콜라스 그림쇼, 에덴 프로젝트, 2001 (Hugh Aldersy-Williams, Zoomorphic, Harper Design International, 2003)

그림 1-149 막스 바필드, 미래의 교각, 1988 (Hugh Aldersy-Williams, Zoomorphic, Harper Design International, 2003)

그림 1-150 페스토, 에어텍처, 1996 (Hugh Aldersy-Williams, Zoomorphic, Harper Design International, 2003)

그림 2-1 알의 형태 발생 (www.mun.ca)

그림 2-2 개구리 알로부터 성체로의 형태 발생 (sclarkin.pbworks.com)

그림 2-3 앨런 튜링 (kpfa.org)

그림 2-4 반응-확산 모델 속의 튜링 패턴 (www.youtube.com)

그림 2-5 콘라드 워딩턴 (libraryblogs.is.ed.ac.uk)

그림 2-6 콘라드 워딩턴, 후성적 풍경의 상부 (Conrad Waddington, Strategy of the Genes, Macmilan, 1957)

그림 2-7 콘라드 워딩턴, 후성적 풍경 하부 (Conrad Waddington, Strategy of the Genes, Macmilan, 1957)

그림 2-8 솔방울의 잎차례에서 나타나는 피보나치 수열 (www.sierraclub.org)

그림 2-9 솔방울의 피보나치 수열 나선형 잎차례 (blenderartists.org)

그림 2-10 비누방울의 포말 형성 (AD., Wiley-Academy, 3,4, 2006)

그림 2-11 육각형 세포들의 다이어그램 (D'Arcy Wentworth Thompson, John Tyler Bonner ed., On Growth and Form, Cambridge University Press, 2014)

그림 2-12 벌집의 형상 (D'Arcy Wentworth Thompson, John Tyler Bonner ed., On Growth and Form, Cambridge University Press, 2014)

그림 2-13 동일 구체들의 밀집충전 (en,wikipedia.org)

그림 2-14 육각형의 눈송이 (D'Arcy Wentworth Thompson, John Tyler Bonner ed., On Growth and Form, Cambridge University Press, 2014)

그림 2-15 크기가 다른 두 개의 비누 방울은 큰쪽으로 볼록하게, 크기가 같을 땐 평평한 칸막이 벽으로 접합된다. (D'Arcy Wentworth Thompson, John Tyler Bonner ed., On Growth and Form, Cambridge University Press, 2014)

그림 2-16 (a)의 경우는 드물며, 바로 (b)로 되어 120도로 접합된다. (D'Arcy Wentworth Thompson, John Tyler Bonner ed., On Growth and Form, Cambridge University Press, 2014)

그림 2-17 플라토 경계 (www.researchgate.net)

그림 2-18 프라이 오토 뮌헨 올림픽 경기장, 1972 (doarch152spring2015.wordpress.com)

그림 2-19 프라이 오토, AA 워크숍 실험들, 2003 (AD., Wiley-Academy, 5,6, 2004)

그림 2-20 프라이 오토, 만하임 다목적 홀, 1975 (AD., Wiley-Academy, 5,6, 2004)

그림 2-21 창발 디자인그룹, 미하일 헨젤, 미하일 바인스톡, 아힘 멩게스 (AD., Wiley-Academy, 5,6, 2004)

그림 2-22 창발 디자인 그룹, 나선형 고층 구조물, 2003 (AD., Wiley-Academy, 5,6, 2004)

그림 2-23 진화된 이중 나선 구조 (AD., Wiley-Academy, 5,6, 2004)

그림 2-24 분화된 나선들의 진화 (AD., Wiley-Academy, 5,6, 2004)

그림 2-25 표피 패널 기하학-알고리즘적 분화 (AD., Wiley-Academy, 5,6, 2004)

그림 2-26 표피 패널 적용성 (AD., Wiley-Academy, 5,6, 2004)

그림 2-27 아힘 멩게스, 농경 이후, 방위와 배치, 밀도 등등의 매개 변수들에 따르는 표피 요소들의 증식, 2003 (AD., Wiley-Academy, 5,6, 2004)

그림 2-28 아힘 멩게스, 조경 극장 계획, 국부적 조작을 통해 만들어지는 분화된 표피들 (AD., Wiley-Academy, 5,6, 2004)

그림 2-29 벤 파이퍼, MoSS로 성장된 3차원 트러스 구조 (AD., Wiley-Academy, 01, 2002)

그림 2-30 미하일 메레디스, 아이비, 2005 (Verb, Natures, Actar, 2006)

그림 2-31 창발 디자인 그룹, 원통형 고층 표피구조, 2003 (AD., Wiley-Academy, 5,6, 2004)

그림 2-32 창발 디자인 그룹, 원통형 고층 표피구조 외피 패널 (AD., Wiley-Academy, 5,6, 2004)

그림 2-33 커스타드 사과의 모자이크식 막조직 (AD., Wiley-Academy, 5,6, 2004)

그림 2-34 나선형 잎차례 (AD., Wiley-Academy, 5,6, 2004)

그림 2-35 클레멘스 바이샤르, 레드 크람, 번식하는 테이블, 2005 (Verb, Natures, Actar, 2006)

그림 2-36 미하일 헨젤, 세계무역센터 계획, 2001 (AD., Wiley-Academy, 5,6, 2004)

그림 2-37 미하일 헨젤, 세계 무역센터의 기하학 (AD., Wiley-Academy, 5,6, 2004)

그림 2-38 미하일 헨젤, 세계 무역센터 빌딩의 형태 발생 과정 (AD., Wiley-Academy, 5,6, 2004)

그림 2-39 FOA, 계통수 체계 (AD., Wiley-Academy, 5,6, 2004)

그림 2-40 FOA, 세계 무역센터 계획 (AD., Wiley-Academy, 5,6, 2004)

그림 2-41 FOA, 바르셀로나 남동 해변 공원 계획 (AD., Wiley-Academy, 5,6, 2004)

그림 2-42 인간의 엄지에 생긴 돌연변이 기형 (William Bateson, Materials for the Study of Variation Treated with Especial Regard to Disconinuity in the Origin of Species ,1894, Baltimore Johns Hopkins University Press, 1992)

그림2-43. 베이트슨이 분석한 갑충목 다리의 돌연변이 기형, 1894 정상적인 오른쪽 다리의 혼합된 조건은 별도로 한쌍의 왼쪽과 오른쪽 다리를 만든다.

그림 2-44 베이트슨이 분석한 갑충목 다리의 돌연변이, 1894, 베이트슨의 법칙에 따라 정상적 다리는 별도의 오른쪽 다리에 의해 거울 평면을 따라 마주보게 되고, 그것은 또한 별도의 왼쪽 다리에 의해 거울 평면을 따라 마주보게 된다. (William Bateson, Materials for the Study of Variation Treated with Especial

그림 2-45 그렉 린, 카디프 오페라 계획, 1994 (Assemblage 26, the MIT Press, 1995)

그림 2-46 그렉 린, 카디프 오페라 계획, 1994 (Assemblage 26, the MIT Press, 1995)

그림 2-47 그렉 린, 카디프 오페라의 1세대 타원형 가지 (Assemblage 26, the MIT Press, 1995)

그림 2-48 그렉 린, 카디프 오페라의 2세대 타원형 분기 가지들 (Assemblage 26, the MIT Press, 1995)

그림 2-49 그렉 린, 카디프 오페라의 타원형 돌연변이 가지들의 분기과정 (Assemblage 26, the MIT Press, 1995)

그림 2-50 그렉 린, 카디프 오페라 2층, 3층 평면 (Assemblage 26, the MIT Press, 1995)

그림 2-51 그렉 린, 배아주택, 1999 (parametricmonkey.com)

그림 2-52 아힘 멩게스, AA 딸기 바 디자인 과정 (AD., Wiley-Academy, 5,6, 2004)

그림 2-53 아힘 멩게스, AA 딸기 바 (AD., Wiley-Academy, 5,6, 2004)

그림 3-1 해롤드 크로토, 릭 스몰리, 로버트 컬, 버키볼의 발견 C60 의 이미지 (www.npr.org)

그림 3-2 벅민스터풀러린(Buckminster Fullerene)의 구조 (buckyworld.me)

그림 3-3 벅민스터 풀러, 엑스포 67 미국관 (www.pinterest.com)

그림 3-4 엑스포 67 미국관의 수많은 육각형들과 소수의 오각형으로 이루어진 돔의 표면 (AD., Wiley-Academy, 3,4, 2003)

그림 3-5 박테리아의 군집이 보여주는 자기 조직화 (www.pnas.org)

그림 3-6 홍콩 주룽 지역 도시의 자기 조직화 (complexurbanism.wordpress.com)

그림 3-7 솔방울의 피보나치 수열 (www.youtube.com)

그림 3-8 앵무조개 단면의 자기유사적 패턴 (AD., Wiley-Academy, 5,6, 2004)

그림 3-9 진흙 바닥의 갈라짐 패턴 (Wassim Jabi, Parametric Design for Architecture, Laurence King, 2013) 001

그림 3-10 베나르 대류 (www.youtube.com)

그림 3-11 화학적 진동의 튜링 패턴 (rps-science.org)

그림 3-12 식물의 섬유소 (www.decodedscience.org)

그림 3-13 동물의 콜라겐 (georgiilchev.com)

그림 3-14 곤충의 키틴질 껍질 (en.wikipedia.org)

그림 3-15 거미줄의 실크 (www.wonderpediamagazine.co.uk)

그림 3-16 대나무 줄기의 장력 부하 동안 나타나는 변형의 등위면 (AD., Wiley-Academy, 3,4, 2006)

그림 3-17 세포들의 패턴 (www.123rf.com)

그림 3-18 세포의 이중막 구조 (socratic,org)

그림 3-19 광합성의 구조 (www.bigstockphoto.com)

그림 3-20 L-시스템으로 성장한 디지털 선옹초(Rose campion) (AD., Wiley-Academy, 3,4, 2006)

그림 3-21 L-시스템으로 성장한 디지털 식물 (AD., Wiley-Academy, 3,4, 2006)

그림 3-22 보로노이 다이어그램 (en.wikipedia.org)

그림 3-23 보로노이 다이어그램의 구조 (jwilson.coe.uga.edu)

그림 3-24 동적 이완에 의한 형태 발견의 다양한 예들 (jam.tugraz.at)

그림 3-25 동적 이완으로 형태 발견된 막구조들 (AD., Wiley-Academy, 3,4, 2006)

그림 3-26 폴리우레탄 포말의 형상 (AD., Wiley-Academy, 3,4, 2006)

그림 3-27 칼슘 탄산염으로 만든 해면 침상체의 모습 (AD., Wiley-Academy, 3,4, 2006)

그림 3-28 해면의 다공성 뼈 조직 (AD., Wiley-Academy, 3,4, 2006)

그림 3-29 중합체로 제작한 의자 (english.temapol.com.tr)

그림 3-30 포말 금속인 알루미늄 폼 (en.wikipedia.org)

그림 3-31 케블라 시트 (www.carbonmods.co.uk)

그림 3-32 액정 (liq-xtal.case.edu)

그림 3-33 세라믹 꽃 (losangeles.cbslocal.com)

그림 3-34 식물들의 엽공 주변의 작은 털들 (AD., Wiley-Academy, 3,4, 2006)

그림 3-35 아힘 멩게스, 디지털 성장과 개체 발생적 흐름 계획 (AD., Wiley-Academy, 3,4, 2006)

그림 3-36 아힘 멩게스, 앤드류 쿠들리스, 라니디아 레만, 종이띠 실험의 분화와 증식 (AD., Wiley-Academy, 3,4, 2006)

그림 3-37 다니엘 콜 캅데빌라, 띠 형태학에 의한 환경적으로 차별화된 힐링 환경 실험 (AD., Wiley-Academy, 3,4, 2006)

그림 3-38 다니엘 콜 캅데빌라, 띠 형태학에 의한 환경적으로 차별화된 힐링 환경 실험 결과물 (AD., Wiley-Academy, 3,4, 2006)

그림 3-39 결합 기하학의 기하학 모델과 이중 굴곡 표피의 동일한 매개 변수 기하학의 상징적 모델 (AD., Wiley-Academy, 3,4, 2006)

그림 3-40 결합 기하학의 매개 변수 표피 모델의 법칙 곡선 제어자와 그 표피들의 평평한 패턴 배치 (AD., Wiley-Academy, 3,4, 2006)

그림 3-41 휴 화이트헤드, 워싱턴 스미소니언 협회 중정 지붕 계획 (AD., Wiley-Academy, 3,4, 2006)

그림 3-42 자기하중을 받는 회전 굴절의 구조 분석 (AD., Wiley-Academy, 3,4, 2006)

그림 3-43 차양이 없는 지붕패널들과 차양이 있는 지붕 패널들 위의 일일 평균 단열 분석 (AD., Wiley-Academy, 3,4, 2006)

그림 3-44 라스 헤셀그렌, 런던 비숍게이트 타워, 2005 (AD., Wiley-Academy, 3,4, 2006)

그림 3-45 주기둥의 매개 변수적 설정과 외피의 평면 유리 패널들 (AD., Wiley-Academy, 3,4, 2006)

그림 3-46 앤드류 베이컨, 스무스 3-D, 2007 (ETET, Archiworld, 2007)

그림 3-47 앤드류 베이컨, 스무스 3-D, 2007 (ETET, Archiworld, 2007)

그림 3-48 자하 하디드, 국립가오슝 행위예술센터, 보로노이 다이어그램, 2007 (Digital Diagram, Archiworld, 2007)

그림 3-49 자하 하디드, 국립 가오슝 행위예술 센터, 2007 (Digital Diagram, Archiworld, 2007)

그림 3-50 앤드류 쿠들리스, C-Wall (Digital Diagram, Archiworld, 2007)

그림 3-51 앤드류 쿠들리스, C-Wall (Digital Diagram, Archiworld, 2007)

그림 3-52 앤드류 쿠들리스, 툴룸 유적지 박물관, 2006 (Digital Diagram, Archiworld, 2007)

그림 3-53 앤드류 쿠들리스, 툴룸 유적지 박물관 평면, 2007 (Digital Diagram, Archiworld, 2007)

그림 3-54 앤드류 쿠들리스, 툴룸 유적지 박물관 실내, 2007 (Digital Diagram, Archiworld, 2007)

그림 3-55 자하 하디드, 릴라 구조물, 2007 (www.serpentinegalleries.org)

그림 3-56 G-Nome, Net Lab, 2006 (ETET, Archiworld, 2007)

그림 3-57 벤자민 아란다, 크리스토퍼 라쉬, 그로토 2-D 보로노이 스터디 (Verb, Natures, Actar, 2006)

그림 3-58 벤자민 아란다, 크리스토퍼 라쉬, 그로토 (Verb, Natures, Actar, 2006)

그림 3-59 쇼에이 마추카와, 토나미 알고리즘 공간 보로노이 형태생성 과정, 2005 (Verb, Natures, Actar, 2006)

그림 3-60 쇼에이 마추카와, 토나미 알고리즘 공간 평면, 2005 (Verb, Natures, Actar, 2006)

그림 3-61 쇼에이 마추카와, 토나미 알고리즘 공간 모델, 2005 (Verb, Natures, Actar, 2006)

그림 3-62 아힘 멩게스, 앤드류 쿠들리스, 벌집 구조, 2004 (AD., Wiley-Academy, 3,4, 2006)

그림 3-63 프라이 오토, 만하임 다목적홀, 1975 001

그림 3-64 SBA, 상하이 엑스포 막구조

그림 3-65 SBA, 상하이 엑스포 막구조, 2010 (www.archdaily.com)

그림 3-66 마시밀라노 푹사스, 황경주, 프랑크푸르트 마이차일 쇼핑센xj, 2008 (www.123rf.com)

그림 3-67 마이 차일 쇼핑센터 실내

그림 3-68 조셉 켈너, 데이빗 뉴튼, 메타패치 계획, 2004 (AD., Wiley-Academy, 3,4, 2006)

그림 3-69 조셉 켈너, 데이빗 뉴튼, 메타패치 계획 디테일, 2004 (AD., Wiley-Academy, 3,4, 2006)

그림 3-70 SMO, Arup, 버블 고층빌딩 베를린, 2002 (commons.wikimedia.org)

그림 3-71 PTW 아키텍트, Arup, 베이징 워터큐브, 2007 (menaveron.blogspot.com)

그림 3-72 베이징 워터큐브의 ETFE 쿠션들 (temporarilylost.com)

그림 3-73 베이징 워터큐브의 ETFE들 (moreaedesign.wordpress.com)

그림 4-1 사막의 모래 물결무늬 패턴 (www.designtrends.com)

그림 4-2 무질서 속에서 패턴을 찾아내는 패턴 인식 (mostlyblackwhite.wordpress.com)

그림 4-3 반응과 확산을 통해 나타나는 다양한 화학적 패턴들 (www.filterforge.com)

그림 4-4 벨로우소프-자보틴스키 반응의 화학적 파동 패턴들 (Philip Ball, Shapes Nature's Pattern- A Tapestry in Three Parts, 2009, 조민웅역, 「모양」, 사이언스 북스, 2014)

그림 4-5 세포 자동자 실험을 통해 나오는 반응-확산 모델 (www.youtube.com)

그림 4-6 동심 과녁 패턴과 나선형 패턴이 혼합된 화학적 파동 패턴 (rps-science.org)

그림 4-7 스티그머지의 형식으로 나타나는 개미들의 행동 패턴 (en.wikipedia.org)

그림 4-8 개구리 수정란의 칼슘 나선파 (Philip Ball, Shapes Nature's Pattern- A Tapestry in Three Parts, 2009, 조민웅역, 「모양」, 사이언스 북스, 2014)

그림 4-9 산양의 나선형 뿔 (wallpaperscraft.com)

그림 4-10 앵무조개의 나선형 형상 (www.artancient.com)

그림 4-11 달팽이 껍질의 나선형 형상 (pcwallart.com)

그림 4-12 식물의 나선형 잎차례 (en.wikipedia.org)

그림 4-13 브로콜리의 피보나치 수열 나선 (AD., Wiley-Academy, 5,6, 2004)

그림 4-14 해바라기 씨앗의 피보나치 수열 나선 (vimeo.com)

그림 4-15 DNA의 이중 나선 (sites.google.com)

그림 4-16 은하계의 거대한 나선 (www.zmescience.com)

그림 4-17 게오르기 케페스, 「시각 언어」, 1944 (www.docfoc.com)

그림 4-18 게오르기 케페스, 「새로운 풍경」, 1951 (artblart.com)

그림 4-19 게오르기 케페스, 「예술과 과학의 새로운 풍경」, 1956 (bioinspiredarchitecture.wordpress.com)

그림 4-20 게오르기 케페스, 예술과 과학의 구조, 1965 (www.walkaboutbooks.net)

그림 4-21 예술과 과학의 구조에 실린 벅민스터 풀러의 이미지 (www.pinterest.com)

그림 4-22 리처드 해밀튼, 다르시 톰슨을 주제로 한 ICA에서의 전시 '성장과 형태', 1951 (shelflifestuff.blogspot.com)

그림 4-23 헤켈이 그린 방산충 아울로니아 헥사고나와 전자현미경 사진 (Philip Ball, Shapes Nature's Pattern- A Tapestry in Three Parts, 2009, 조민웅역, 「모양」, 사이언스 북스, 2014)

그림 4-24 벅민스터 풀러와 지오데식 돔 (blog-adafruit.com)

그림 4-25 크리스토퍼 알렉산더, 「형태의 합성에 관한 기록」, 1964 (doriantaylor.com)

그림 4-26 비눗방울 패턴 (www.dreamstime.com)

그림 4-27 피보나치 수열 패턴 (www.shutterstock.com)

그림 4-28 단백질 접힘 패턴 (xray.bmc.uu.se)

그림 4-29 세포 자동자 패턴 (en.wikipedia.org)

그림 4-30 끌개 패턴 (en.wikipedia.org)

그림 4-31 힘장 패턴 (charmed.wikia.com)

그림 4-32 시에르핀스키 큐브 패턴 (en.wikipedia.org)

그림 4-33 물결무늬 패턴 (www2.slgb.ch)

그림 4-34 매듭 voxjs (en.wikipedia.org)

그림 4-35 프랙탈 패턴 (blog.johnorford.com)

그림 4-36 네트워크 패턴 (www.123rf.com)

그림 4-37 벌떼, 새떼 패턴 (emergenceinitiatives.com)

그림 4-38 원자와 분자 구조 패턴 (aginginmotion.org)

그림 4-39 유체의 동역학 패턴 (innochain.net)

그림 4-40 아키텍스타일 패턴 (www.architextiles.nl)

그림 4-41 바이러스와 미생물 조직 패턴 (www.thevaccinereaction.org)

그림 4-42 보로노이 세포 패턴 (ia-lab.xyz)

그림 4-43 섬유질 패턴 (www.alamy.com)

그림 4-44 DNA 패턴 (www.forbes.com)

그림 4-45 리좀 패턴 (www.iaacblog.com)

그림 4-46 피터 아이젠만, 레프스톡 공원 계획 (www.pinterest.com)

그림 4-47 MVRDV 데이터스케이프 (txt.architekturtheorie.eu)

그림 4-48 헤어조크 드 뫼론, 리콜라 창고 (www.equitone.com)

그림 4-49 FOA, 런던 레이번스본 칼리지, 2010 (AD., 11,12, 2009)

그림 4-50 모르포겐의 변화에 따라 다양한 개체로 형태 발생이 이루어지는 과정 (softwarephysics.blogspot.com)

그림 4-51 벨로우소프-자보틴스키 반응 (AD., Wiley-Academy, 3,4, 2012)

그림 4-52 튜링의 생물학적 패턴 형성의 모델 (rstb.royalsocietypublishing.org)

그림 4-53 CIMA(아염소산염, 아이오딘화물, 말론산 혼합물) 반응에서 나타나는 튜링 패턴 (Philip Ball, Shapes Nature's Pattern- A Tapestry in Three Parts, 2009, 조민웅역, 「모양」, 사이언스 북스, 2014)

그림 4-54 튜링 패턴으로 설명되는 황제 앤젤피쉬 줄무늬의 분기식 지퍼열기 패턴 (rstb.royalsocietypublishing.org)

그림 4-55 활성-억제제 방식으로 나타나는 튜링 패턴으로 설명되는 재규어의 로제트 무늬 (Philip Ball, Shapes Nature's Pattern- A Tapestry in Three Parts, 2009, 조민웅역, 「모양」, 사이언스 북스, 2014)

그림 4-56 활성-억제제 방식으로 나타나는 얼룩무늬와 줄무늬의 튜링 패턴 (Philip Ball, Shapes Nature's Pattern- A Tapestry in Three Parts, 2009, 조민웅역, 「모양」, 사이언스 북스, 2014)

그림 4-57 튜링 패턴과 같이 나타나는 사막 모래의 잔물결 (rstb.royalsocietypublishing.org)

그림 4-58 제라늄 줄기 단면의 원형다발들 (AD., Wiley-Academ, 5,6, 2004)

그림 4-59 대나무 줄기 단면의 원통형 세포들 (AD., Wiley-Academy, 5,6, 2006)

그림 4-60 대나무 줄기의 원형 형태학 모델 (AD., Wiley-Academy, 5,6, 2006)

그림 4-61 헤켈이 그린 방산충 레티쿨룸 플라스마틱과 아울로니아 헥사고나 (D'Arcy Wentworth Thompson, John Tyler Bonner ed., On Growth and Form, Cambridge University Press, 2014)

그림 4-62 오일러의 공식대로 오각형이 들어감으로써 휘어지는 형상 (Philip Ball, Shapes Nature's Pattern- A Tapestry in Three Parts, 2009, 조민웅역, 「모양」, 사이언스 북스, 2014)

그림 4-63 헤켈이 그린 방산충들의 기하학적 분류 (Ernst Haekel, Art Forms in Nature, Prestel, 2014)

그림 4-64 플라토의 꼭지점, 비누막은 109.5도 각도로 서로 꼭지점에서 만난다 (Philip Ball, Shapes Nature's Pattern- A Tapestry in Three Parts, 2009, 조민웅역, 「모양」, 사이언스 북스, 2014)

그림 4-65 플라토 법칙에 적용되는 스펀지 뼈와 규질 편모조류의 외골격 001

그림 4-66 나셀라리안 방산충의 외골격 (D'Arcy Wentworth Thompson, John Tyler Bonner ed., On Growth and Form, Cambridge University Press, 2014)

그림 4-67 사면체 프레임 내에 들어찬 포말 (D'Arcy Wentworth Thompson, John Tyler Bonner ed., On Growth and Form, Cambridge University Press, 2014)

그림 4-68 입방체 프레임 내의 포말과 리소큐부스 게오메트리쿠스의 외골격 (D'Arcy Wentworth Thompson, John Tyler Bonner ed., On Growth and Form, Cambridge University Press, 2014)

그림 4-69 프리스마티움 트리포디움의 외골격과 삼각 프리즘 내의 포말 (D'Arcy Wentworth Thompson, John Tyler Bonner ed., On Growth and Form, Cambridge University Press, 2014)

그림 4-70 플라토가 정사면체 철사로 실험한 비누막 (Philip Ball, Shapes Nature's Pattern- A Tapestry in Three Parts, 2009, 조민웅역, 「모양」, 사이언스 북스, 2014)

그림 4-71 산호초 (www.coralcollectors.com)

그림 4-72 흰개미 둥지 (blog.longnow.org)

그림 4-73 작은 부레관 해파리군 (www.mvtimes.com)

그림 4-74 맹그로브 숲 (falconmetaknight.deviantart.com)

그림 4-75 윌킨슨 아이어, 멀티플렉스 극장 (Hugh Aldersy-Williams, Zoomorphic, Harper Design International, 2003)

그림 4-76 렌조 피아노, 휴스턴 메닐콜렉션 미술관 (Hugh Aldersy-Williams, Zoomorphic, Harper Design International, 2003)

그림 4-77 노먼 포스터, 스위스 Re빌딩 외피 (Hugh Aldersy-Williams, Zoomorphic, Harper Design International, 2003)

그림 4-78 살만 크렉, 뷰로 하폴드의 원형튜브 (AD., Wiley-Academy, 11, 12, 2009)

그림 4-79 SMO 아키텍투어, 베를린 버블건물 (AD., Wiley-Academy, 3,4, 2006) 001

그림 4-80 BIG, 렌 타워, 2006 (Digital Diagram, Archiworld, 2007)

그림 4-81 BIG, 렌 타워의 원형패턴 (AD., Wiley-Academy, 11, 12, 2009)

그림 4-82 삼각형 그물로 이루어지는 원형 메우기 그물 (AD., Wiley-Academy, 11, 12, 2009)

그림 4-83 육각형들이 평면적으로 정형화되는 원형 메우기 그물에서 파생된 삼중-육각형(tri-hex)그물 (AD., Wiley-Academy, 11, 12, 2009)

그림 4-84 그물 내의 삼각형들을 이용하는 삼중-육각형 그물의 프레임워크 (AD., Wiley-Academy, 11, 12, 2009)

그림 4-85 원형 메우기 그물로부터 파생된 자유 형상의 원형 메우기 (AD., Wiley-Academy, 11, 12, 2009)

그림 4-86 자유 형상 원형 패턴의 전산 기초로 활용되는 원형 메우기 그물 (AD., Wiley-Academy, 11, 12, 2009)

그림 4-87 FOA, 마드리드 레갈 메디슨 협회, 2006 (AD., Wiley-Academy, 11, 12, 2009)

그림 4-88 파리 루이 비통 상점의 평면적 원형 패턴 (AD., Wiley-Academy, 11, 12, 2009)

그림 4-89 FOA, 레이번스본 칼리지, 2010 (AD., Wiley-Academy, 11, 12, 2009)

그림 4-90 젖은 상태의 구형 포말과 수분이 빠진 상태의 다각형 포말 (Philip Ball, Shapes Nature's Pattern- A Tapestry in Three Parts, 2009, 조민웅역, 「모양」, 사이언스 북스, 2014)

그림 4-91 웨이어와 랭랜즈, 다면체 접합 구조, 1993 001

그림 4-92 시드니 건축 박람회의 웨이어와 랭랜즈 폼 001

그림 4-93 닉 그림쇼, 에덴 프로젝트 전경, 2001 (en.wikipedia.org)

그림 4-94 닉 그림쇼, 에덴 프로젝트 실내, 2001 (www.archreh.com)

그림 4-95 PTW 아키텍트, 워터큐브, 2007 (www.nysun.com)

그림 4-96 PTW 아키텍트, 워터큐브 실내, 2007 (Digital Diagram, Archiworld, 2007)

그림 4-97 웨이어-펠란 구조 (www.flickr.com)

그림 4-98 FOA, 일본 아이치 2005 스페인관 (AD., Wiley-Academy, 11, 12, 2009)

그림 4-99 이오아니스 두리다스, AA 창발 디자인 그룹, 아테네 피라에우스 타워의 적응적 표피 분석 (AD., Wiley-Academy, 11, 12, 2009)

그림 4-100 OCEAN과 쉐플러 + 파트너스, 체코 국립도서관 계획, 2006 (AD., Wiley-Academy, 11, 12, 2009)

그림 4-101 FOA, 일본 아이치 엑스포 2005 스페인관 (www.alamy.com)

그림 4-102 FOA, 레이번스본 대학 (buildipedia.com)

그림 4-103 FOA, 레스터 하이크로스 리테일과 극장 복합시설, 2008 (AD., Wiley-Academy, 11, 12, 2009)

그림 4-104 FOA, 두바이 아이코닉 타워

그림 4-105 FOA, 런던 트리니티 EC3 사무소, 2006 (AD., Wiley-Academy, 11, 12, 2009)

그림 4-106 자하 하디드, 파트릭 슈마허, 비엔나 응용예술 대학 , 2006 (AD., Wiley-Academy, 11, 12, 2009)

그림 4-107 자하 하디드, 파트릭 슈마허, 마드르드 시의회, 2007 (AD., Wiley-Academy, 11, 12, 2009)

그림 4-108 자하 하디드, 파트릭 슈마허, 마드르드 시의회, 2007 (AD., Wiley-Academy, 11, 12, 2009)

그림 4-109 자하 하디드, 파트릭 슈마허, 파리 필하모니 계획, 2007 (AD., Wiley-Academy, 11, 12, 2009)

그림 4-110 노만 포스터, 프란시스 아이쉬, 스위스 Re 빌딩, 2004 (londontopia.net)

그림 4-111 AA 디자인랩, 어반립 계획, 2009 (AD., Wiley-Academy, 11, 12, 2009)

그림 4-112 아힘 멩게스, 디지털 성장과 개체 발생적 흐름 계획 (AD., Wiley-Academy, 3,4, 2006)

그림 4-113 벤 파이퍼, 3차원 트러스 실내공간 (AD., Wiley-Academy, 1, 2002)

그림 4-114 AA 디자인랩, 망갈 시티 계획, 2009 (AD., Wiley-Academy, 11, 12, 2009)

그림 4-115 AA 디자인랩, 베를린 미니마폼 진화 과정, 2008 (AD., Wiley-Academy, 11, 12, 2009)

그림 4-116 AA 디자인랩, 베를린 미니마폼의 진화 패턴, 2008 (AD., Wiley-Academy, 11, 12, 2009)

그림 4-117 AA 디자인랩, 베를린 미니마폼 모델, 2008 (AD., Wiley-Academy, 11, 12, 2009)

그림 4-118 AA 디자인랩, 연결적 근린 계획안, 2008 (AD., Wiley-Academy, 11, 12, 2009)

그림 5-1 세드릭 프라이스, 펀 팰리스 계획 (biennials.ch)

그림 5-2 괴테, 원형 식물 (grahamshawcross.com)

그림 5-3 개방 평면식 사무소 랜드스케이핑 (pilgrimakimbo.wordpress.com)

그림 5-4 보두앵, 로즈, 쉬레스네 노천학교, 1936 (www.delcampe.net)

그림 5-5 동일한 분배를 위한 가지 길이의 최적비 (AD., Wiley-Academy, 3,4, 2008)

그림 5-6 흐름 네트워크 위계에 대한 호튼의 수문학적 분류 (AD., Wiley-Academy, 3,4, 2008)

그림 5-7 엽맥의 분기 체계를 보여주는 콜레우스 잎의 엑스레이 사진 (AD., Wiley-Academy, 3,4, 2008)

그림 5-8 클라이버의 법칙에 따르는 신체 크기와 신진대사비의 관계

그림 5-9 산호의 분기 네트워크 (en.wikipedia.org)

그림 5-10 잎맥의 분기 네트워크 (tr.depositphotos.com)

그림 5-11 폐 속의 혈관과 기관지의 분기 네트워크 (AD., Wiley-Academy, 3,4, 2008)

그림 5-12 DLA 모델 (www.youtube.com)

그림 5-13 눈송이의 DLA 모델 (Philip Ball, Branches Nature's Patterns-A Tapestry in Three Parts, 김명남역, 「가지」, 사이언스 북스, 2014)

그림 5-14 라플라스 성장 불안정성의 형태 (n-e-r-v-o-u-s.com)

그림 5-15 식물의 잎에서 나타나는 DLA 모델 (n-e-r-v-o-u-s.com)

그림 5-16 세균 군집의 DLA 모델 (Philip Ball, Branches Nature's Patterns-A Tapestry in Three Parts, 김명남역, 「가지」, 사이언스 북스, 2014)

그림 5-17 카디프시의 DLA식 성장 패턴 (Philip Ball, Branches Nature's Patterns-A Tapestry in Three Parts, 김명남역, 「가지」, 사이언스 북스, 2014)

그림 5-18 알루미늄 포일판에서 나타나는 DBM 모델 (scripturalphysics.org)

그림 5-19 혼다 알고리즘을 이용한 나뭇가지 분기 패턴 (Philip Ball, Branches Nature's Patterns-A Tapestry in Three Parts, 김명남역,「가지」, 사이언스 북스, 2014)

그림 5-20 해로동굴해면속의 실리카 침상구조 (grius.si.edu)

그림 5-21 나무의 이방성구조 (AD., Wiley-Academy, 3,4, 2008)

그림 5-22 젤라틴 섬유질의 이방성 조직 (home.iitk.ac.in)

그림 5-23 섬유의 방향성에 따르는 구조적 분석 (Michael Hensel, Achim Menges, Michael Weinstock, Emergent Technologies and Design, Routledge, 2010)

그림 5-24 다양한 군체 구조들 (AD., Wiley-Academy, 3,4, 2008)

그림 5-25 모래의 잔물결 (www.designtrends.com)

그림 5-26 빈도의 변화에 대응하는 서로 다른 주기적 모래 재질의 나타남 (AD., Wiley-Academy, 3,4, 2008)

그림 5-27 소용돌이로 만들어지는 모래 언덕 뒤의 침식 (Philip Ball, Flow Nature's Patterns-A Tapestry in Three Parts, 김지선역,「흐름」, 사이언스 북스, 2014)

그림 5-28 제올라이트의 구조 (www.spiritrockshop.com)

그림 5-29 제프리 오진이 만들어낸 인공 광물질의 다공성 패턴들 (Philip Ball, Shapes Nature's Pattern- A Tapestry in Three Parts, 2009, 조민웅역,「모양」, 사이언스 북스, 2014)

그림 5-30 직물용 섬유를 코팅하는 위상 변화 물질을 포함하는 미세 캡슐들로 된 합성 생명 (AD., Wiley-Academy, 3,4, 2006)

그림 5-31 쾌속 조형 방식에 의한 모델

그림 5-32 OCEAN, 프라하 쿼드레날레 독일관, 2007 (AD., Wiley-Academy, 3,4, 2008)

그림 5-33 네리 옥스만, 모노코크, 2007 (Wassim Jabi, Parametric Design for Architecture , Laurence King Publishing Ltd., 2013)

그림 5-34 네리 옥스만, 비스트, 2010 (Wassim Jabi, Parametric Design for Architecture , Laurence King Publishing Ltd., 2013)

그림 5-35 매개 변수 디자인으로 생성시킨 분기 네트워크 구조 (Wassim Jabi, Parametric Design for Architecture , Laurence King Publishing Ltd., 2013)

그림 5-36 su11 아키텍처+디자인, PS_캐노피, 2009 (Wassim Jabi, Parametric Design for Architecture , Laurence King Publishing Ltd., 2013)

그림 5-37 PS_캐노피의 분기 알고리즘 발전 과정 (Wassim Jabi, Parametric Design for Architecture , Laurence King Publishing Ltd., 2013)

그림 5-38 PS_캐노피의 꽃잎모양 구멍의 매개 변수적 변양태들 (Wassim Jabi, Parametric Design for Architecture , Laurence King Publishing Ltd., 2013)

그림 5-39 PS_캐노피 복합 패턴의 두번째 단계 (Wassim Jabi, Parametric Design for Architecture , Laurence King Publishing Ltd., 2013)

그림 5-40 PS_ 캐노피의 3D 프린팅된 모델 (Wassim Jabi, Parametric Design for Architecture , Laurence King Publishing Ltd., 2013)

그림 5-41 OCEAN, 체코 신국립도서관 모델, 2006 (AD., Wiley-Academy, 3,4, 2008)

그림 5-42 OCEAN, 체코 신국립 도서관 전경 (AD., Wiley-Academy, 3,4, 2008)

그림 5-43 OCEAN, 체코 신국립 도서관 실내 (AD., Wiley-Academy, 3,4, 2008)

그림 5-44 랄프 도겐, 막구조 공간 GPA 02 스튜디오, 2005 (AD., Wiley-Academy, 3,4, 2008)

그림 5-45 프라이 오토, 만하임 홀, 1975 (Michael Hensel, Achim Menges, Michael Weinstock, Emergent Technologies and Design, Routledge, 2010)

그림 5-46 르네 투트, 상호 연결식 막, 2005 (AD., Wiley-Academy, 3,4, 2008)

그림 5-47 파블로스 시더리스, 막배치. 2006 (AD., Wiley-Academy, 3,4, 2008)

그림 5-48 무갈 건축의 잘리스 스크린 (commons.wikimedia.org)

그림 5-49 이란 이스파한의 아리 카푸 궁전 음악실 (AD., Wiley-Academy, 3,4, 2008)

그림 5-50 벅민스터 풀러, 몬트리올 엑스포 미국관 표피 (Philip Beesley, Sarah Bonnemaison eds., On Growth and Form, Organic Architecture and Beyond, Tuns Press and Riverside Architectural Press, 2008)

그림 5-51 OCEAN, 띠 형태 스크린 벽, 2005 (AD., Wiley-Academy, 3,4, 2008)

그림 5-52 가브리엘 산치즈 가린, 다공적 주형 과정, 2006 (AD., Wiley-Academy, 3,4, 2008)

그림 5-53 다공적 주형 벽체의 공기 흐름 시뮬레이션 (Michael Hensel, Achim Menges, Michael Weinstock, Emergent Technologies and Design, Routledge, 2010)

그림 5-54 가브리엘 산치즈 가린, 완성된 다공적 주형벽, 2006 (Michael Hensel, Achim Menges, Michael Weinstock, Emergent Technologies and Design, Routledge, 2010)

그림 5-55 이대송, 분화된 공간 프레임, 2006 (AD., Wiley-Academy, 3,4, 2008)

그림 5-56 데프네 숭구로글루, 복합 벽돌조합 실험, 2006 (AD., Wiley-Academy, 3,4, 2008)

그림 5-57 알렉산드라 예쉬케, 연속적 박판 실험, 2005 (AD., Wiley-Academy, 3,4, 2008)

그림 5-58 슈테펜 라이헤르트, 반응적 표피 구조, 2007 (AD., Wiley-Academy, 3,4, 2008)

그림 5-59 슈테펜 라이헤르트, 반응적 표피 구조 디테일, 2007 (AD., Wiley-Academy, 3,4, 2008)

그림 5-60 하니 팔라하, 군체 과정 실험, 2004 (AD., Wiley-Academy, 3,4, 2008)

그림 5-61 하니 팔라하, 군체 과정 실험 단면, 2004 (AD., Wiley-Academy, 3,4, 2008)

그림 5-62 아이치 마쓰다, 군체 실험, 2004 (AD., Wiley-Academy, 3,4, 2008)

그림 5-63 쇼에이 마추카와, 자기발생적 목재 트러스 구조 알고리즘 공간 (Verb, Natures, Actar, 2006)

그림 5-64 쇼에이 마추카와, 비치 하우스 실내 (Verb, Natures, Actar, 2006)

그림 5-65 니코 라인하르트, 인텐시피어 01, 2007 (AD., Wiley-Academy, 3,4, 2008)

그림 5-66 엘레나 부르그라프, 인텐시피어 02, 2007 (AD., Wiley-Academy, 3,4, 2008)

그림 5-67 니콜라 부르그라프, 라운지 랜드스케이프, 2007 (AD., Wiley-Academy, 3,4, 2008)

그림 5-68 니콜라 부르그라프, 라운지 랜드스케이프 모체 주형, 2007 (AD., Wiley-Academy, 3,4, 2008)

그림 5-69 니콜라 부르그라프, 라운지 랜드스케이프의 다양한 조합, 2007 (AD., Wiley-Academy, 3,4, 2008)

그림 5-70 러프보로 대학팀이 제작한 흰개미 언덕 (AD., Wiley-Academy, 3,4, 2008)

그림 5-71 테오 얀센, 이동식 구조, 걸어가는 골조, 2005 (AD., Wiley-Academy, 3,4, 2008)

그림 5-72 테오 얀센, 이동식 구조, 해변의 동물, 2004 (AD., Wiley-Academy, 3,4, 2008)

그림 5-73 뮌헨 공대 튜브6 그룹, 인공적 파도들, 2005 (AD., Wiley-Academy, 3,4, 2008)

그림 5-74 뮌헨 공대 튜브6 그룹, 파도들의 다양한 변양태의 시뮬레이션 실험, 2005 (AD., Wiley-Academy, 3,4, 2008)

건축에서의 생물학적 형태와 형태 발생
Biological Form and Morphogenesis in Architecture

초판 1쇄 2016년 11월 10일

지 은 이　김원갑
발 행 인　김기현
발 행 처　시공문화사
등　　록　1993년 3월 12일
주　　소　서울시 서대문구 독립문 공원길 13 (현저동 200) 극동프라자 5층
전　　화　02) 3147-1212, 2323
전　　송　02) 3147-2626

http://www.spacetime.co.kr
spacetime@korea.com

편　　집　디자인·현 심현일 / 02) 322-9941
인　　쇄　예림인쇄
제　　본　(주)서정바인텍
용　　지　(주)대림지업사

*파본은 교환해 드립니다.

ISBN 978-89-5592-364-3

정가 18,000원